戦前の国土整備政策

松浦茂樹

日本経済評論社

まえがき

　戦後を支えてきたわが国制度の枠組みの再構築——経済構造改革，行政改革，財政改革などが，重要な課題となっている。戦後50数年，経済成長を旗印に大量生産，大量消費，大量廃棄に基づく社会システムが構築されてきたのだが，それが厳しく問われているのである。その背後には地球環境問題，高齢化社会，少子化，そして目前に迫ってきた人口減少など，社会の基本的枠組みの大きな変化がある。

　社会基盤整備についても，自然環境を破壊する，必要でないものを構築する等，戦後進めてきた方向に対し，厳しい批判の声があがっている。先頃も，建設省が推進する吉野川第十堰改築事業に対する徳島市の住民投票では投票率が50%を超え，改築反対が圧倒的多数となり，わが国社会に大きなインパクトを与えた。社会基盤整備は広い地域の不特定多数の人々に影響を与えるので，公共事業として行われる面が強いが，公共事業のなかでも，ある意味で聖域と考えられていた純粋な治水事業が，流域内の一部とはいえ否定されたのである。この治水事業は何が批判されたのか，治水計画そのものか，あるいは事業を進める手続きに不備があったのか，これから問われることであるが，それにしても社会基盤整備をめぐる社会環境の様変わりを象徴するものである。

　社会基盤整備のなかでも，特に道路，ダム，新幹線，港湾などの従来型の事業への批判は強い。ゼネコン救済のための税金のばらまき，税金の無駄使いなどと一部から社会矛盾の最たるものと指弾されている。この従来型社会基盤は，高度経済成長を支え，また高度成長を背景に推進されてきたものである。

　一方，平成大不況が進行していくなかで，別の面から公共事業に対する厳しい批判が行われている。景気回復のため，公共事業を中心とする数次にわたる大規模な補正予算が執行されたが，景気の回復は思わしくない。この公共事業執行があったればこそ，景気の下支えとなり落ち込みはこれほどですんでいる

との評価もあるが，国・地方自治体の借金財政は進み，日本の破産などその行く末に強い懸念が危惧されている。

確かに，ヨーロッパ，アメリカの先進諸国に比べて経済に占める建設投資の割合は大きい。GDP に占める割合は 14% 以上であり，その建設投資のなかで公共事業のウェイトは 40 数%を占めている。また建設産業での雇用は全労働力人口の約 1 割となっており，特に地方では建設産業がほとんど唯一の地場産業となっている市町村を多くみかける。補助金，地方交付税により国の収入が地方自治体に回され，公共事業の執行の 7 割近くが地方自治体で執行されていることによるが，地方での建設業界の政治力は強く，それがまた公共事業費を地方に誘導する力となっている。これらを称して，ある人たちからは「土建国家」と嘲笑されている。だが社会全体が不況になればなるほど，そのしわ寄せがいく地方からは公共事業確保という合唱が鳴り響く。公共事業なしには雇用の場がなくなる，という現実も間違いなくある。

さて本書は，昭和初頭から本格的な高度経済成長に入る前の昭和 30 年頃までの昭和前半を対象に，社会基盤整備について述べていくものである。これを通じて，戦後の高度経済成長を支えた社会基盤整備の歴史的位置づけを明らかにしようと考える。日本は，終戦により平和国家を理念として再出発したが，社会基盤整備は戦前と関係なく始まったのだろうか。あるいは戦前と強いつながりのもとで展開していったのだろうか。新たな社会基盤整備の方向を考えるうえでも，この時代を相対化しておくことは重要と考える。この時代を明確にしてこそ戦後の歩み方が客観視できるだろう。

当然のことながら必要とされる社会基盤整備は，社会経済の進展とともに異なってくる。今日，従来型社会基盤整備に強い批判があるのは，社会経済の基調が根源的に変化しながら，高度経済成長時代の枠組みに縛られて社会基盤整備が進められていることを否定することはできないだろう。とすれば，どのような社会経済のなかから，従来型の社会基盤整備が求められていったのかを明らかにしておくことは，今後の展開を考えるうえで必要不可欠のことと考えている。

目　次

まえがき

序章　本書の課題と近代社会基盤整備史における戦前 …………………1
1．本書の課題 …………………………………………………2
2．1936（昭和11）年の内務省土木局の政策課題 ………………5
3．戦前の社会基盤整備の概況 ………………………………9

第Ⅰ章　概説──昭和初頭までの社会基盤整備 …………………………17
1．明治から第1次世界大戦まで…………………………………18
　　(1)　東京遷都と大久保利通　18
　　(2)　鉄道の整備　20
　　(3)　電信・電話の整備　25
　　(4)　河川・水利の整備　26
　　(5)　築港・道路の整備　28
　　(6)　上・下水道の整備　30
　　(7)　近代土木技術者の創出と施工技術　31
2．第1次世界大戦後の重化学工業の発展と都市化……………35

第Ⅱ章　戦前の社会基盤整備政策 …………………………………………41
1．昭和初期の時局匡救事業と土木会議 ………………………42
　　(1)　失業救済事業から時局匡救事業へ　43
　　(2)　内務省土木局における時局匡救事業　52
　　(3)　時局匡救事業における町村事業　54
　　(4)　時局匡救事業の社会的評価　58
　　(5)　1933年の土木会議　62
2．河水統制事業と電力の国家管理 ………………………………72

(1) 河水統制思想の登場　72
  (2) アメリカTVA事業　75
  (3) 河水統制事業の成立　92
  (4) 電力国家管理制度の成立　99
 3．戦前の道路政策 …………………………………………116
  (1) 1919年の道路法の制定　116
  (2) 第1次道路改良計画と昭和初期までの道路事業　120
  (3) 1933年の第2次道路改良計画の策定　124
  (4) 昭和10年代の道路事業　129
  (5) 道路政策の戦前の到達点　136
 4．戦前の国土政策 …………………………………………144
  (1) 企画院の設立　144
  (2) 社会基盤整備総合計画の歴史的経緯　146
  (3) 企画院による国土計画　148

第Ⅲ章　戦前の地域整備の具体的展開 ……………………………155
 1．京浜運河開削と京浜工業地帯の造成 …………………156
  (1) 浅野総一郎と埋立事業　156
  (2) 鶴見・川崎地区の浅野埋立　163
  (3) 京浜運河開削と工業用地造成　168
  (4) 県営による京浜運河の着工　176
  (5) 都市用水の確保と相模川河水統制事業　181
 2．相模川河水統制事業 ……………………………………187
  (1) 相模原河水統制事業の成立　187
  (2) 相模原の開田開発と河水統制事業　190
  (3) 横浜水道と河水統制事業　195
  (4) 発電開発と河水統制事業　203
  (5) 相模川河水統制事業の着工　206

3．川崎の発展と都市用水の確保 …………………………214
    (1) 自然条件と概要　214
    (2) 川崎市と都市用水　216
    (3) 多摩川水利をめぐる東京との紛争　223
    (4) 川崎の発展と都市用水　227
    (5) わが国最初の工業用水実態調査　234
4．都市広島・岡山の治水整備 ……………………………241
    (1) 広島市の発展と基盤整備　241
    (2) 岡山市の発展と基盤整備　249

第Ⅳ章　戦前のダム技術の導入と自然との調和 …………………261
  1．ダム施工技術の導入 ……………………………………262
    (1) 大正年代までのダム施工技術　262
    (2) 1935年頃までのダム施工技術　264
    (3) 昭和10年代のダム施工技術　267
    (4) 空閑徳平の1937年のアメリカダム視察報告　274
    (5) わが国の戦前のダム施工水準　278
  2．ダム建設と自然景観との調和 …………………………281
    (1) コンクリートダムと風景（自然景観）　281
    (2) 内務省土木局の認識と対応　282
    (3) 知識人・技術者たちの認識と反論　283
    (4) 具体的水利開発にみる自然との調和　291

第Ⅴ章　戦後の社会基盤政策の展開 …………………………………303
  1．戦後の社会基盤政策と戦前の連続性 …………………304
    (1) 戦後昭和30年代までの展開　304
    (2) 戦前との関連　307
  2．河川総合開発と国土総合開発法の成立 ………………312

(1)　TVA 思想の普及　312
　　　(2)　国土総合開発法の成立と河川総合開発事業　317
　3．利根川総合開発事業 ……………………………………………327
　　　(1)　戦前の奥利根河水統制計画　327
　　　(2)　1949 年の利根川改修改訂計画　334
　　　(3)　利根川水源におけるダム建設事業　337
　　　(4)　戦後のダム施工技術　341

あとがき ………………………………………………………………345

序章　本書の課題と近代社会基盤整備史における戦前

1　本書の課題

　戦後の社会基盤整備について一般的にいわれていることは，戦前と全く関係なく切り離されたところから出発したということである。たとえば道路整備についてみてみよう。今日，戦前にはまったくみられなかった高速自動車道が全国的に整備され，かつ建設されつつある。わが国の道路整備について，名神高速道路建設の借款のため1956（昭和31）年に来日したワトキンス世界銀行調査団は，次のような言葉を残している。

　　　日本の道路は信じがたい程に悪い。工業国にして，これ程完全にその道路網を無視してきた国は，日本の他にない。

　　　日本の1級国道——この国の最も重要な道路——の77%は舗装されていない。この道路網の半分以上は，かつて何らの改良も加えられた事がない。道路網の主要部を形成する，2級国道及び都道府県道は90ないし96%が未舗装である。これらの道路の75ないし80%が全く未改良である。

　　　しかし，道路網の状態はこれらの統計の意味するものよりももっと悪い。なぜならば，改良済道路ですらも工事がまずく，維持が不十分であり，悪天候の条件の下では事実上進行不能の場合が多いからである。

　戦前において，日本には道路政策はあたかもなかったかのごとき指摘である。確かに，わが国最初の高速自動車道である名神高速道は戦後の1958（昭和33）年着工，65年に全線開通，東名高速道路も69年に開通して物流の大動脈となり，日本の高度経済成長を支えていった。

　それ以前の昭和20年代の戦後復興の時代，社会基盤整備の中心はダム建設であった。治水，そして発電・灌漑用水等の利水を目的として多目的ダムが全国各地で建設されたが，その手本はアメリカTVA事業とされた。世界大恐慌最中の1933年に就任したルーズベルト大統領はニューディール政策を推進し

たが，その一環としてミシシッピー河の支川テネシー川でTVA事業を展開した。この開発手法が，連合国軍下にあった昭和20年代初め，アメリカ民主主義実践の成功事例として広く喧伝され，国内資源開発の中心に位置づけられた。アメリカの経験を学ぶという考えのもとで，事業は進められたのである。

日本は1960年代頃から本格的な高度経済成長に入っていくが，それは太平洋ベルト地帯を中心に臨海工業地帯の重化学工業を基盤にしてであった。その中核には，埋立地を中心とした工業用地と工業港が置かれ，道路の整備と工業用水の確保が熱心に進められたのである。この工業開発を全国的に展開しようとして樹立されたのが，62年の第1次全国総合開発計画の拠点開発方式であった。この計画は1950年制定の国土総合開発法に基づいて策定されたが，その法律の目的は以下のとおりである。

> 国土の自然的条件を考慮して，経済，社会，文化等に関する施策の総合的見地から，国土を総合的に利用し，開発し，及び保全し，並びに産業立地の適正化を図り，あわせて社会福祉の向上に資する。

国土を総合的に整備しようとする法律は，戦後，ここに初めて制定されたのである。戦後の社会基盤整備が，戦前とステージを大きく異としたのは否定できない。アメリカから導入された重土木施工機械により，戦前と次元の異なる大規模土木工事が展開されたのは間違いなく，高度経済成長をもたらした社会基盤が整備されていったのである。

だが大型土木構造物であるダム1つをみても，戦前，既に国内では高さ86mの三浦ダム，大陸では水豊ダム，豊満ダムという，当時，世界的に屈指の巨大ダムを概成させている。その計画思想，また技術とは何だったのだろうか。これらのダムは，高度の機械施工力なしにはとてもではないが着工することはできない。それと戦後はどのようにつながっているのだろうか。

また公共事業が雇用の面から強力に推進されたのは，周知のように昭和初頭の大恐慌から景気回復のために行われた高橋是清大蔵大臣による積極的な財政支出である。疲労困憊した農山村救済のため，時局匡救事業が行われたが，果

たして具体的にどのような事業が行われたのだろうか。地域整備とは無関係に，「穴を掘って埋め戻しても景気対策」とばかりに生活困窮者に金をばらまいただけなのだろうか。また一時的なものであって，その後の公共事業の執行システム等と無関係なのだろうか。

さらに，戦前，国策総合機関である企画院が設置され，国家総動員計画，生産力拡充計画が立案されていったが，国土計画もここでは検討されていた。戦後の国土計画は，戦前と全く切り離されたところで展開したのだろうか。

このような課題をもって，本書は昭和前半の社会基盤整備について詳細に述べていく。実際に行われた施策，また計画・構想も含めて戦前の社会基盤整備の到達点を明らかにし，高度経済成長を準備したものを歴史的に評価しようとするものである。社会基盤政策の課題として，戦前，何があったのか，その解決としてどのような計画・構想が練られていたのか，高度経済成長を考察するのに，これが重要だと考えている。これが明らかとなって，高度経済成長時代以降の社会基盤整備の課題が明確となるだろう。

さらに社会基盤整備としては，旧内務省土木局管轄の河川，道路，港湾を中心に述べる。戦前との連続性を考えるうえで，河川，道路，港湾が社会基盤の中心であることは論を待たないだろう。これらを中心におき，さらに鉄道，電力を加えて述べていく。なお行政改革により国土交通省が設置されることになっているが，社会基盤整備から考えるならば，国土交通省とはまさに戦前の内務省土木局が省庁として復活したのである。

また本書は，筆者の経歴上，土木技術にも着目して検討を進めていく。社会基盤の整備を技術的に支える土木技術の特徴は，次の3つにあると考えている。1つが，その利用形態から限られた特定の人々のみでなく不特定多数の人々を相手にすることである。このため公共施設として公的セクターのかかわるところが非常に大きい。1つが，社会基盤施設の耐用期間が長く半永久的に社会に影響を与えることである。このため，その評価にあたっては長期的観点から行わなければならない。最終的には歴史が評価する。

さらに1つが，大地に基礎をおいて築かれることである。このため自然に対

する影響力が大きく，自然の十分な理解が必要なことである．つまり自然と人間とをつなぐ技術である．

2 1936（昭和11）年の内務省土木局の政策課題

　戦前の社会基盤政策の到達点を考えるため，日中戦争が始まる前年の1936年当時の内務省土木局の政策課題について，社会状況とあわせてみておこう．

　昭和初頭の大不況を乗り切るため「高橋財政」が展開され，1932年度から3カ年にわたり時局匡救事業が行われた．この施策と相俟って，35年には景気は回復に向かった．産業面では臨海部での重化学工業が急速に進展し，都市人口が増大していった．一方，「重要産業統制法」の成立（1931），「重要輸出品工業組合法」の改正（1931）などのカルテル立法，「石油業法」（1934），「自動車製造事業法」（1936）などの事業法の成立をみ，次第に経済過程に対する国家の関与が可能となっていった．しかし36年の段階において，本格的な経済の国家統制は行われていない．

　だが1937年7月7日，蘆溝橋事件で日中戦争が勃発すると，この状況は大きく変わった．戦時経済へと突入し，戦争遂行のため国家による統制経済へと移行したのである．37年9月には「輸出入品等臨時措置法」，「臨時資金調整法」，「軍需工業動員法の適用に関する法律」等，翌年の初頭には「国家総動員法」，「電力国家管理法」が制定され，社会・経済は急速に政府の直接統制下におかれていったのである．また37年10月には，戦争遂行の企画立案の中枢機関である企画院が設置され，国家総動員計画，生産力拡充計画などを推進していった．37年が，戦前の重要なターニングポイントであったのである[1]．

　このため，満州事変など大陸で軍事活動が展開され，国内では2・26事件が発生し，陸軍の支持の下に広田内閣が成立して準戦時を唱えていたとはいえ，1936年を戦時体制に突入せず，平常時において戦前の日本社会が到達した最後の年と考えてよいだろう．このことから，この36年，社会基盤整備政策が

どのような課題のもとにあったのか明らかにすることは，戦後を考えるうえでも重要な意味があると考えている。

さて1936年当時，内務省土木局は2つの主要課題をもっていた。1つは，水害対策，つまり治水事業である。大正中期から鳴りを潜めていた洪水が，再び襲ってきたのである。他の1つが産業インフラの整備である。大陸での軍事活動にも刺激され，産業活動が活発化していったが，これを支えるインフラの整備が重要な課題だったのである。この2つについて，さらに詳しく順次みていこう[2]。

治水事業

政府により，新たな治水長期計画である第3次治水計画が樹立されたのは，1933（昭和8）年である。その主要な内容は，従来の国直轄による大河川の治水事業のみでなく，工事費1/2の国庫補助で行う府県の中小河川改修が取り上げられたことであった。しかし翌34年，続いて35年と日本は大水害に見舞われた。34年の水害は7月の北陸地方，続いて死者・行方不明3,036人を出した9月の室戸台風による関西地方が中心で，この善後策のため臨時議会が招集された。35年には竣功したばかりの利根川が大出水し，本川では破堤することはなかったが，本川水位の上昇によって吐けなくなった小貝川で破堤し，茨城県で大氾濫となった。また古都・京都が大水害に見舞われた。この他，災害補助の申請をしなかった府県の数は5を数えるのみで，全国的な大水害の年であった。

このため，災害土木費国庫補助規程に従って土木施設被害に支出したこの2年間の国費は，過去17,8カ年分の国庫補助総額に相当する額であった。洪水氾濫時代到来と評され，政府は強い衝撃を受けたのである。36年の地方長官会議で，潮内務大臣は水害防備について次のように訓示している[3]。

> 近年，全国各地に亘り災害の頻発するを見るは深く憂慮に耐へず。之が当面の対策に関する土木関係の予算は，曩に特別議会に於て協賛を経たるを以て，其の施行に当りては鋭意事業の実効を挙ぐるに勉めんことを要す。

尚政府に於ては，水害防備の恒久的方策に付，考究中に属するを以て，各位に於ても地方の実情に即し，災害の防止軽減に関し適切なる施設を講ぜられんことを望む。

その前年の1935年9月，政府は土木会議河川部会を開催し，水害防備の方策を諮問していた。土木会議は同年10月，新たな「水害防備策ノ確立ニ関スル件」，さらに第3次治水計画の実現とその対象以外の河川でも改修促進する「治水事業ノ促進ニ関スル件」を決議した。「水害防備策ノ確立ニ関スル件」で，「特に関係官庁の緊密なる連絡官民一致の協力に依り」，「実現を期するは最も肝要なり」とされたのは，以下の5事項であった。
① 河川改修及砂防事業ノ促進
② 荒廃地復旧事業ノ促進
③ 河川ノ維持管理ノ充実
④ 水防ノ強化，河川愛護ノ普及徹底
⑤ 河水統制ノ調査並ニ施行

このように，河川改修，砂防，荒廃地復旧の事業の促進とともに，日々の維持管理また水防訓練，一般の人々の河川に対する理解と認識を深める河川愛護の普及の徹底が図られたのである。さらに，上流山間部でのダム貯溜による洪水調節と河水利用の増進を図る河水統制事業が，「治水政策上は勿論，国策上最も有効適切なるを以て，速に之か調査に着手し，河水統制の実現を期すること」と期待された。ここにダムによる洪水調節が，初めて政府の公式な政策となったのである。

産業基盤としてのインフラ整備
産業・貿易の拡大は，当時の政府にとって国民生活の安定向上とともに，重要な政策課題であった。潮内務大臣は，1936（昭和11）年の地方長官会議，経済部長会議で，「産業貿易の伸長を図り，国民生活の安定向上を期するは，方に焦眉の急務なりと謂はざるべからず」との主旨の訓辞をしている[4]。そして

公共土木事業は、この産業貿易伸長の基本であって、一貫する方針の下に総合的経済的観点から計画を策定し、実行することを訓示した[5]。

さらに産業振興上のインフラ整備の具体的課題として「産業交通調査」、「工業港整備」、「河水統制調査」の3つを指示した。それぞれの内容について順次、さらに検討していこう。

「産業交通調査ニ関スル件」についてみると、その当時、自動車交通の発達は著しかったが、貿易の進展により道路・港湾の重要性はいよいよ増していると認識された。その整備は「国運の隆替に影響する所甚大」なので、産業経済状況また水陸交通需要等の総合的調査を行って万全の計画策定の必要性が主張された。

「工業港ニ関スル件」では、「輓近、工業の発達に伴ひ工業港的施設の要望益々多きを加ふるに至れり。之か施設の適否は、産業貿易の進展に重大なる関係ある」と、貿易の発展に重大な関係をもつ工業港の整備が強く主張された。その重要な背景として、臨海工業地帯の造成があった。経済部長会議では、「港湾は臨海地帯と共に一帯として之を利用するに依り、始めて其の効果の十全を期するを得へし。各位は、港湾修築工事の竣功に伴ひ臨港地帯の施設整備に努め、以て港湾の使命達成上遺憾なきを期せられたし」との指示があった。臨海工業地帯の整備と一体となった工業港の整備が推進されたのである。

なお工業港を中心としたこの臨海工業地帯造成について、36年12月、それまで民営で進めることとなっていた京浜運河と臨海工業地帯の造成を、神奈川県で着工することが閣議決定された。国庫補助の下、県営で進めることとなって、37年度から工事が開始されたのである。さらに40年、公共団体による造成に対し、公共施設の1/3を国庫補助する規定が定められた。ここに臨海工業地帯の造成が国策として進められることとなったのである。この後、工業港と臨海工業地帯造成は、広島、名古屋、堺などで公共事業として進められていった。

「河水統制調査ニ関スル件」では、産業の発達、都市人口の増加に従って工業用水、上水からなる都市用水の需要が次第に増大し、「河川の水量之に応す

ること能はさるか如き事例少からす」という状況認識であった。また動力源として水力発電が期待されていた。これらの供給施設として，治水も目的に含んだ河水統制事業が「洪水の調整に依りて，治水の目的を達すると共に，各種利水の需要に充つるは，最も有効適切とする所なり」と推進されたのである。

　さて周知のように，戦後復興の時代，連年のように大水害に襲われ，疲弊した日本の社会経済に一層の混乱をもたらした。この当時，治水は最も重要な社会基盤整備の課題であったが，水害襲来は戦前の1934年から始まっていたのである。戦前でも，既に重要な政策課題とされていた。また戦後の治水は，ダムによる洪水調節が重要な役割を担ったが，戦前，既に政府の公式施策となっていたのである。
　一方，産業インフラ整備をみると昭和30年代の初め，高度経済成長の隘路として，産業面からの道路・港湾の整備，臨海工業地帯の中核である工業港整備，またダムによる都市用水の確保が課題となっていた。戦前からの課題がボトルネックとなっていたのである。そして昭和30年代以降，その整備が熱心に推進された。
　このように1936年の社会基盤整備の課題をみると，戦前と戦後との極めて強いつながり，切れることのない連続性を感じさせる。さらに言えば，高度経済成長を推進した社会基盤政策は，既に戦前，確立されていたのではないかとも思わせる。あるいは戦前の計画・構想が花開いて，高度成長を迎えたとみることもできる。このことは果たしてどこまで言えるのだろうか，本書で詳細に述べていきたい。

3　戦前の社会基盤整備の概況

　世界的にみて，戦前の昭和時代の国土整備は，高速自動車道路と水力開発が主要な牽引力であった。前者としてアメリカのターンパイク，ドイツのアウト

バーンが著名であり，特にドイツの計画・構想は早くからわが国に紹介されていた。しかしわが国では，昭和10年代終わりに自動車国道計画は策定されながら，着工したのは戦後の昭和30年代以降である。

水力開発についてみると，先述したようにルーズベルトは大統領就任とともにTVAに着手し，さらにフーバーダム，グランドクーリーダムという巨大ダムを1936年，42年に完成させている。またソビエトでも，アンガラ河の大水力発電をもととしてバイカル湖畔での工業開発が33年から推進された。当時，産業開発にとって，水力エネルギーが重要な役割を果たしていたのである。

その重要性は日本でも同様であり，大陸で水豊ダム，豊満ダムに着工するとともに国内でも高ダムの建設が進められた。資源の少ない国内では，特に水力開発は重視されていたのである。また大陸での軍事活動を背景として35年前後，国家による経済の統制が新官僚によって主張されだしたが，その具体策として前面に登場してきたのが電力の国家管理であった。このことからも日本社会の水力開発の重要性がわかろう。

さらに河川開発の当時の重要性は，水力開発のみではなかった。日本社会に大きな傷跡を残した昭和の大不況は1930年代中頃から回復に向かったが，産業面では臨海部での重化学工業が急速に進展していった。これに従い第2次，第3次産業も大きく伸び，都市人口が増大していった。だが，その発展にとって用水確保は絶対の必要条件であった。その水源が河川に求められたのである。

ところで，わが国の水資源は，土地も含めた他の資源と根本的に異なるところがある。つまり水資源は，他の資源にはない特別な性格をもっている。これについて少し述べると，歴史的に沖積低地の灌漑稲作を生産基盤においてきた日本社会では，河川と人々のつながりは長く，そして深い。また安定した河川水は，近世までに稲作の灌漑用水としてほとんど利用されていたというのが実情であった。この歴史を背景として，水利用は国家が一元的に管理する法体系となっている。国家の許認可のもとで，初めて水利権を手に入れることができるのである。つまり，民間資本が商品として自由に手に入れることはできない資源である。

また水力開発は，当時，ダムを中心とした大規模開発の時代であり，上・下流の有機的連絡，複数河川の連携が課題となっていた。さらに工業用水，都市の生活用水の確保のためにはダムによる水資源開発が必要であった。これらのためには関係都府県，関係市町村，農業，漁業の関係者，水没者など広域的かつ多岐にわたる関係者との利害調整が必要である。それは，広域行政のもとで初めて実現できるものである。

　電力の国家管理は，日中戦争下の1938年3月，国策会社である日本発送電株式会社の設立によって実現となった。民間資本に代わって国家が前面に出て水利権を確保し，資本を投入し，自然地形上，最大規模での開発を目指したのである。また複雑な利害関係のもとにある河川なので，多目的開発である河水統制事業によって推進しようとした。河水統制とは，ダム等の貯溜水を活用して流況を安定させ，それによって水利用の高度化を図り，河水をコントロールしようとするものである。40年度からは国庫補助に基づき，さらに翌41年度からは国直轄事業として河水統制事業が着手された。その目的は治水のほか，利水として発電・灌漑そして都市用水の確保であった。なお河水統制事業に先立ち，38年に内務省により全国工業用水実態調査が，また37年から41年にかけて逓信省により第3次発電水力調査が行われた。

　一方，治水についてもみていこう。河川の氾濫原である沖積低地上が活動の主舞台である日本なので，治水は社会基盤のなかでも基本的な課題である。昭和初頭の1930年から31年にかけて，明治中頃から始まった利根川，荒川，淀川，信濃川等の大河川の改修工事が着々と竣功していった。この後，広島市，岡山市，和歌山市，富山市というような地方の重要都市の治水の整備が大きな課題となっていたのである。その背景には，工業化を背景とした新たな都市としての発展とその期待があった。

　このように昭和前期のわが国をみていくとき，河川の整備・開発を根幹において社会基盤政策を述べていくことは当を得ていると考えている。河川の整備・開発が，社会基盤整備の中心であったと考えている。この前史があったればこそ，昭和20年代，多目的ダムを中核とした河川総合開発が展開されて戦

後復興に重要な役割を担ったのである。

　ところで，戦前のこの河川開発は高ダム建設を中心において推進されたが，その背景にはダム技術の確立があった。世界的に，戦前のダム技術の発展は主にアメリカで進められた。ブルドーザー，ジブクレーンなどの大型施工機械を駆使し，画期的な設計・施工技術のもとにフーバーダムは建設されたのである。この竣功とあわせ，第2回国際ダム会議がアメリカの首都ワシントンで開催された。この会議に大統領ルーズベルトが出席して演説し，フーバーダム使用開始のボタンを押したのである。それに先立ち，会議に出席した各国代表は，大統領レセプションにホワイトハウスに招かれ，大統領からそれぞれ挨拶と握手を受けた。フーバーダムはアメリカの国家威信を示したものであり，並々ならぬ自信と誇りであったのである。

　第2次世界大戦時，アメリカは基地，飛行場などの軍事施設を，この重土木施工機械力によって建設していった。その施工力は，「もっこ」と「スコップ」に象徴される人力作業を中心とした日本と比べ圧倒的な優位に立っていた。では水豊ダム，豊満ダムは，どのようにして建設されたのだろうか。筆者は，間違いなくその施工機械はほとんどすべてアメリカ製品であったと考えている。日中戦争開始前後のわずかな空隙をついて，アメリカ製施工機械が購入され使用されたのである。国内でも巨大な小河内ダムが計画されたが，導入されたその施工機械の主だったものは，フーバーダム建設時に活躍した中古品であった。

　この事実は，戦争中は極秘扱いであったと思われるが，土木技術力から国力をみても，第2次世界大戦はとても勝てる戦争ではなかった。

　戦争と土木施工力，特に近代戦争において両者は不可分の関係をもっている。日清・日露戦役を戦った明治政府は，その重要性をきちんと認識し，対応していたと思われる。日清戦争後，政府支出による淀川治水を熱心に求める地元に対し，淀川治水の重要性は政府として十分理解できるが，それよりも大陸でのロシアへの対処が国としては重要だと政府は一度は拒絶する。だが結果として，1896（明治29）年から大量の施工機械を欧米から輸入して淀川改良工事に着手した。この判断に，ロシア戦に備え機械施工力を身につけておきたいとい

う軍事面からの要請があったと考えている。

　一方，昭和初期に展開された失業救済・時局匡救事業では，労賃の割合を大きくするため機械力をできるだけ使用しない工法で進められた。第2次世界大戦当時，これが施工機械力の重要性が軽視され，また増強を怠った原因であると，一部の土木技術者から指摘されている[7]。この度の戦争は基地建設の速度が重要な課題となっているが，機械施工力を養ってこなかったことが大きく災いしていると嘆いているのである。

　ところで，ダムは今日でも社会経済また自然に対して大きな影響を与えているが，戦前もそのインパクトは大きかった。山中においてこれほどの巨大な人工物の登場は初めてであり，ほとんど手つかずの自然状態にあった奥深い地域に建設が進められたのである。

　戦前のこの建設は，何の抵抗もなしに社会に受け入れられたのだろうか。実は，自然保護者たちとの間で激しい論争があった。論争の水準はかなり高いもので，建設側は技術的対応による自然との調和があることを主張した。そして計画・設計面で具体的に考慮されていったのである。

　今日，巨大な構造物の建設にとって自然環境との積極的な調和は絶対に図っていかなければならないことである。高度経済成長時代，経済的合理性のみが追求され，自然景観との調和などの環境的配慮はほとんどなされてこなかったというのが実情である。しかし，それ以前はそうではなかった。そこに技術思想の明らかな後退をみる。

　筆者は長年，河川の環境整備について興味をもち，河川のもっている自然条件，人々と河川との長い付き合いのなかから生まれてきた歴史性・風土性を十分理解したうえで計画すべきことを主張してきた[8]。このような観点から，見事に整備された河川が，1935（昭和10）年の大水害を契機として行われた戦前の京都の鴨川改修である。現在みる京都の鴨川は，このとき築かれたものである。この改修事業は，戦前の地域づくりのひとつの水準を現しているので，少し具体的にみてみよう。

　京都は35年6月，未曾有の大水害に直面した。市街地へ氾濫するとともに

三条大橋，五条大橋も流出した。この復旧計画において京都は，治水と環境の調和を前面に押し立てたのである。京都はその歴史性より本邦唯一の国際的観光都市であると主張し，「風光明媚にして市内を貫流」する鴨川は，「東山の翠緑の対象として所謂山紫水明の美を発揮し京都の優雅なる情景を保持しつつあり」と，自然景観上，極めて重要ととらえていた。そして「鴨川は京都市の鴨川に非ず，鴨川治水に依って保護を受くる之等一切のもの，使命に付て考ふるときは，実に鴨川の根本的改修が国家的大事業として其の必要なる」と主張し，鴨川改修に対し国家の特別助成を要求したのである。

改修事業の完成は終戦後の1947年であったが，治水上で支障のないかぎり鴨川の自然景観を考慮して，コンクリートが露出するような工法の使用を避けた。環境との調和を前面に出した河川改修を実現したのである。戦後の計画で，この水準を超えているものが果たしていくつあるだろうか。戦後，それまで培ってきた大事なものを失ったように思われる。

なお断っておくが，本書はけっして戦前を礼讃するものではない。戦前，企画院が策定した国土計画は，「大東亜共栄圏」，「国防国家」の確立と強く結びついたものである。また戦争時，土木現場に多くの「強制連行朝鮮人」や「中国人俘虜」が送り込まれた。平和国家を目指した戦後にとってこれらはまったくの負の遺産であり，その重い後遺症は今日まで残っている。このことは重々，承知している。しかしそうだからといって，戦前の全てを否定することは間違っている。今後の社会基盤整備にとって，大事に継承すべき所は継承すべきだと考えている。

【注】
1) 中村隆英『日本経済史7――計画化と民主化』岩波書店，1989年，5〜37ページ。
2) 内務省土木局河川課長武井群嗣の次の論説に基づく。「新政綱と土木国策」『水利と土木』第9巻第4号，1936年。「土木事業の企画経営」『水利と土木』第9巻第8号，1936年。
3) 武井群嗣「土木事業の企画経営」前出。

4) 同上。
5) 訓辞の内容は次のとおりである。
　「事業ノ性質上多クハ，長期ニ亘リ巨額ノ経費ヲ要スルモノナルヲ以テ，特ニ一貫セル方針ノ下ニ之ガ施行ニ当ラザルニ於テハ，終ニ其ノ効果ヲ所期シ得ザルベキニ依リ，土木本来ノ使命ニ鑑ミ，総合的経済的観点ヨリ周到ナル計画ヲ樹立シ，運営其ノ宜シキヲ制スルニ違算ナカランコトヲ要ス」。
6) 国庫補助は政府の土木会議の港湾部会での審議で定められたが，議決された議案は次のようなものであった。
　「臨海工業地帯造成方針に関する件（昭和15年6月14日土木会議港湾部会決議答申）晩近我国産業の発達に伴い，時局下，生産力拡充計画の発展と相俟って各種工業の勃興著しきものあり。而も之等は企業の経済化乃至能率化を期する上に於て，競って其の地を臨海地帯に需めつつありと雖も，既成臨海工業地帯に以てしては到底之等大量の需要に応ずることは能わざるなり。而して従来此の種事業は，概ね民間の企業に委ねられたる所なりと雖も，其の企業の如何によりてはこれを官公営となすを適当とするものあり，旁々如上の状態に鑑み，国又は地方公共団体に於ても之が造成となすこととし，且つ地方公共団体の企業に対しては国庫に於て，其の企業計画中央公共施設費の3分の1を補助するの方針を確立し，以て現下重要国策の遂行に順応せしめんとす」。
7) 横田周平『国土計画と技術』商工行政社，1944年，53～56ページ。
8) 松浦茂樹，島谷幸宏『水辺空間の魅力と創造』鹿島出版会，1987年。

第Ⅰ章　概説──昭和初頭までの社会基盤整備

　ここでは，明治から昭和初頭までの近代社会基盤整備の歴史について，第1次世界大戦までとそれ以降に分け技術面にも注目して概説し，近代社会基盤整備史における昭和初頭の到達点を述べる。

1　明治から第1次世界大戦まで

(1)　東京遷都と大久保利通

維新を契機とし，欧米列強に遅れて近代化を進めるとともに，250年以上にわたる幕藩体制から脱却して強力な中央集権国家の確立をめざしたわが国では，社会基盤の一刻も早い整備が求められた。だが民間資本の蓄積が小さかったため，わが国では国家が主体となって進めていった（図1-1）。たとえば1878（明治11）年，内務卿であった大久保利通により「一般殖産及華士族授産ノ儀ニ付伺」が建白され，これに基づいて公債により起業資金が準備されて，鉄道，官営鉱山等に投資された。また官営工場の設立，西洋技術者の招聘等が行われ，技術移転が進められていく。その懐妊期間として20年以上を要したのである。この間，わが国は西南戦争などの内乱を伴う激しい政治闘争，内乱後の急激なインフレーション，これに続いた厳しいデフレ政策による経済の緊縮，と大きな

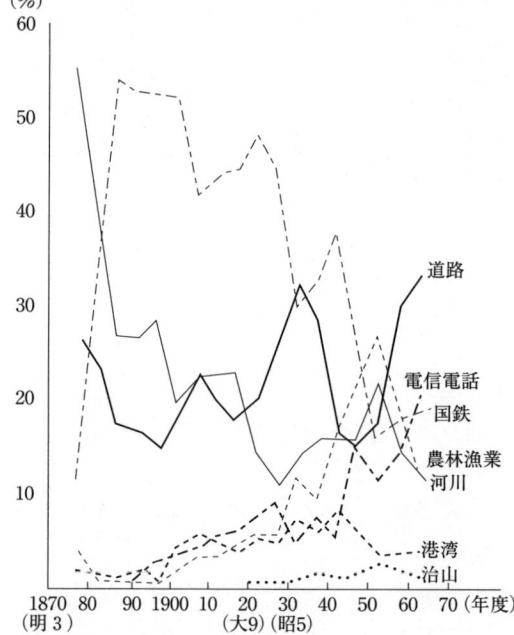

図 1-1　インフラストラクチュア投資の施設別構成比
1877～1962年度（1960年度価格による5カ年平均値）

出典：沢本守幸『公共投資の100年の歩み』大成出版社，76ページ，1981年。

動揺をみせながら近代国家としての体制を整えていった。

さて明治維新は西南日本の雄藩に指導されながら，首都は東京に定められた。当時の経済の先進地は西日本であり，「天下の台所」として大阪が物資輸送の全国ターミナルであった。このため大阪が首都としてふさわしいとして，大久保利通は一度は大阪遷都を建白している。しかし東京遷都となったが，後に大久保は「たとえ西国は失う給うとも東国を全う」とまで述べて，その意義を強調した。つまり東日本に自らの政権の運命を託したのである。国土経営からみて，それは何を根拠としたのであろうか。

それは国際貿易における東日本の優位性からだと考えている[1]。この当時の代表的な輸出品は生糸類で輸出総額の50%以上を占めていたが，その生産の中心地は東日本であり，横浜から輸出されていた。積極的に国を開き欧米諸国に伍して国を興そうというのが明治新政府の方針であった。それを支える物的基盤が，対外貿易港横浜と東日本の生糸類であったのである。そして横浜と東日本の各地とは，河川も含めた舟運を通じて密接に繋がっていた。明治新政府は，この基盤を重視したと考えている。

1873年，大久保利通はいわゆる征韓論を退けて明治新政府の実権を握り，翌年，強大な権限をもつ内務省を設立して自ら内務卿に就任した。河川，道路，港湾などの土木行政は内務省に属したが，それまで土木行政の担当部局は民部省，工部省と転々とし，71年には大蔵省に移管した。この時大蔵卿となったのが大久保であり，内務卿就任とともに土木行政は大久保に従ってその所管が移っている。国土造りに対する大久保の執念が感じられるが，彼の推進した政策が東日本の開発であった。

「一般殖産及華士族授産ノ儀ニ付伺」では，東日本の運輸体系の整備を目的として7大プロジェクトを提案した。港湾の整備としては鳴瀬川河口の野蒜築港，新潟港，那珂川河口の那珂港。河川舟運路の改修としては，福島地方の便のための阿武隈川，会津の便のための阿賀野川。新たな運河としては野蒜港と北上川との間の新運河，北浦・涸沼・那珂港をつなぐ大谷川運河，印旛沼から東京港へ出る新運河をあげる。道路については越後と上野を結ぶ清水越のみで，

あとはすべて舟運体系の整備である。清水越は利根川と信濃川を連絡するものであり，大久保のこの構想は近世の延長線上に東日本の運輸体系の整備を図ったものと評価できる。

ところでわが国の歴史を振り返ると，利根川，淀川両水系のもつ役割はきわめて大きい。歴史的にみると，荒川と隅田川は利根川，大和川は淀川の支川ないし派川であったので，これらも両水系のなかに含めるが，両水系が最も深く日本の歴史とかかわっていたことは今さらいうまでもない。古代から中世にかけて政治の中心地は，一時期の鎌倉を除いて淀川水系にあり，近世から今日までは利根川水系である。裏返せば，両水系のみが，日本の中心地となり得る条件をもっていたのである。このことを自然条件からみるならば，2つのことを特に指摘しておきたい。

1つが，沖積低地の大きさからみた利根川水系の広大さである。周知のように，わが国では沖積低地での灌漑稲作農業が長い間の生産基盤で，米の収穫量は沖積低地の大きさによって基本的に定まる。この大きさが利根川水系は約5,500 km^2 と，次に大きい信濃川水系の約2倍となっている。利根川が飛び抜けて大きいのである。因みに淀川水系は第5位の1,850 km^2 である。

他の1つが淀川水系にある琵琶湖の意義である。日本最大のこの湖沼を上流に抱えているため，淀川には常に豊富な水が流れている。約100年前まで，わが国内陸の物資輸送にとって，河川舟運は絶対的に重要な役割を果たしているが，河川舟運に対し淀川は格好の条件をもっていたのである。そして淀川は，大阪港から波静かな瀬戸内海へと繋がる。一方，琵琶湖を北に向かえばしばらくの陸路の後，日本海側の若狭湾に連絡する。この天賦の条件に支えられ，長い間，京都は政治そして文化の中心地であり得たのである。

(2) 鉄道の整備

明治の新時代を象徴する社会基盤整備として鉄道建設があげられる。早くも1872（明治5）年，新橋～横浜間，74年には神戸～大阪間が開通した。鉄道建

設は工部省によって推進されたが,膨大な資金が必要である。このためあまり費用もかけずに整備され,かつ大量輸送に向く舟運を当初は活用しようとした。舟運路の確保は,近世まで活発に行われていたが,大久保の7大プロジェクトにみられるように明治の初期にもその延長線上での発展が図られ,政府によって整備が進められたのである。

1886年,官庁集中計画を推進していた臨時建設局総裁井上馨と副総裁三島通庸が「秘密建議書」を総理大臣伊藤博文に提出した[2]。ここで「東京近傍に於て便宜の地を選び,本都移遷の事」と遷都を提言していたが,その移転先は群馬県から埼玉県北部の利根川上流域であった。その地の利点として6つ掲げるが,東京から20里ないし30里の近距離にあることに続いて,「溝梁河川の便なからべからさる二なり」と内陸舟運の便を主張している。河川舟運は当時重視されていたことがよくわかる。そして90年には,利根川と江戸川を結ぶ利根運河が完成し,また同年竣功した琵琶湖疎水事業も,大津~京都間の舟運路としての役割も担っていた。

さて,鉄道についてみると,神戸~大阪間の鉄道竣功直後は,大阪~京都間の建設が細々と続けられていたにすぎなかった。この当時,明治政府により鉄道設置が計画された区間は,東京~神戸間,この幹線から分岐して敦賀に至る支線であった。しかし西南戦争などの内乱後の1870年代後半になって,西日本では京都~大津,敦賀~長浜~大垣間の建設が進められ,84年,大津・長浜間は琵琶湖舟運に頼ったが,大阪,敦賀,四日市(大垣から揖斐川舟運)の重要拠点が連絡した。東日本でも上野・高崎間が84年に開通し,翌年,竣功した清水越道路と相まって長岡で信濃川舟運と連絡したのである。続いて,日本の2大センターである京阪と東京を結ぶ工事に移っていく。

当初のルート案は,東海道ではなく中山道であった。本州の中央を通って大垣と高崎とを結ぶこのルート案は83年認可されたが,工部省の構想によると新潟,敦賀,神戸,大阪,名古屋,宮崎,横浜,品川の重要港湾を連結する鉄道のネットワークとして位置づけられていた(図1-2)[3]。

86年,このルート案は東海道に変更となった。建設コスト,営業上の効果

図1-2 工部省の内陸鉄道構想（1883年）

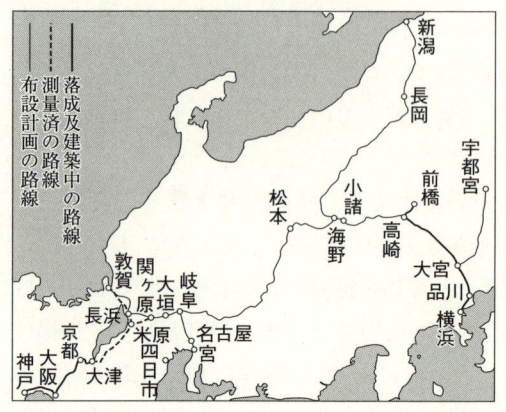

出典：小風秀雅「起業公債事業と内陸交通網の整備」
『道と川の近代』山川出版社，1996年。

から東海道が有利との判断からである。そもそも中山道に決定したのは，沿海部は良港に恵まれ海運による輸送が運賃も安く輸送の中心となると考えられたのに対し，その条件のない山間部の開発効果も考慮にいれていた。しかし東海道に変更となった。近代の国土経営における東海道の絶対的な優位性が，ここに決定的となったといっても過言であるまい。

1889（明治22）年，新橋〜神戸間が全線開通となった。この開通が鉄道輸送にとって1つのエポックであり，この前後から鉄道建設が急速に展開する。鉄道建設こそが，自動車交通の発展が求められた昭和初期まで，内陸交通において国土経営の最重要施策となったのである（図1-3）。

東海道線は，1883年からの鉄道公債による民間資金の導入で進められた。それに先立ち81年，民間資本によって日本鉄道会社が設立されて東京〜青森間，上野〜高崎間の建設が図られ，東京〜高崎間から着工した。この建設に対して政府は手厚い補助を与え，さらに工事自体も政府が代行し，列車の運行も政府が行った。この後86年から89年頃にかけ，鉄道の企業化に対して一大ブームが生じた。しかし投機的傾向が著しく，発起・計画された鉄道会社は50社近くに達したが，開業した企業は日本鉄道会社も含め14社にすぎず，90年の恐慌によって泡沫企業は倒産した。開業した会社も輸送需要が激減していくなかで大きな打撃を受けた。この後，鉄道国有化論が政府内部や企業化の間で出はじめる一方，軍部が軍事輸送の点から鉄道に注目するといった背景のもとで，議会からは政府の一貫した鉄道施策の確立が求められた。このような社会の動向の中で92年，鉄道敷設法が公布されたのである。

図1-3 明治時代の鉄道整備状況

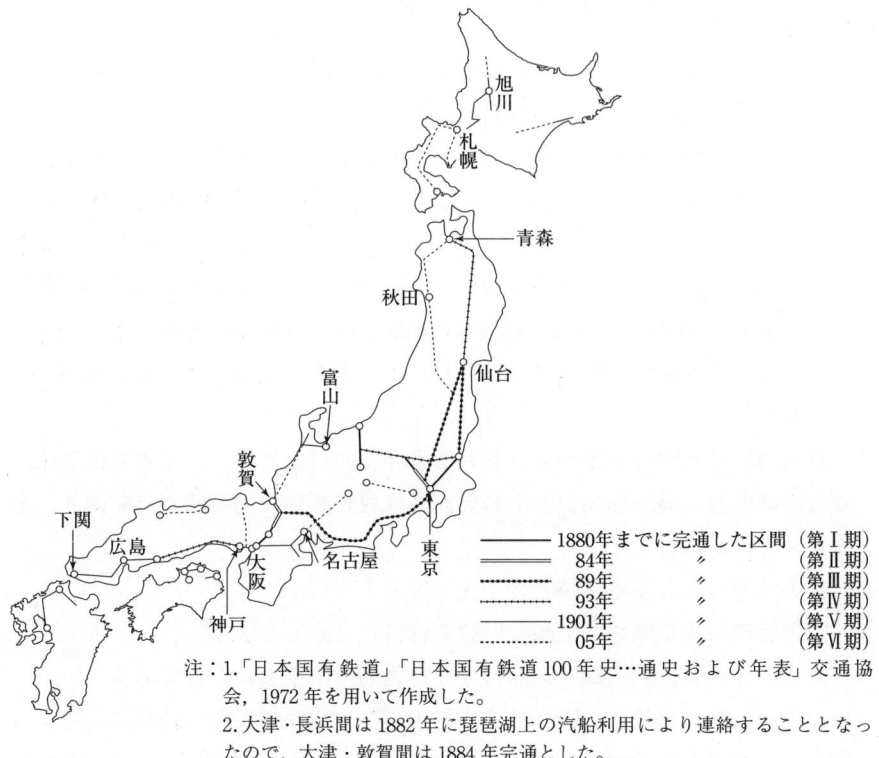

注：1.「日本国有鉄道」「日本国有鉄道100年史…通史および年表」交通協会，1972年を用いて作成した。
2.大津・長浜間は1882年に琵琶湖上の汽船利用により連絡することとなったので，大津・敦賀間は1884年完通とした。
出典：沢元守幸『公共投資100年の歩み』大成出版社，1981年，20ページ。

　鉄道敷設法により，政府が自ら鉄道建設に当たるという原則が確立され，33の建設予定線が定められた。このうち緊急を要する9路線が第1期予定線とされ，12カ年で建設されることとなった。また私設鉄道に対しても，その計画に対して政府が主導権を握ることとなった。

　鉄道敷設法の成立以降，国土経営の基軸として鉄道建設が国により熱心に進められていくが，この背景には近代産業の発展がある。1887年前後から90年代初頭にかけては，綿糸紡績業を中心に産業の近代化が進められ，わが国の産業革命が達成された時期である。紡績業を中心にして近代工業は発展し，工業

用及び鉄道用の石炭の需要が増大して,筑豊,北海道の炭坑が開発され,その輸送に鉄道が整備された。

明治時代の鉄道建設は,1890年代以降順調な進捗をみせ,1900 (明治33)年前後には旭川から熊本までの列島縦貫線をつくりあげた。そして日清・日露戦争時の軍事輸送で重要な役割を担い,軍部から一層注目されたことも背景となって,日露戦争後の06年に鉄道国有法が成立した。この鉄道国有法により「一般運送の用に供する鉄道は,総て国の所有とする。但し,一地方の交通を目的とする鉄道は,この限りに在らず」との方針で,全国の幹線は翌07年10月までに買収された。07年末の国鉄開業延長は7,166 km (未開業1,423 km)となり,ほとんどの県で鉄道は整備されたのである。国有化のねらいは次の3つといわれる。

① 鉄道の分立状態の是正および営利追求体制の打破に努め,輸送の迅速化・運貨の低廉化・経済開発促進上必要な特殊運賃制等の効率的実施を図り,産業貿易の振興に資すること。
② 軍事的観点から秘密保持と効率化を図ること。
③ 鉄道財政収入を確保して戦後財政の経済・立直しを図ること。

この後,全国幹線鉄道網が国鉄により最終的に整備されたのである。

なお当初の鉄道建設は,イギリス人を中心とする西洋からの技術移入によって行われた。モレル (Edmund Morel),シャービィントン (T. R. Shervinton) たちが来日し現場を指導するとともに,日本人技術者の養成にも努めた。この結果,鉄道建設の技術水準は,1880年代前半には日本人技術者のみで工事が進められるほどに向上した。明治時代の鉄道技術の到達点を象徴するものとして,延長4,656 mの中央線笹子トンネルの竣工がある。1896年の起工から7年間を費やし1903年竣工した工事であったが,岩石の発破にはダイナマイトと電気電管を用い,ダイナマイト装填のための掘削には,英国製の空気削岩機を採用した。また坑内に電灯・電話を設備して作業環境を改善し,工事用電気機関車を導入してずり出しと資材の運搬を行った。

また1917 (大正6) 年に丹那トンネルが着工された。当所は7年の工期を予

定していたが，大量の湧水，温泉余土，断層などに加えて，北伊豆大地震に遭うなど難工事を極めた。その完成に17年の歳月を要したが，地質調査を先行させることや軟弱地盤での湧水処理方法，および掘削技術を確立し，その後の関門海底トンネルの工事などに結びつけた。

(3) 電信・電話の整備

モールス (S. F. B. Morse) により電信機が発明されてから約30年後の1868 (明治元) 年，誕生したばかりの明治新政府は電信架設の官営を決定した。地方分権の幕藩体制から強力な中央集権国家の確立を図るために，全国各地との情報網の近代的整備にまず着手したのである。翌年，イギリスから電信技師ギルベルト (C. E. Gilbert) を招聘し，その指導のもとで架設は進められた。69年東京～横浜間，70年大阪～神戸間の開通を先駆けとし，72年には東京～神戸間，翌年には東京～長崎間，74年末には長崎から札幌・小樽間の列島縦貫線が開通した。この後も全国各地で整備は進められ，81年にはほぼ全国幹線網が整備された。その路線長は，81年末で陸上線7,250 km，水底線98 kmの計7,348 kmであった。鉄道の全国幹線網の整備に先立つ約25年前に，電信網は形成されたのである。電信のための必要資金量は，鉄道に比べてはるかに少ない。このため鉄道に先駆けて急いで整備されたのである。

電話網の整備は，電信網に比べてかなり遅れた。電話機はベル (A.G.Bell) によって1876年に発明され，翌年には日本に輸入され，その翌年の78年には内務省・警視本署間で実用化された。その後，各官庁，鉄道，大会社などで専用電話が架設されたが，政府が電話事業を官営で進めることを決めたのは88年であった。そして90年になって東京・横浜および両都市間で公衆電話事業が開始された。電信に遅れること約20年であった。電話網の全国展開はスムーズには進まず，1907年度から第2次拡張6カ年計画が開始され，計画終了の12 (大正元) 年には累計市街回線は10万kmを超え，ほぼ全国を網羅することとなった。

(4) 河川・水利の整備

　明治新政府が，鉄道とともに力を入れたのが河川改修であった。オランダからファン・ドールン（C. J. van Doorn），デ・レーケ（J. de. Rijke）たちが招聘されたが，当初，彼らに与えられた主要な課題は，港湾の整備と一体となった河口部処理および舟運を主目的とする低水工事であった。

　低水工事は河身修築（低水路整備），土砂流出防止の砂防工事よりなるが，低水路の整備はまた洪水の疎通もよくすることである。治水のためにも低水工事が先決と考えられ，淀川，利根川等の大河川で政府直轄により進められた。だが，1892（明治25）年の鉄道敷設法の成立によって，内陸輸送は鉄道整備で対処しようとする政府の基本方針が公式に確立されたと考えてよい。この後，河川事業は築堤による洪水防禦へと大きく転換していくのである。そして，国直轄による治水工事が，96年の河川法の成立によって制度として整備された。

　しかし，治水工事は多額の費用を要する。国家財政も不十分で，かつ対清国・ロシアなどとの間で国際関係が緊張していた当時にあって，その進捗は容易ではなかった。1907年までに工事が着手された河川は，淀川・利根川など10河川のみであった。この後，社会経済の発展があって国家財政が豊かとなり，10年に全国的に大水害を被った後，第1次治水計画が樹立された。ここに，大河川を中心にして政府による全国を見つめた本格的な治水事業が展開されていくのである。なお，1896年から始まった淀川改良工事では，浚渫船などの施工機械がヨーロッパから大量に導入され，大型構造物の建造も行われて大規模土木工事の嚆矢と評されている（1911年竣工）。

　ところで，河川改修は沖積低地の整備のため近世までも大々的に行われていた。沖積低地は，近代国家成立以前でも，わが国社会の中心地であったが，そのためには河川の整備は必要であった。この点が鉄道，電信・電話等，近代化とともに始まった社会基盤と根本的に異なるところである。だがその整備状況は，近代と近世の間に大きな段差があった。明治の計画は，近代科学手法に基

づくものである。来日したオランダ人技術者がまず行ったのは、量水標の設置である。測量ともあわせて水位・流量の観測が行われ、これに基づき西洋で確立していた水理式によって基本諸元を把握し、計画を策定していったのである。事象を数量で客観的にとらえ、個人的経験あるいは勘のみではなく、普遍化した方法で河川の計画を策定していった。そして施工機械として、浚渫機械の導入によって工事を進めていったのである。ただその機械施工のウェイトは大きくなかった。

　明治20年代後半には、主導権は欧米留学帰りの古市公威、沖野忠雄たちの日本人技術者に移ったが、彼らもまた西洋近代技術を背景にして治水事業を推進していった。明治後半から始まった改修事業の規模は、近世までに比べるとはるかに大きい。現在、我々が目にする河道の骨格は、この時できたと評してよい。近世までの治水は、都市などの重要地点を優先的に守ることを明確にし、堤防の高さや強さに差をつけ、それ以外の地域に氾濫させていた。犠牲となる地域を設けることによって他の地域を守っていたのであるが、当時の技術力からこのようにせざるを得なかったと考えてよい。近代技術はこの状況を克服していったのである。

　また水利開発についても、大規模な事業が展開された。明治の代表的な事業として琵琶湖の水を京都へ導入する琵琶湖疎水事業があるが、1885（明治18）年に着手され、90年に竣工した。土木技術者としては、工部大学校を卒業した田辺朔郎が活躍し、蒸気ポンプ、ダイナマイトなどの近代施工技術が一部導入されて進められた。一方、これに先立つ6年前の79年、国営によって安積疎水工事が着手された。この工事はわが国本来の技術と西洋技術との接触・融合を考えるとき、興味深い事例なので少し詳しく述べたい。なお近世までにもわが国は、箱根用水などの水利開発についての経験をもっている。

　安積疎水事業は、猪苗代湖の水を安積原野にもってこようというものだが、基本的な計画は、江戸時代末期に大分県で水利開発に活躍した南一郎平を中心にして策定された。その前段作業である測量は、地元の和算の大家で明治維新後、東京に出て近代測量学を修めた福島県職員によって行われた。またこの計

画が水理的に妥当かどうかは，ファン・ドールンによってチェックされ，堰などの構造物の計画の詳細が彼により検討された。この計画に基づき構造計算とともに詳細な設計と施工方法，つまり実施設計を検討したのが，フランス帰りの内務省技師山田寅吉である。

堰の改築とトンネルが難工事であったが，現場を指導したのは，南一郎平とともに大分からやってきた熟練工であった。彼らは近世末期，大分で合計約11,630mのトンネル工事等の水利事業を経験しており，その経験をもとにして工事を進めていったのである。ただし火薬と，部分的にだがセメントという新材料も使われた。また湧水の汲み出しには動力源として水車を用いた揚水器機，さらに工事の後半では一部，蒸気ポンプも使われた。だが近代的な施工機械はほとんど使われず，人力に頼るところが大きかった。

このように明治の初頭，現場の第一線では近世に経験を積んだ熟練工が活躍した。ここ以外でも，1873（明治6）年に起工された大阪・京都間の鉄道工事で労務供給を請け負った藤田組では，その土工の大部分が尾張などの黒鍬者であった。また甲突川5大橋などを手がけた肥後の石工たちは，明治初頭，東京の万世橋，江戸橋などの架橋工事に活躍した。土木技術を支えた熟練工の技能は近世と連続していったのである。

次に水力発電について簡単にみると，工場用として1888年に，また一般営業用として京都疎水発電が91年に開始した。やがて高圧による長距離発電の技術が発展するとともに，当初の火力発電からコストの安い水力発電にウェイトが移っていった。99年には近距離送電がはじまり，1907年には山梨から東京までの約80kmを55,000Vで送電開始し，大送電網時代となったのである。水力発電事業にとってエポックとなったのは，1911年の電気事業法の制定である。

(5) 築港・道路の整備

築港についてみると，近世までのわが国の港の多くは河口に位置していた。

第Ⅰ章　概説——昭和初頭までの社会基盤整備

その理由は河口港が河川舟運と海運との接点に位置し，河川の流域を背後圏としていたためである。しかし河口港は大きな宿命をもっている。上流から流出してきた土砂の堆積によって，水深が減じることである。大型西洋船に対処できる近代港湾にどのように脱皮していくのかは，江戸時代に栄えた河口港にとって特に重要な課題であった。

　明治時代に着工された主要な港湾工事をみると，1876（明治11）年に九頭竜川河口の坂井港と鳴瀬川河口の野蒜港が着工された。坂井港は旧来からの港の改良，野蒜港は新築という違いはあったがいずれも河口港であり，ファン・ドールン，デ・レーケたちオランダ人技術者たちの指導によって築港工事が進められた。しかし野蒜港は，82年に工事がほぼ完成したにもかかわらず，84年の秋には台風による暴風雨のため突堤が破壊され機能を失った。また期待していた大型船が来航しなかったこともあって復旧されず，築港は頓挫した。工事はオランダ人熟練工の監督の下で行われたが，水路底部の土砂浚渫に蒸気浚渫機が使用された以外，ほとんど人力で行われた。

　この後の大規模な港湾工事は，1889年，イギリス人技術者パーマー（H.P. Palmer）の指導により着工された横浜築港である。京浜地区の窓口として，ここに本格的な近代港湾が着工されたのである。この後，さらに96年，航海奨励法と造船奨励法が成立し，海運業，造船業が活気づくとともに，港湾の整備も図られていった。96年には名古屋港，函館港，97年には，江戸時代に大いに繁栄した大阪で近代港湾工事が着手されたのである。またこの年には小樽港も着工され，さらに98年には新潟港，1906年には神戸港の修築が始まった。

　ところで1907年までは，港湾事業に対する体系的な政府の方針はみられなかった。個別審査によって事業は進められ，国庫補助が与えられていたのである。国としての統一的方針が示されたのは，港湾調査会による07年の「重要港湾の選定及び施設の方針に関する件」の決定である。これにより14港が国家的重要港湾と定められ，横浜，神戸，敦賀と門司・下関の関門海峡の3港1海峡は国が経営し一部地元が負担する第1種重要港湾，東京，大阪の両港の他8港は地方が経営し国が場合によっては補助する第2種重要港湾と定められた。

第1種重要港湾のなかで未着手であった敦賀港,関門海峡港にそれぞれ着工したのは09年,10年である。

道路についてみよう。明治初頭においては地方の開発に対し国によっても道路の整備が重視され,また,地方は道路の整備を熱心に主張した。この後,道路は1等,2等,3等に区別されたが,1876年に等級は廃止されて国・県・里道の3区分となった。なお,国道は次の3つの性格をもつものであった。

① 東京より各開港場(横浜・大阪・神戸・長崎・函館港)に達するもの。
② 東京より伊勢神宮及び各府県鎮台に達するもの。
③ 東京より各府県庁に達するものおよび各府県鎮台を拘聯するもの。

国からの補助は,その時の国家財政に基づき個別審査により行われていた。しかし,その数や額も少なく,明治時代中頃から政府が鉄道に力を注いだのに対し,地域間を結ぶ道路の整備は大きく遅れたのである。

(6) 上・下水道の整備

開国によってもたらされたコレラの発生が,衛生施設である上・下水道の普及を急がさせた。江戸時代にも,江戸への玉川上水をはじめ甲府,水戸,鹿児島など,必要な都市では上水道が設置されていた。近代上水道の第1号は,1887(明治20)年に給水された横浜上水道であり,イギリス人技師パーマーの指導の下に行われた。ついで89年給水の函館水道は,パーマーの計画のもとに日本人技術者により設計・施工された。90年には秦野水道で給水されたが,ここでは計画も日本人技術者によって行われた。そして,1890年に水道条例が公布され,公営を原則として運営されることが定められた。これ以降,各都市で上水道の建設が進められていく。大阪では95年,東京では98年に給水が開始された。

近代水道が近世の水道と異なるのは,濾過池などの浄化施設をもち,鉄管の中を高圧で導水されたことである。これにより都市の地形に縛られることなく給水され,また消火用水としても有用となった。

第Ⅰ章　概説――昭和初頭までの社会基盤整備　　31

　一方，下水道法が公布されたのは，1900年である。これ以前において下水道は横浜居留地で1871年，神戸外国人居留地で72年に竣工しているが，それぞれ外国人技術者によって計画されていた。また85年には石黒五十二の計画に基づき東京で神田下水が完成した。だが下水道の整備は上水道に比べ遅れ，仙台での着工が99年，東京が1911年，大阪がその翌年である。その方式は合流式であり，雨水とともに家庭汚水を受け入れた。し尿は農村に還元され，肥料として利用されていた。なお，近世の都市にも，しかるべき下水路は整備されていた。著名なのは約346 kmにもわたる大阪の太閤下水である。また広島の城下街の下水道には太田川の水が導水され，汚物は流されていた[4]。

　ところで，水道，下水などの生活基盤を明治政府はおろそかにしたとの説がある。それは1884年の東京市区改正審査会の一節，「意フニ道路橋梁及河川ハ本ナリ水道家屋下水ハ末ナリ」に基づき，市民生活に直接的につながる水道・下水は「末ナリ」として軽視されたとの主張である。しかしこの文の後に，「故ニ其根本タル道路橋梁河川ノ設計ヲ定ムル時ハ自然容易ニ定ムルコトヲ得ヘキモノ」と述べている。つまり道路，橋梁，河川の設計が基本であり，それが定まると容易に水道，下水道の計画が定められると，物理的な計画手順について述べたものである。けっして生活基盤の軽視が主張されたのではない。

(7)　近代土木技術者の創出と施工技術

　明治新政府は西洋文明の導入を熱心に図ったが，社会基盤として鉄道，通信などそれまでわが国になかった施設の建設が始まった。さらにそれ以前と比べて大規模な事業が，近代科学技術，人力のみによらない機械施工によって可能となった。その技術移転には20年近くを要したのであった。

　技術移転は2つの方法によって行われた。1つが欧米技術者の招聘であり，他の1つが欧米への留学である。前者をみたのが**表1-1**である。イギリスからが最も多いが，合計146人が招聘されている。彼らは学校教育を除いて主に計画・設計の技術分野を担当し，現場監督者としては技手・技能者が来日した。

表1-1 欧米技術者の招聘

①招聘された欧米技術者の国籍別分類

国　名	人数
イギリス	108
オランダ	13
アメリカ合衆国	12
フランス	11
ドイツ	1
フィンランド	1
計	146

②招聘された欧米技術者の雇い上げ官公庁等別分類（含民間）

官　公　庁　名	人数
鉄道寮（局）	56
内務省土木寮	15
測量司（内務・工部）・地理寮	15
鉱山寮	15
開拓使（含農学校）	13
工部省（工作・営繕・灯台等）	11
工部大学校・開成学校・帝国大学	11
海軍省	7
陸軍省	4
神奈川県	3
東京府	2
農商務省	1
大阪府	1
京都府	1
（民間）	4

③招聘された欧米技術者の職種別分類

職　種	人数
鉄道（敷設・建築）	59
測量（教師・測量師）	31
電信敷設	14
鉱山土木	14
治水・水理・港湾	11
土木一般・土木顧問	9
陸海軍土木	8
土木工学教師	8
道路	4
建築師	4
灯台	3
水道	2

注：表②，③の合計が146人以上となるのは職種の変更等のため，重複しているからである。
出典：村松貞次郎「お雇い外国人と日本の土木技術」『土木学会誌』61巻13号，1976年。

一方，技術指導のために国費でもって欧米へ派遣された技術者についてみると，アメリカへは松本荘一郎（鉄道），原口要（鉄道）たちであり，フランスへは古市公威（河川・港湾），沖野忠雄（河川・港湾）である。

日本での技術者の育成は，イギリス人技師ブラントンの要請に基づき，1870（明治3）年，政府による灯台寮修技校の横浜での設置が端緒である（図1-4）。この後，高等専門家養成期間として73年，工部省に工学寮が設置され，77年には工部大学校と改称された（卒業生・田辺朔郎）。また大学南校，開成学校などを経て，77年，東京大学理学部が開設され，ここで土木工学が教えられた（1期生，石黒五十二，仙石貢，三田善太郎）。その後，86年，工部大学校を吸収して帝国大学工科大学となった。また北海道の開拓に有用な人材を養成するため，76年，開拓使により札幌農学校が開設され，その重要な一分野として土木工学が教授された（2期生・広井勇）。

欧米への留学生，高等教育機関の卒業生が実地に経験を積み，実力を備えるとともに，土木事業は日本人技術者の指導のもとに進められていった。彼

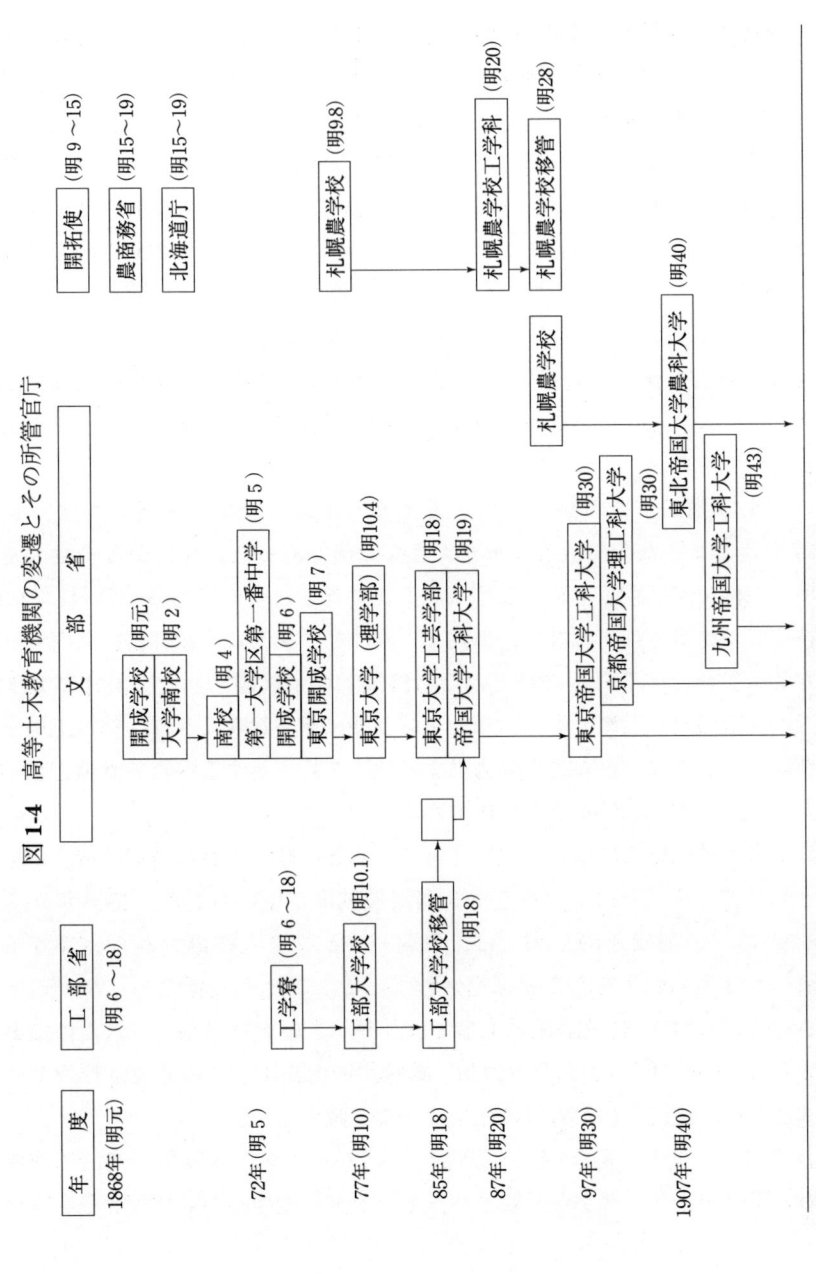

第Ⅰ章　概説——昭和初頭までの社会基盤整備　　33

図 1-4 高等土木教育機関の変遷とその所管官庁

年度	工部省 (明6〜18)	文部省		開拓使 (明9〜15) 農商務省 (明15〜19) 北海道庁 (明15〜19)
1868年(明元)		開成学校 (明元) 大学南校 (明2)		
72年(明5)		南校 (明4) 第一大学区第一番中学 (明5) 開成学校 (明6) 東京開成学校 (明7)		
77年(明10)	工学寮 (明6〜18)	東京大学 (理学部) (明10.4)		札幌農学校 (明9.8)
85年(明18)	工部大学校 (明10.1) 工部大学校移管 (明18)	東京大学工芸学部 (明18) 帝国大学工科大学 (明19)		札幌農学校工学科 (明20) 札幌農学校移管 (明28)
87年(明20)				札幌農学校
97年(明30)		東京帝国大学工科大学 (明30) 京都帝国大学理工科大学 (明30)		
1907年(明40)		九州帝国大学工科大学 (明43)	東北帝国大学農科大学 (明40) 東北帝国大学工科大学 (明40)	

出典：『土木技術の発展と社会資本に関する研究』土木学会，総合研究開発機構，1985年。

らは，内務省，逓信省，鉄道局，工部省，開拓使など政府公共機関の中枢で活躍した。しかし，彼ら高等技術者のみでは事業は進まない。現場を指導し組織を実質的に支える中堅技術者の役割も重要であるが，そのための機関も国により設置された。1877年には鉄道局の工技生養成所が設置され，81年には「職工学校の師範若しくは職工長・製造所長の養成」を目的とする東京職工学校（現・東京工業大学）が開設された。また民間にあっては，80年設立の陸地測量修練所が発展して，88年，攻玉社土木科の開設となった。また同年，工部大学校の卒業生が中心となって工手学校（現・工学院）が設立されている。なお国による測量官の養成としては，87年に陸軍陸地測量部に修技所が設置されていた。ここに，近代土木技術者養成の機関が整備され，土木技術者が輩出していったのである。

　ここで土木施工技術の発展について整理しておきたい。先述したように1896年から始まった淀川改良工事が大きな転機であった。欧米からの輸入された多くの機械が活躍し本格的な機械施工が推進されたのである。欧米には3人の技術者が派遣され，掘削機，機関車，浚渫船，鍋トロ，水替器，ミキサーなどが導入された。それらの修理のため機械工場が設置された。同様に1900年起工の利根川改修工事でも，欧米から施工機械が多数購入され，機械工場が設置された。ここに，自らの機械力により施工を行うとする内務省直轄工事の直営方式が，名実ともに確立したのである。

　それまでの機械施工について運搬作業でみると，砂・資材の運搬は畚，軽子を主とし，ごく小部分にトロや5トン蒸気機械車が用いられた。1888年から90年にかけての利根運河工事では，お雇いオランダ人技術者ムルデルがドコービール使用の勧告をしたが採用されず，ことごとく人肩であった。85年から90年にかけての琵琶湖疎水工事では，やっと鍋トロが用いられたのである。さらに89年に開始された木曽川，筑後川の河川工事をみると，軽便レールと木造トロが使用され，人肩の割合はかなり減少した。

　人力ではなかなか大変な掘削・浚渫についてみよう。1870年，安治川浚渫のため大阪府がオランダから鉄製バケットラッダー浚渫船100坪掘2隻を買い

入れた。これが最初である。続いて79年、野蒜築港のためファン・ドールンが40坪掘1隻を買い入れた。利根川低水工事では85, 86年頃、日本製木造20坪掘バケット船があったが、木曽川浚渫のため86年、オランダから33坪ホッパー付大型ポンプ船木曽川丸が購入された。わが国初めてのポンプ船であった。だが、これによって浚渫された土量は、木曽川改修掘削浚渫土量2,584万m³の約1%にしかすぎなかった。因みに淀川改良工事では、掘削浚渫土量1,318万m³のうち43%が掘削機、浚渫船で行われたのである。

2　第1次大戦後の重化学工業の発展と都市化

　富国強兵、殖産興業を旗印に明治新政府は近代化を進めていき、日清・日露戦争にも勝利して近代国家としての基礎をつくっていった。その基礎造りに、前節でみたように社会基盤整備は重要な役割を果たしたのである。内陸輸送手段として鉄道、海外に向けて横浜港、神戸港などの海外貿易港が整備され、沖積低地の新たな土地利用の展開を目指し大河川での治水事業が推進された。また、産業についてみると、当初、紡績業を中心に近代工業が発展したが、日露戦争後は金属化学などへの分野への進出も外国資本との提携、技術の導入などによってみられ、都市化も進み、路面電車、都市ガスなどの発展がみられた。対外債務の累積という課題は残しつつ、機械等の設備財を輸入して産業の近代化は着実に進められていったのである。

　さて1914（大正3）年、ヨーロッパの先進工業諸国を主戦場として第1次世界大戦が勃発した。この戦争により日本は漁夫の利を得、経済は好況を極めるとともに、日本の工業化の重要な契機となり、重化学工業の基礎を準備していった。この重化学工業化は、特に京浜、阪神などの臨海部で進められ、中京、北九州を含めた4大工業地帯が形成されていったのである。ここで注目すべきことは、この時期の工業化のエネルギー源が水力電気であったことである。この水力開発に支えられ、在来産業も電動化していった。

土木技術的に水力発電開発について簡単にみてみると，当初は渇水量（年間を通じて355日間はこれを下まわらない流量）を標準とした流れ込み式発電であった。1910年から13年にかけて逓信省に臨時発電水力調査局が設置され，第1次発電水力調査が行われたが，使用水量はほとんど渇水量であった。続いて第2次調査が18年から5カ年継続で行われた。この時は，ほぼ平水量（年間を通じて185日はこれを下まわらない流量）程度の使用水量を目標としていた。平水量を対象とすると，河川の流量の変化に従って発電量は変動する。この不安定な発電が安価で供給されて，硫安，レーヨンなどの電力多消費型産業が第1次世界大戦後に勃興したのである。

需要地に近く，地形的にも発電に有利な水力地点は1920年代初めまでにほぼ開発し尽くされ，20年代中頃からは開発が難しい河川上流部，あるいは貯水池をもつダム式による発電へと移行した。その先駆けとなる代表的なものとして，24年に完成した木曽川水系大井ダム（堤高53m）による発電（出力48,000kW）がある。ダムによる貯水池は，また数日から1カ月にまたがって調整を行う調節池の役割も担っていた。さらに29年には小牧ダム（79m），祖山ダム（73m）と70mを越えるダムを完成させた。

第1次世界大戦をエポックとして進展したわが国経済の重化学工業化についてみると，大戦勃発前の1910年は製造業全生産額に対して重化学製品は21.0%の割合であったが，終戦直後の20年には33.4%に達した。その後20年代の不況の時代には20%台に低下したが，30（昭和5）年には32.8%に増加した。近代的な重化学工業は，その製造に高度な技術力が必要である。また工程管理，品質管理，労務管理など専門的な管理能力が必要で，それらを担当したのが高等教育を受けた技術者，経営者である。彼らの教育機関は主に東京や大阪などの大都市にあったが，これらの都市には，また行政の中枢部が置かれるなどしていて都市機能が整備され，高等教育を受けた技術者，経営者の日常生活を最もよく満喫させる地域であった。東京，大阪から近い京浜，阪神地域は，充実した消費都市の近傍という面からも有利であった。

このような都市人口の増大に対し，彼らが居住し，生活する空間の計画的整

備を求めて1919年4月，都市計画法と市街地建築物法が制定された。この成立以前には，1888年に勅令として公布されていた東京市区改正条例，および翌年制定された東京市区改正土地建物処分規則があった。市区改正条例は，基本的には近世以来の旧市街地の近代化をめざしたものであって，拡大していく都市域に対処するものではなかった。このため東京においても，旧市街地（東京15区）の周辺にスプロール化が進んでいった。新たに成立した都市計画法は，拡張する市街地の整備をにらんだものであり，土地区画整理，地域地区制（用途地域別など）が盛り込まれた。また市街地建築物法で，建築線制度が新手法として導入された。これは道路に接していない土地には建物が建てられないという規定であり，未市街化地域では計画道路境界線を建築線として指定すると，市街化に伴い道路予定地が残っていく手法である。これらの土地計画手法は欧米の制度を参考にして導入されたのである。

さて都市計画法と同時に道路法が公布されたが，都市計画にとって道路網の整備は基礎的な条件整備である。利便性，快適性等の都市生活を享受するには道路網の整備があって初めて可能となる。道路法では，世界的にみて自動車交通が発達しつつあった状況に鑑み，都市計画と一体となった道路の整備が考慮されていた。指定された都市については，市長は自ら認定する市道以外に，国道と県道を管理することができるようになったのである。そして東京，京都，大阪，神戸，横浜，名古屋の6大都市が指定され，都市計画と一体となった道路の整備が可能となった。これらの都市では国道，県道に対して国庫補助を得るとともに，都市計画事業の執行による市道の新設，または改築に対しても国庫からの補助が可能となった。このように道路法は，当時，社会的に大きな課題となっていた都市の整備にも配慮して定められたのである。

その後1923年，関東大震災に襲われ，東京，横浜を中心に大惨状となった。震災時，火災によって被害も著しく増大し，東京市の焼失面積は市街面積に対して44％に上っている。この復興のため，特別都市計画事業が進められた。その完成をみたのが30年である。街づくりは，当初検討されていた「焼土全部買上案」は断念され，東京市を中心にして，焼失区域全域で約3,600haの

土地区画整理事業によって進められた。この結果、52路線、延長119 kmに及ぶ幹線道路（幅員22 m以上）が整備され、また幅4 m以上の整然とした生活道路網をもつ街並みが形成されていったのである。さらに都市不燃化のシンボルとして、121校の公立学校が鉄筋コンクリートで造られ、隅田公園をはじめとして大小55カ所、面積にして約46 haの公園が整備された。また隅田川には、復興6大橋が設置された。この帝都復興事業が終了したのは1930年のことである。

　一方この当時、大都市郊外では人口の急増が著しかった。このため郊外と都市を結ぶ民間の郊外電気鉄道が盛んに建設され、さらに郊外の都市化を進めていった。また都市内をみると、明治時代後半には路面電車網が整備されていったが、第1次世界大戦後、地下鉄の建設が着手され、わが国最初のものとして1927（昭和2）年、上野～浅草間が開通した。

　ここで治水についてもみよう。1910年に樹立された第1次治水計画では、国が工事を行う直轄河川を65河川として、第1期施行20河川、第2期施行30河川を選定した。工期は、第1期河川全体で18カ年と定められた。また財政面においても制度が確立され、治水事業は、水田を中心とする耕地の保全と都市の安定と発展を求め、社会基盤を築く重要な施策として進められたのである。都市との関係についてみると、1896年に着工した淀川改良工事は、大阪の洪水防禦と大阪築港を重要な目的としていた。また1911年から始まった荒川放水路工事は、近代的な工業都市として発展し始めた東京下町の洪水防禦と東京港の整備を目的としていた。

　この後、国家財政に制約されて工事は遅延し、また物価上昇により予算額の増大を図る必要が生じた。さらに1910年以降、大水害に見舞われ、国が関与せざるを得ない河川が生じていた。第1次治水計画が実情に合わなくなったのである。このことが背景となって第1次世界大戦が終わった21年、従来の長期計画は全面的に見直され、第2次治水計画が策定された。因みに20年までに着工した第1期施行河川は18河川で、このうち完成したのは2河川である。

　このように大河川の治水事業は、明治の中頃から本格的に着手され、推進さ

第Ⅰ章 概説——昭和初頭までの社会基盤整備

れていったのであるが、昭和の初期に次々と竣工した。利根川は1930（昭和5）年度、増補工事が加えられた淀川は31年度、大河津分水堰の一部が陥没し、補修工事が追加された信濃川は31年の竣工である。この竣工を祝って「治国在治水」、つまり「国を治めるには水を治めるに在り」と高々と謳われたのである[5]。なお信濃川改修で現地を指導した青山士は、大河津分水堰の完成を記念して、次の言葉を記念碑に刻んでいる。

「萬象ニ天意ヲ覚ル者ハ幸ナリ。人類ノ為メ，国ノ為メ」

国内輸送についてみると、「建主改従」の方針のもと、1922（大正11）年、鉄道敷設法が改正され、新たに149線10,222 km（当時の既設線10,644 km）の鉄道建設計画が定められた。さらに鉄道によるネットワーク化が推進されていったのである。一方、道路整備についてみると、先述したように1919年、道路法が成立した。

道路の整備を目的とする道路法は、1896年12月に第10回帝国議会に公共道路法案として提出されながら廃案となって以来、23年ぶりの成立であった。内務省にとって長年の懸案であった道路法がこの時成立した背景としては、当然のことながら自動車の登場があげられる。日本に自動車が初めて出現したのは1900年前後であったが、少しずつ増加し、その台数は12年の約600台から19年には約7,000台となった。また10年代中頃までにバス事業が本格的に営業を開始し、1921年には91業者が開業、全国的にバス網の整備が広がっていった。ハイヤー、タクシー事業も1910年前後に大都市で始まり、全国の都市に次第に広がり、今後重要となっていく新しい交通手段として注目されていた。また第1次世界大戦で物資輸送にトラックが重要な役割を担ったため、道路法の成立に軍部が強力に支持したのも重要な背景である。これについては、第Ⅱ章で詳述していく。

【注】

1) 松浦茂樹『明治の国土開発史——近代土木技術の礎』鹿島出版会、1992年、2〜12ページ。

2) 藤森照信『明治の東京計画』岩波書店，1990年，274～276ページ。
3) 小風秀雅「起業公債事業と内陸交通網の整備」『道と川の近代』山川出版社，1996年。
4) 松浦茂樹・他『水辺空間の魅力と創造』鹿島出版会，1987年，21～24ページ。
5) 武岡充忠『淀川治水誌』淀川治水誌刊行会，1931年に，武岡の作詞として「淀川治水歌」が掲載され「治国存治水」が謳われている。また巻頭に，元内閣総理大臣清浦奎吾の筆による「治国存治水」が掲載されている。今日，古くからのことわざとしてよく言われる「国を治める者は水を治める」の言葉が一般化していったのは，これ以降だと考えている。

【参考文献】

運輸省港湾局『日本港湾修築史』1951年。
真田秀吉『沖野博士伝』旧交会，1959年。
栗原東洋編『近代日本産業発達史Ⅲ　電力』交詢社出版局，1964年。
日本道路協会編『日本道路史』日本道路協会，1978年。
中村隆英『日本経済—その成長と構造』第2版，東京大学出版会，1980年。
沢本守幸『公共投資100年の歩み』大成出版社，1981年。
社団法人土木学会『土木技術の発展と社会資本に関する研究』総合開発研究機構，1985年。
廣岡治哉編『近代日本交通史』法政大学出版局，1987年。
石田頼房『日本近代都市計画の百年』自治体研究社，1989年。
梅村又次・山本有造編『日本経済史3—開発と維新—』岩波書店，1989年。
松浦茂樹『国土の開発と河川』鹿島出版会，1989年。
西川俊作・阿部武編『日本経済史4—産業化の時代上—』岩波書店，1990年。
松浦茂樹『明治の国土開発史』鹿島出版会，1992年。
伊藤学・佐藤馨一編『土木工学序論』コロナ社，1993年。
松浦茂樹，今尚之「近代の土木技術者—明治から戦前まで」『国づくりと研修』76号，1997年。

第Ⅱ章　戦前の社会基盤整備政策

　昭和の初め，社会基盤整備は1つの大きな転換点を迎えていた。関東大震災後の帝都復興事業は1930（昭和5）年終了したが，河川改修においても明治中頃から始まった利根川，淀川などの大河川の工事が次々と竣功した。また山中では，水力開発を目的にして70mを越す高ダムが完成した。鉄道をみると，1918年に着工した丹那トンネルは大難工事のためまだ竣功をみなかったが，東京～神戸間を9時間で結ぶ特急「つばめ号」が30年に登場し，新時代を迎えた。また国内輸送において自動車が急速に普及しつつあり，産業インフラとして道路に強い関心が寄せられていた。社会基盤整備に対し新たな展開が挨たれていたのである。ここでは先ず，昭和恐慌を乗り切るために展開される時局匡救事業を取り上げる。

1 昭和初期の時局匡救事業と土木会議

　1923（大正12）年に関東大震災に襲われたこともあり，日本の経済が長期にわたる不況のなかで26年，昭和を迎えた。20年代は慢性不況の時代といわれ，翌1927年には金融恐慌が生じ，鈴木商店の閉店，多くの銀行で取付け騒ぎとなった。さらに29（昭和4）年，ニューヨーク・ウォール街での株式大暴落に端を発する世界大恐慌が発生した。

　この大恐慌は，30年1月11日に平価で金本位体制に復帰した日本経済を直撃し，日本経済は大混乱に直面した。最も深刻な不況に陥った東北地方などの農村では娘の身売りなどの惨状となり，社会不安は深刻化した。軍部にも激しい動揺が生じ，31年，満州事変の勃発となって15年戦争の火ぶたが切られ，翌32には5・15事件などのテロ，クーデターが発生したのである。

　一方，経済政策は31年12月，金本位制を推進していた民政党から政友会へ政権が移動したのに伴い，高橋是清が大蔵大臣に就任し，金本位制からの離脱，通貨管理制度に移行し積極的な財政支出を行う方針に転換した。いわゆる「高橋財政」であるが，景気浮揚を図るため，この財政支出の中心は軍事費の増大とともに，32年から34年にかけての3カ年に行われた時局匡救事業である。

　高橋是清大蔵大臣の下で行われたこの時局匡救事業は，公共投資の増大によって景気回復を図るというケインズ政策を先取りしたものと評価されている。だがその具体的な事業内容及び執行状況はあまり調査，分析はなされていない。地域社会の効用について，事業そのものは無計画で「道路が村はずれで行き止まりになっていたり，半分掘りかけの用水路が残骸をさらすというようなことも多かったようである」[1]との批判もみられる。

　ここでは，この事業について農村省とともに中心的な役割を担った内務省土木局の時局匡救事業を詳細に検討する。そしてこの事業が，その後の公共事業執行システムに与えた影響についてみていく。

(1) 失業救済事業から時局匡救事業へ

当時の失業状況についてみると，内務省社会局調査による失業者（就業の意志及び能力を有するに拘はらず種々な外部的原因に強制されて就業の機会を得ざるもの）数は，1930年6月で次のように推定されていた[2]。

	失業者数(人)	うち要救済者数(人)
合　　　計	386,394	151,511（失業者総数の39%）
（内　訳） 給 料 生 活 者 日 傭 労 働 者 其 の 他 労 働 者	77,927 130,913 177,554	28,972 68,002 54,537

この失業者数のうち，2/3が東京，大阪，京都，神戸，横浜，名古屋の6大都市及び福岡に集中していた。大都市を中心とした彼ら失業者の救済のため，21年に職業紹介法が公布されていたが，1925年，6大都市に国庫補助を行い冬期に限った失業救済事業が開始された[3]。当時の内務省所管の公共事業の施行方式は，国直轄は直営で，地方庁・市町村の自治体は原則として請負で行われていた。しかし6大都市の失業救済事業では民間の請負は認められず，直営で行われたのである[4]。

その後，世界大恐慌に襲われた29年11月以降，これを失業救済事業と正式に称して大都市に限ることなく，また冬期のみならず1年中を通じる事業とした。29年7月に成立した民政党の浜口雄幸内閣は，政府財政の厳しい引締めを行い，地方債の新規発行は原則禁止とされたが，災害予防・復旧事業，そして失業救済事業のみが起債禁止の例外とされたのである。また失業救済事業は新規事業に限るというそれまでの原則が撤廃され，財源難で新規着工が困難となっていた地方庁による一般公共事業についても，その実施が可能となった。また単年度でなく複数年度にまたがる事業も，失業救済事業として認可されたのである。さらに使用労働者の過半数について，認定された失業者を雇うとい

表 2-1 失業救済事業一覧表

年度	事業費予算額(円)	内労力費	使用労働者延人員(人)	平均1日使用人員(人)	工事施工団体	工事種類
大正14	5,776,000	1,785,700	964,800	6,830	大阪府, 東京, 京都, 大阪, 横浜, 名古屋, 神戸各市	道路, 橋梁, 軌道, 上下水道, 河川, 埋立, 下水道掃除
昭和1	3,432,000	1,323,800	689,300	6,190	同 上	道路, 上下水道, 河川埋立
2	3,522,000	1,500,900	771,600	5,740	神奈川県, 東京, 京都, 大阪, 横浜, 名古屋, 神戸各市	上下水道, 河川, プール築造
3	2,758,000	1,148,600	611,600	4,880	同 上	上下水道, 道路, 港湾, 河川, 埋立, 砂採取
4	14,325,000	2,228,900	1,230,100	10,220	東京都, 大阪府, 横浜, 門司, 小倉, 堺, 東京, 京都, 川崎, 名古屋, 神戸各市, 巣鴨町	道路, 河川, 瓦斯, 上下水道, 高速度鉄道
5	54,154,000	12,300,000	6,900,000	34,000	同 上　江戸川上水町村組合	道路, 橋梁, 河川, 軌道, 上下水道, 埋立, 高速度鉄道

注：昭和4年11月以前は自由労働者，其後は一般労働者及び給料生活者救済事業。
出典：中川吉造「失業救済と土木事業に就て」『土木学会誌』第17巻第2号，1931年。

う条件で請負事業の参入が認められた[5]。

　地方公共団体による失業救済事業の状況は表2-1にみるとおりであるが，国庫補助に頼らない失業救済事業も行われていた[6]。ただし6大都市関係公共団体以外で執行されたのは福岡県他数県であって，失業救済事業の施行は例外的とみられていた[7]。29年度，30年度の失業救済事業の状況は表2-2に示す。29年度で事業費約1,472万円，国庫補助率約9％，30年度で事業費総額約5,391万円，国庫補助率約12％であった。30年12月での平均1日就業人員34,000人は，要救済者数の22％にすぎなかった。

　翌31年度は，地方公共団体による事業に加え，国の予算に失業救済道路改良を新たに設け，3,650万円（現在価格で約730億円）[8]の事業予算でもって行う

第Ⅱ章　戦前の社会基盤整備政策　　45

表 2-2　失業救済事業

(単位：円，％)

1929年度

	道路・橋梁工事	河川・溝渠水路工事	下水溝工事	水道工事	護岸工事	埋立工事	その他	合　計
事　業　費	4,045,069 27.5	1,251,731 8.5	3,347,653 22.8	1,044,640 7.1	3,492 0.02	541,546 3.7	4,477,386 30.4	14,711,518 100
労　力　費	1,433,788 27.7	558,548 10.8	1,275,114 24.7	345,030 6.7	1,257 0.02	184,898 3.6	1,369,421 26.5	5,168,055 100
労働者使用延人員(人)	769,216 27.7	305,145 11.0	695,814 25.0	178,216 6.4	754 0.02	102,672 3.7	728,501 26.2	2,780,319 100
国庫補助費	436,531 31.9	244,441 17.9	437,244 32.0	172,516 12.6	629 0.02	65,248 4.8	11,408 0.8	1,368,017 100
国庫補助率	10.1	19.5	13.1	16.5	18.0	12.0	0.3	9.3

1930年度

	道路・橋梁工事	河川・溝渠水路工事	下水溝工事	水道工事	護岸工事	埋立工事	その他	合　計
事　業　費	22,063,572 40.9	5,722,586 10.6	8,679,022 16.1	3,351,144 6.2	171,679 0.3	466,479 0.9	13,576,574 25.2	53,912,056 100
労　力　費	5,791,768 41.2	2,240,224 15.9	2,936,189 20.9	975,637 6.9	71,008 0.5	163,304 1.2	1,879,141 12.4	14,056,271 100
労働者使用延人員(人)	3,566,976 42.7	1,397,063 16.7	1,715,811 20.5	593,961 7.2	37,021 0.4	98,048 1.2	943,333 11.3	8,352,213 100
国庫補助費	4,287,883 65.7	759,915 11.6	935,359 14.3	346,602 5.3	35,504 0.5	81,652 1.3	78,702 1.3	6,525,617 100
国庫補助率	19.4	13.3	10.8	10.3	20.7	17.5	0.6	12.1

注：国庫補助率とは（国庫補助費／事業費）。
出典：川西實三「失業救済道路改良工事に就て」道路改良会『道路改良』第13巻第5号，1931年をもとに作成。

こととなった[9]。このうち1,850万円は国道改良[10]，1,800万円は府県道改良であったが，国道改良は原則2/3の国庫負担により国直轄で行われた。これは道路事業に対して，本格的な直轄事業の始まりであった。この事業に対し，国庫の負担は1,300万円，残りの550万円は地方庁の負担であった。また府県道改良工事に対し事業費の1/3を限度として労力費の2/3に対する国庫補助（600万円）が行われた[11]。道路改良事業に対する国庫の支出はこれら以外に300万円あり[12]，一般会計において合わせて2,200万円が道路公債金によって調達された[13]。

失業救済事業における前年度との大きな相違は，事業執行の区域が全国的に行われ，そして国家自らが失業救済の第一線に立って事業を進めたことである。つまり地方債発行を中心として失業対策事業は従来行われてきたが，累積する地方債の状況から行き詰まりをみせ，国が資金面また執行面にかけて前面に出てきたのである。そこで中心に行われたのが，国直轄による国道改良を中心とした道路改良事業であった。道路事業が採択されたその直接的な理由は，他の事業と比べて不熟練工である一般失業労働者が就労しやすいこと，さらに失業状況に応じて全国到るところ容易に計画を立てられるためであった[14]。

国直轄施行の方針は，政府の失業対策委員会の建議に従って行われたが，それまでの道路事業は，道路法の主旨に基づいて府県で執行されていた。このため東京府の土木部長らから，土地買収の重みが大きい道路改良事業の性格からみても，府県で行うべきではないかとの疑問が出された。結局は国直営方式で行われたが，技術者たちの府県からの転出あるいは兼任によって推進されたのである。一方，補助の対象事業は，特殊の理由があるものを除いて1カ所3万円以上と比較的規模の大きい事業に限られた。道路公債を発行して国庫補助をするので，構造令の規格に適合したものを原則として補助対象としたのである。

ところで直轄国道事業は，1930年10月に行われた国勢調査による失業者数を基礎として，各地方での失業救済事業等を勘案して東京，京都，大阪の3府の他，29県，53カ所で執行された。工事の執行箇所は1年以内に完了させるため，「工事の容易に執行し得べき線形と工法を採用し，土地収用に著しく困

難すべき処ある箇所又は地方的粉擾を若すが如きものも避け」て行われた[15]。これにより約231 kmの国道が整備されたが，1カ所当りの平均工事費は31万円，1カ所当りの平均延長は4,400 mで，舗装されたのは36カ所であった[16]。また幅員は最小5.5 mから最大27 mに整備された。

1931年度に行われたこの失業救済道路改良事業についてさらにみると，失業救済を目的としているため，次のような方針で執行された[17]。

① 他地方より労働者を招致し，又は他の事業に従事せる労働者を奪うが如き結果とならないよう細心留意すること。
② 労働者の使用はなるべく失業の最も甚だしかるべき時期及び地域に適応せしむるよう配慮すること。
③ 失業者中，特に生活困難なるものを優先すること。
④ 成るべく多数の労働者を使用するため機械力を必要最小限に止めること。

このように多くの失業者に賃金を与えるため，従来の工事方法とは趣を異にして「少々能率が上がらぬでも不経済になっても失業者本意に調整施工していく」方針をとったのである。使用した労働者の大半は不熟練工であり，できるだけ機械力を用いず人力によった。このため「甚だしきはコンクリート混合機の使用をも止めて手練りで行けとまで言われたのであった」[18]。

具体的に労働者使用状況を内務省直轄の国道改良事業（事業費総額1,750万円）でみると，使用人員は全国で約600万人日で工事費に対する労働費の割合は37.4%であった[19]。使用された労働者は職業紹介所または地元町役場に登録した者で，労働手帳の所持者に限られていた。

地方の失業救済事業について愛知県でみよう[20]。1930年度，道路事業費予算100万円のうち904,000円の起債の承認を得たので，これに基づき農山村救済事業として道路改良を行った。工事は県下全般にわたり，60カ所，総延長約64 kmで執行した。施行方式は請負工事としたが，請負の条件として，使用する労働者の7割以上は地元民とすることとした。また河川事業においても国庫補助を得て，矢田川改修事業が失業対策事業として30年度から2カ月で執行された。

31年度，国直轄による失業救済国道改良工事として，県下の国道1号線で橋梁工事を伴う延長約6,000m，事業費119万円で執行されたが，愛知県でもこの年度の道路予算額300万円から70万円を割いて失業救済道路事業を行った。この事業に対し労働費の2/3，すなわち234,000円の国庫補助を受けた。この事業による工事箇所は県下全般にわたる22カ所，その延長は48kmに及んだ。なお工事はすべて直営で行われた。

　さて32年度予算に向けて民政党内閣は，失業公債法を新たに制定し，これを財源として事業費4,800万円でもって河川，港湾，道路の失業救済土木事業を行う計画とした[21]。しかし31年12月の政友会犬養内閣の成立により，この方針は見直された。政友会は，民政党の失業救済事業について，「一方に国及地方の土木予算を極度に切り詰めて，産業の不振，失業者の簇出を招来しておきながら，他方，失業救済の名を以て同一事業に要する費用の起債を許可するというのであるから矛盾も極まりである。同一土木事業でも救済を目的として経営すれば事業自体は極めて不経済に行はるるということはいうまでもない」（『政友』第355号1930年4月，臨時増刊号）等と述べ批判していた。

　つまり一方では緊縮財政のため新規事業を認めないのみならず，継続費に対しても1割ないし2割の削減をしながら[22]，一方では失業者救済ということで別途予算を編成し，本来，公共土木事業として行うべきものをこちらに回す。また数年にわたって計画的に行うべき事業を一部切り離して行ったり，不経済な施行となっている。このように厳しく批判していたのである。政権獲得後，これに代わって検討されたのが，「民生のため必要なる土木事業を起興し，道路・港湾等の機関を改善して交通の円滑を図り，河川を改良して治水と利水との実を挙げ，以て産業の進展に資し併せて失業の防止と救済に力むる」とする産業振興土木事業の樹立であった[23]。産業発展のためのインフラの整備を図り，それとともに失業救済を行おうとしたのである。

　この新政府の方針に基づき，内務省が1932（昭和7）年早々に策定したのが，32年度から36年度にわたる産業振興事業5カ月計画であった。その内訳は表2-3にみるが，総額約3億8,000万円からなるもので，緊縮財政，失業救済

表2-3 産業振興事業の5カ年計画の内訳

①全体計画（1932～36年度）

（単位：1,000円）

支出総額	375,397
うち河川事業費	122,767
道路事業	211,000
港湾事業	38,640
昭和7年度	59,309
8	60,362
9	80,356
10	89,767
11	85,603
12　以降	24,020

②河川事業

治水事業費繰上	40,235	施工中の直轄河川工事30ヵ所を繰り上げ施工
治水事業費追加	740	執行中の阿武隈川，北上川の計画を拡張
治水事業新規河川費	9,820	鳥・神流川，太田川他3川を直轄事業として追加。そのうち5ヵ年分の経費を計上
砂防費補助	3,834	府県の工事費に1/2を補助
砂防事業費	5,572	神通川外5ヵ所川流域で新たに直轄砂防工事を施工
河川改良費補助	61,250	府県の中小河川事業に多々1/3ないし1/2を補助
水制統制調査費	815	水利統制の調査を開始
土木試験充実費	500	土木試験所の設備を充実
総額	122,767	

③道路事業

国道改良費	140,175	改良を要する1,900里のうち政府直轄で約560里を改良，うち国費2/3
軍事国道改良費	334	着手中の千葉県，広島県下の改良事業を継続する
国道改良費補助	18,100	現在，補助中の国道改良工事を中心に補助する
府県道改良費補助	50,000	地方交通上，重要なる府県道6000里のうち1,250里を選択し1/3を国庫補助
街路改良費補助	2,390	東京他4部分の街路改良補助未済額548万円を10年間で完済する。その5カ年分
合計	211,000	

④港湾事業

港湾改良費繰上	7,916	施工中の神戸港外11港の改良工事について2年ないし3年の繰上
港湾修築費追加	2,075	施工中の関門海峡，神戸，今治，鹿児島港で新工事の起工
港湾改良新規	88,250	重要港湾である青森港，大地方港湾である三角，若松外6港，及び関門海峡の改良
港湾改良費補助	10,399	府県の改良工事に対して1/2の補助
合計	38,640	

出典：「産業振興と土木事業」『港湾』第10巻第2号，1932年をもとに作成。

事業により混乱をもたらされた社会基盤の整備について，再度，体制を立て直し，計画的な執行を図ったのである。その内容をみると，道路が全体額の56% を占めている。道路が事業の中心であったが，なかでも国直轄で進める国道改良が全体の33% を占めている。産業振興事業の柱は，国直轄の国道改良だったのであり，産業インフラとして道路が前面に出てきたのである。

また河川事業は全体の33% を占めている。そのなかで，府県の中小河川事業に対する 1/2 から 1/3 の国庫補助が半分を占めている[24]。これまで府県事業への国庫補助は，例外的にしか行われていなかった。この方針が大きく転換していったのである。また利水事業も合わせて行う水利（河水）統制に調査費が計上され，調査の開始が計画されたのである。

これが若干変更されながらも，単年度の産業振興土木事業として成立したのが，5・15事件による犬養首相暗殺後の5月23日に召集された第62帝国議会であった。事業費5,520万円（国費3,900万円）からなるこの事業の内訳は，道路関係3,430万円，河川関係1,520万円，港湾関係570万円である[25]。うち国直轄は道路で1,654万円，河川で548万円，港湾で377万円であった。その他は6大都市の街路事業の他，府県事業として行われた[26]。

前年度の失業救済事業に比べ，河川，港湾関係で直轄事業が取り込まれ，その額を増大させている。それまで一般公共事業として行われていたのが，産業振興土木事業へと振り返られていったのである[27]。またこの土木事業によって地方庁による河川・港湾事業に対し，初めて本格的に1/2の国庫補助が行われた。

なおこの産業振興土木事業の執行について，次のような方針が採られた。失業者が特に多いと認定した地域では，使用労働者のなかの7割以上は職業紹介所から紹介された要救済失業者から採用すること。就労の機会を公平にするため，顔付（指定人夫）の数は技術上，必要の最小限度とすること。また認定以外の地域でも，できる限り職業紹介所から紹介された要救済労働者，方面委員等が認定した生活困窮者を採用すること。

雇用者について，失業救済の方針は貫かれたのである。また補助事業につい

て，預金部資金を融通する条件として原則として直営方式で執行することが求められた。産業振興土木事業といっても，その執行面においては失業救済の方針が採られたのである。

第62帝国議会では，さらに農村救済，農村振興を目的とした時局匡救決議が採択された。そして同年8月に第63臨時議会（時局匡救議会と称せられた）が召集されたのである。この議会で農村救済のための3カ年の時局匡救の支出が決定された。時局匡救議会で決定されたその財政規模は，中央・地方合わせて3カ年度8億円の事業予算と各種低利融通資金8億円からなる計16億円であった。産業振興土木事業に比べて事業規模はずっと大きい。事業予算についてみると，当初の総額8億円は，国の負担6億円，地方の負担2億円であった。しかし実際の3カ年度の支出は国庫負担が約5億円となり，地方負担は約3億円となって地方負担が約1億円増えたのである。この事業費のうち内務省所管分は約50％強，農村省所管分は約30％であった。

このように地方財政に負担する割合は大きかった。しかし大不況により疲弊していた地方財政なので，一般歳入においてまかなうことは不可能だった。このため多くの部分を起債に頼ることとなったが，府県債は国の許可を不要とし，市町村債に対しては内務・大蔵両大臣の許可権限を地方長官に委任するなど，起債に関する手続きを簡単にした。また起債に対して貯金部低利資金を融通するが，この債入金に対して7年度以降の3カ年間，利子を国庫から補給した。

なお参考までに1931年度の国家予算額をみると，追加予算を含めて約14億9,000万円であった。また32年から39年までの一般会計支出の軍事費（陸海軍省費の合計）をみると25億円である。さらに当時の国民所得額は180億円といわれる[28]。

このように1932年度，5・15事件を契機として高橋是清蔵相の下，産業振興土木事業，農村振興・農村救済土木事業が執行されたのであるが，翌33年度からは時局匡救事業として一本化された。

(2) 内務省土木局における時局匡救事業

　時局匡救事業について，内務省土木局管轄の河川・道路・港湾事業についてみよう。事業費総額は2億9,700万円で，約8億円の時局匡救事業費に対して4割弱と，重要な役割を果たしたのである。ところで失業救済と土木事業との関連について，1931年開催された土木学会総会で，内務省土木技師のトップの内務技監であった中川吉造は，土木事業が失業救済事業に最も適当として次の3つの理由をあげている[29]。

① 其の事業費の大部分が賃金所得となること。
② 格別熟練を要せず誰にでもできる仕事なること。
③ 其の事業が直ちに或いは間もなく其の効力を発揮すること。

　農村振興土木事業は，疲弊窮乏の極みにあった農山漁村の救済が目的であった。さらに山本達雄内務大臣は，予算成立前の32年8月18日の内務部長・土木部課長会議で，次のように事業の性格を述べている[30]。

　　其の計画も自ら土木，衛生，社会施設等，相当多方面に亘ることと為るのでありますが，就中其の主要なる部分は，全国的に土木事業を起興し，之に依りて窮乏せる地方民に普く労働の機会を与へ，其の勤労に依りて収入の増加を図り，以て自力更生の資を得しむると共に，将来地方産業の進展に資せしめんとすることに在るのであります。今回起興せんとする事業は，固より之に依り国民をして自力更正の資を得しめんとするの目的に出づるものでありますけれども，其の内容は何れも産業振興の基礎をなす等地方永久の利益となるべきものを選定すべき筋合いであります。

　このように，土木事業への労務提供によって賃金を得て自力更正の糧とするとともに，地方産業発展への基礎となることを期待するとの考えのもとで，農村振興土木事業は計画されたのである[31]。

　執行におけるその基本方針また執行状況からその特徴を整理すると，次のよ

うになる[32]。なお事業における具体的状況は次節で詳説する。
① 事業の配分を農村疲弊の程度に応じて行ったこと。

　事業費の各府県への配分に当たっては，農業者漁業者の数を基礎とし，疲弊の程度が著しい地方には厚く配分する方針をとった。また国の直轄事業と府県事業のうち，中小河川事業と地方港湾事業については，その施行箇所は国によって指定したが，これ以外の事業は府県知事が管内事情，他の土木，農村土木事業との関係を勘案した上で選択させた。

② 事業の選択基準を定めたこと。

　本事業はすみやかに着手して竣功する必要があるので，容易に執行することのできる工法でかつ労力費の多いものを採用することとした。

③ 工事の執行は，原則として直営で行ったこと。

　本事業は，農民を就労させることが目的であり，また賃金が搾取されるのを避ける必要があるので，特別の理由があるものを除いて原則として直営によって工事を執行することとした。つまりたとえ少々工事が非経済的になる場合があるとしても，就労の均等と中間搾取を防止するために直営を原則としたのである。止むを得ず請負とする場合は，請負人は地元農民を使用することを請負条件に入れた。

④ 地元農民の就労の機会を均等となるようにしたこと。

　地元農民の就労の機会は公平に分配する必要がある。このため起業者である国，府県，町村にそれぞれの工事に対する就労圏内を協定で定め，就労者の割当を行って就労の機会を均等になるようにした。

⑤ 労働賃金の統制を図ったこと。

　就労する農民に対して，特に低賃金の支給は本事業の目的に合わない。また高賃金を支給して，地方の労働賃金を昂騰させることも避けなければならない。このため起業者たる国，府県，町村は互に協定して大体の一定水準を定めて賃金を支給することとした。

⑥ 賃金と農民の負担金との相殺を許さなかったこと。

　本事業の趣旨に反するので，起業者の支払うべき賃金と農民が負担している

税金等との相殺は認めなかった。
⑦　町村事業に対し，指導方法を講じたこと。

全国の各町村において，一斉に土木事業を起こしたことは今回が初めてであった。町村では技術員を確保しているところは少ないので，府県に担当者を置いて町村に対する事業施行の指導を行わせた。

このように，疲労困憊している農山漁村の救済という社会政策に基づいて執行されていったのである。土木局の総事業費2億9,700万円のうち直接労働費としては54％の1億6,200万円が向けられたと推定され，就労者数は延べ23,072万人と算出されている[33]。

河川，道路，港湾の事業状況についてそれぞれみていこう。それぞれの事業の内訳，及び負担の状況をみたのが**表2-4**である。これでわかるように，内務省土木局管轄の事業費2億9,700万円のうち道路事業費は1億8,320万円，河川事業費9,120万円，港湾事業費2,250万円であった。道路事業費が約62％を占めており，道路のウェイトが高かったことがわかる。執行機関についてみると，府県執行44％，町村執行39％と地方事業が大きな割合を占め，国直轄は17％と小さかった。また事業費の負担についてみると，国庫負担が62％と最も大きく，府県が28％，町村10％の負担割合となっている。率の高い国庫補助の下に，府県，町村が執行していったことが理解される。

なお第63臨時議会（時局匡救議会）で決定され，1932年度に執行された事業費総額7,300万円の農村振興土木事業のみをみると，町村執行事業は61％を占め最も大きい。続いて府県事業33％，国直轄事業6％となっている。町村執行事業が圧倒的な役割を占めているのである。その後，5カ年計画の下で行おうとした産業振興土木事業も時局匡救事業のなかに取り込まれ，その結果，町村執行のウェイトは下がったのである[34]。

(3) 時局匡救事業における町村事業

農村振興土木事業の特徴は，何といっても国庫補助のもとに全国津々浦々で

表 2-4 時局匡救土木事業費の内訳

① 内務省土木局所管時局匡救土木事業費 (単位：1,000円)

支 出 総 額	国庫負担額	地方費負担額	うち府県負担額	うち町村負担額
296,953	183,536	113,416	84,633	28,783
うち直轄事業費　51,811 (17%)	39,490	12,321	12,321	
〃　府県執行事業費 129,944 (44%)	57,633	72,300	72,311	
〃　町村執行事業費 115,195 (39%)	86,412	28,783		28,783

② 河川関係事業費

事業費総額	国庫負担額	府県負担額	町村負担額	備　考
91,199	58,410	29,236	3,553	
うち中小河川改良事業費　54,436	30,625	20,257		
〃 府県執行　40,222	19,965	20,257		1/2 補助
〃 町村執行　14,213	10,660		3,553	3/4 補助（府県を通じて）
うち府県執行砂防工事　14,475	8,750	5,725		1/2〜2/3 の国庫補助
うち直轄事業費　22,287	19,033	3,254		
〃 直轄治水事業　14,090	13,990	100		既定工事費の繰上
〃 直轄砂防事業　8,197	5,043	3,154		新規＋既定工事費の追加

③ 道路関係事業費

事業費総額	国庫負担額	府県負担額	町村負担額	備　考
183,211	111,746	47,191	24,274	
うち直轄国道改良　24,506	16,839	7,667		
〃 府県執行改良　61,603	22,080	39,523		1/3 補助
〃 町村執行の道路改良　97,101	72,827		24,274	3/4 国庫補助（府県を通じて）

④ 港湾関係事業費

事業費総額	国庫負担額	府県負担額	町村負担額	備　考
22,543	13,380	8,206	957	
うち直轄事業費　5,018	3,618	1,400		規定費の繰上＋関門海峡の改良及び新規
〃 府県執行の地方港湾改良費　13,644	6,838	6,806		1/2 国庫補助
〃 町村執行の地方港湾改良費　3,881	2,924		957	3/4 国庫補助（府県を通じて）

⑤ 事業費別執行額 　　　　　　　　　　　　　　　　　　　　　　　（ ）内は％

	事　業　費	国庫負担金額	府県負担額	町村負担額
河川関係	91,199 (31)	58,410	29,236	3,553
道路関係	183,211 (62)	111,746	47,191	24,273
港湾関係	22,543 (7)	13,380	8,206	957
合計	296,953 (100)	183,536 (62)	84,633 (28)	28,763 (10)

出典：武井群嗣「匡救事業の善後措置」『水利と土木』第8巻第4号、1935年、をもとに作成。

大々的に行われた町村事業である。町村事業こそが，普遍的で早く困窮者に金が回ることを大きな目的とした時局匡救事業の眼目であった。それは，いうまでもなく疲弊した農（漁）民に生活の糧となる賃金を与えるのに最も妥当だったからである。例えば内務大臣は「国道より県道，県道より町村道の方が普遍的で早く金が回る」と述べている[35]。対象となった事業は，町村道，河川の堤防・護岸・水制・浚渫，港湾の桟橋・物揚場・岸壁・護岸・防波設備・浚渫・海岸堤防等であった。これらの中から経済上，最も効果があり工法が容易にして労力費の多いものが選択されたが，なかでも町村道の割合が大きかったのである。

事業執行は，基本的には直営で行われた。1932（昭和7）年度の状況は総事業費7,400万円のうち4,436万円が町村事業として16,107カ所で行われ，この内9,791カ所（61％）が直営であった[36]。1カ所当りの事業費は2,700円となる。その他の方法として地元（大字）請負（31％），民間請負（8％）であった。民間請負で執行した工事は，主として特殊技術を必要とする橋梁またはコンクリート工である。裏返しに言えば町村直営，さらに地元請負で行われたほとんどの工事は，熟練を要しない単純な土工を中心としたものだった。

このように，基本的に直営方式で執行されることとなったのであるから，民間請負業者からは強い反発があり，全国の土木請負業者が日比谷公会堂に集合して直営反対を主張した。しかし直営で執行されたのである。それは，農山漁村の不熟練者で困窮な地元民の雇用を優先にし，公正に間違いなく賃金を行き渡らせるためであった。このため事業の効率性は無視されたのである。請負に出すと，直接的には請負業者に金が渡され，労働者に確実に支払われるかどうか不明である。特に当時，請負業者による中間搾取，賃金不払いが大きな問題となっていた。また生活困窮者を公平に扱うかどうかは不確かであり，直営方式が前面に出たのである。

当時，全国で約11,300の町村があったが，それらに対する配分は国直轄，府県事業もあわせて基本的には次のような考えの下に行われた。農業，漁業の従事者数を基礎とし，これに全戸数または全人口，町村財政または財産状況，

失業者数,窮農者数,納税額及び納税の成績,特殊農業生産額その他特有の事情を加味する。さらに既定の産業振興土木事業または農業土木事業の状況を配慮して,各町村で普遍的に事業が行えるようにする[37]。

この基本方針の下,農村振興土木事業予算の府県への配分についてさらにみると,国・府県・町村事業全体を考慮し土木局より農村の窮乏の程度,府県の大小等に応じて割り付けられた。知事の一部からは,本当に窮乏しているのは東北地方及びその接続府県さらに鳥取県などの特殊な地方であって,全国均等ではなく重点的に分配すべきだ,との意見もあった[38]。しかし自分の府県は必要ないと手をあげるところはなく,農家戸数と専業漁業戸数を基本にしてすべての府県に割り当てられたのである。

さらに町村への配分は府県知事によって行われたが,1つの町村事業の規模は工事費で1,000〜2,000円が多かった。府県事業に比べて規模は小さかったのである[39]。

農民の就労基準をみると,生活困窮者を優先させることは当然としたが,その具体的状況を全国的にみると概ね次のようであった[40]。工事施工箇所が確定したら,この工事の就労圏内を決定する。この就労圏内の町村では,区長または方面委員による就労調査あるいは就労希望者を申告させ,就労名簿に登録させる。工事現場から要求があったときは,町村長が就労を通知する。また就労者に対して,就労票を公布するものも少なくなかった。賃金の基準は地域的に差があったが,府県町村の地方事業でみると,1日当り男性で57銭〜1円,女性で39〜61銭であった。

町村に対する国庫補助は,国から町村に直接渡すのではなく府県を経由して行われた。またこれら町村事業は,府県の指導監督によって進められたが,このため府県では,国庫から3/4の補助を得て,臨時を中心に土木職員の増大を図った。工事執行する町村には技術者の数は極めて少なく,その能力に対し府県は疑問視していた。例えば某県の土木課長は「町村に県の設計を渡してやっても,そのまま満足に仕上がることは恐らく不可能のことではあるまいかと思う」と述べている[41]。

山形県下の町村事業の実情をみると[42]，技術者を有する極めて少ない町村を除いて，他のすべての町村の測量・設計は県で行った。従来，県は設計料を徴収していたが，今回は時局匡救の事業であるため徴収しなかった。施行に対しては土木技能を有する「棒頭」を雇入れ，人夫の指導監督を行わせた。また県下には8カ所の県土木出張所があるが，それぞれ4～6名の増員をし，各土木出張所員1人当り2，3カ町村を分担させて指導監督させた[43]。また随時，本庁の土木課員，地方課員を町村に巡視させた。なお現場での日々の会計，人夫の点検簿，材料受払簿，労働手帳の作成等の事務の整理には別途雇用された。

この事業により，賃金は果たして困窮者にどれほど行き渡っただろうか。全国的なデータではないが，1932年度で大阪府下の農村では2万人の懐に平均15円くらいが潤ったと記録されている[44]。

事業の執行についてみると，32年度予算では，府県道路事業と町村道路事業の間で，割り当てられた国庫補助範囲内で知事の判断により事業相互間での流用は認められた。府県道，町村道に対する道路事業の優先順位は知事に任されたのである。しかし道路と河川，港湾の間では認められなかった。たとえば府県執行の中小河川改良についてみると，それぞれの河川ごとの改良費は国によって定められ，この工事費の範囲内で施行区域及び施工法が府県によって計画された。

しかし河川・道路・港湾の間での流用を認めないことは，事業を執行する府県から大きな不満が出た。このため1933年度からはこれらの間での流用も認められ，府県の役割が一層大きくなったのである。なお事業の執行について年度内に消化し，翌年度の繰り越しは出さないよう厳しく指導された。

(4) 時局匡救事業の社会的評価

世界大恐慌に因を発した不況への対策として，1932年度から34年度にかけて行われた時局匡救事業だが，景気は時局匡救事業が始まった32年度から回復過程に入った。34年には，繭の値下がり，風水害，冷害などにより農村は

再び不況に落ち込んだが比較的早く持ち直し，翌35年には回復していった。この回復について為替相場の低落に起因する輸出の増大が最も大きく，これに続いて時局匡救事業などにより消費と資本形成に向けられた政府支出が重要な役割を占め，軍事支出に誘発された生産増加は，この時期，1割に満たなかったと評価されている[45]。時局匡救事業が社会安定の下支えとなったことは否定できないだろう。

ここで東北地方に並び困窮者の多かった鳥取県と，大都市名古屋を抱え地域的には先進地域である愛知県についてその具体的状況をみていこう。

鳥取県における時局匡救事業[46]

鳥取県は当時水害で有名な県で，その復旧費のため1918（大正7）年頃から1,100万円にのぼる県債を負っていた。このため全国に比類のない窮乏地域であったが，ここ数年来の不況によって拍車がかけられ，多数の失業者，窮乏者が続出した。彼らの日常生活の悲惨さについては，報道するのが憚るほどであった。32年度の産業振興，農村振興土木事業では，合わせて総額1,216,215円の事業が行われ，延べ6,322,165人が就労し，十分とはいかないが県民生活にわずかながら明るいきざしが見え始めた。その状況は次のようであった。

東伯郡某村では，税金滞納のために差押処分を受けた者が全戸数530戸のうち40戸にのぼっていたが，匡救事業の恩恵によって30戸が納税した。その他の町村においても税金の2割や3割の滞納はほとんどであったが，匡救事業によって得た労賃で滞納額を完済した町村が182カ村のうち8カ村にのぼった。また電燈料の支払えない者が多数いたが，完納の村が2カ村となった。電燈数の減少傾向は一時停止の状況となり，さらにその数が復活しつつある村が3カ村生じた。また西伯郡某村では，31年に成牛199頭，子牛66頭であったが，33年では成牛209頭，子牛85頭に増加した。

一方，産業基盤の整備についてみると，気高郡某村では「赤坂」という高さ約100mの急坂があった。なかでも峠に近い50mほどは，神社の石段のように階段をつくって昇降していて馬などは全く通わず，村民はここを朝夕越して，

約20町歩の耕地に出向き生計を立てていた。近隣の集落からは「赤坂があるから娘を嫁にやらぬ」など言われ、この峠の切り下げは村民の昔からの熱望であったが、匡救事業により総工費4,000円の第1期工事でもって直高15.8mの切り下げを行い、不便の大部分を取り除いた。これにより耕作上、多大の便益を受け、さらに久しく荒廃していた約10町歩の耕地を開墾・復旧することができた。

また東伯郡某村では、窮地に追い込まれていた村内の製材会社は、その生産品搬出路の一部が改修されたので活気をみるようになった。さらに岩美郡某村では、道路改良により1カ月の間の運賃の差は810円に上った。木炭のみでも1カ月間360円の手取金を増すようになった。

愛知県における道路改良事業による産業基盤整備[47]

町村事業、国直轄、府県事業も含めた3年間の愛知県下における道路改良事業についてみると、表2-5のような事業費、また執行方法であった。本事業による就労者は、国・府県道事業で約41万人、町村事業で約67万人の合わせて108万人で、労力費約119万円が支払われた[48]。またこの事業により国府県道約82km、町村道約275kmが改良されたのである。この道路改良は、疲弊していた農山漁村に大きな効果を及ぼした。それまで豊富な資源、産物を有しながら、運搬できる道がなかったため人肩によるしかなかった地域が多くあり、ここの資源・産物の価値は激減していた。この状況に次のようなインパクトが加えられたのである。

指定府県道名古屋・瀬戸線では、その最も狭隘屈曲部分約1,370mを幅員12mに拡幅し、その大部分を舗装して面目を一新した。府県道三谷・豊橋線では延長約3,400mを幅員6mに拡幅し、うち約1,800mを舗装して面目を一新し、県下唯一の観光道路とした。

田原・福江線は、豊橋市より渥美半島の突端にある漁港福江線に至る府県道の一部であるが、豊橋から田原町までは幅員7.5mで改良済みであった。しかしその先は未改築部分が多く、道路の態を成していないところが多々あった。

第Ⅱ章　戦前の社会基盤整備政策

表 2-5　愛知県下の時局匡救事業

愛知県 1932～34 年度　産業開発農村振興道路改良事業費総括表　　　　　　　　　　（単位：円）

事業別 \ 年度別	1932年度	1933年度	1934年度	計	国庫補助率	国庫補助額計	指導費
産業開発府県道改良事業（府県道改良事業）	753,000	279,000	──	1,032,000	1/3	344,000	
農村振興府県道路改良事業（府県道改良事業）	273,000	270,000	171,000	714,000	1/3	238,000	
農村振興市町村道改良事業	783,700	764,000	184,000	1,731,700	3/4	1,298,775	7,333.30
計	1,089,700	1,313,000	355,000	3,477,700	──	1,880,775	7,333.30
名古屋市街路改良事業	378,000	150,000	30,000	558,000	1/3	186,000	
国道改良事業	──	──	50,000	50,000	1/2	25,000	
合　計	2,187,700	1,463,000	435,000	4,085,700		2,091,775	7,333.30

備考：上表の指導費は市町村土木事業道路河川港湾改良事業に対するものとする。

愛知県時局匡救道路改良事業工事執行方法一覧表　　　　　　　　　　　　　　　（単位：円）

年度別	事業別	総工事費	箇所数	直営 工事費	箇所数	地元負担 工事費	箇所数	一般請負 工事費	箇所数
1932	産業開発府県道改良事業	708,000.00	13	556,735.60	8			151,264.40	5
	農村振興府県道改良事業	237,392.00	11	193,686.45	9	43,705.55	2		
	農村振興市町村道改良事業	818,618.01	272	131,451.78	36	656,850.91	226	30,315.32	10
1933	府県道改良事業	253,700.00	7	253,700.00	7				
	府県道路改良事業	245,453.00	13	228,150.00	12	17,303.00	1		
	農村振興市町村道改良事業	793,474.00	289	74,505.96	19	710,568.33	268	8,399.75	2
1934	府県道路改良事業	155,455.00	18	155,455.00	18				
	農村振興市町村道改良事業	195,196.66	216	6,061.03	6	186,986.62	207	2,149.01	3
	国道改良事業	50,000.00	1						
計		3,457,288.71	840	1,599,745.82	115	1,615,414.41	704	192,128.48	20

備考：国道改良事業費は岐阜県施行木曽川橋梁改築本県負担額とする。
出典：小坂忠一「産業開発・農村振興道路改良事業大要」『土木』第31号，1936年。

しかし約60kmを幅員7mに拡幅し整備した。これにより海岸までトラックを運転できるようになり，漁村の振興に多大な好影響を及ぼした。これによって新鮮さが大事な魚介類の価値を損することなく運搬ができ，腐れやすい夏には肥料にすることしかできなかった状況が大きく変わったのである。

町村事業によって改良された町村道の多くも，このような効果をもっていた。

(5) 1933（昭和8）年の土木会議[49]——新公共事業政策の確立

時局匡救事業下の公共事業政策

1932～34年の3カ年にかけて時局匡救事業が行われたが，これまでと大きく異なる政策が展開された。先ず注目すべきことは，5カ年にわたる河川，道路，港湾の一体的な事業投資計画が，産業振興事業5カ年計画として産業振興を目的に，内務省内部の計画とはいえ樹立されたことである。そして不十分ながらも一定の役割をもって，この期間，執行されたのである。

この5カ年計画は道路のウェイトが大きく，国直轄による国道改良を先頭にして道路整備を進めようとした。また時局匡救事業では，農村救済の目的のため町村執行の道路事業が大きな役割を担った。ここに，明治・大正時代と異なる新たな社会基盤の整備政策が強く推進されたと考えられる。つまり内陸輸送では鉄道に代わり，内務省のなかでは河川事業に代わって道路整備が前面に出てくる時代となったのである。それも産業基盤としての役割であった。

交通政策については節を改めて検討するが，河川事業についてみても大きな転換の時期を迎えていた。明治から行ってきた大河川の改修事業が，着々と竣工していたのである。1930年度には利根川，荒川下流，翌年度には増補工事が加えられた淀川，補修工事が追加された信濃川が竣工した。そして地方の重要都市の治水と府県執行による中小河川の改良が重要な課題となってきたのである。

国庫補助による中小河川改良は，内務省土木局にとって大正末期からの強い要求であった。それは農林省（1925年に農商務省は農林省，商工省に分割）との

間での激しい権限争いでもあった。農林省の前身である農商務省は23年,「用排水改良事業費補助要項」を定め,府県営の500町歩以上の用排水幹線または用排水設備の改良に対して,1/2以内の補助を行う用排水改良事業を開始した。ところがこの事業は中小河川を対象とする場合が多いため,内務省の河川改修事業と正面からぶつかったのである。内務省,農林省間の権限争いは激しく,内閣の行政制度審議会などで取り上げられて審議された結果,28年12月になって政務官会議で決着をみ,内務省は府県による中小河川改良事業に進出する足場を築いたのである。

内務省による中小河川での国庫補助は,まず木曽川の上流支川で28年度に行われた。木曽川上流では,1921年度から直轄による事業に着手されていたが,その改修費から犀川他2支川に対し,28年度から34年度の事業に,その半額の補助がなされたのである。これに引き続いて,30年度には新たに河川改修費補助の費目が設置され,福岡県の矢部川,石川県の梯川,山形県の赤川上流の3川で半額補助の改修事業が成立した。しかし世界恐慌による経済の不振のため,財政が厳しく緊縮されてこれに続く新規予算は得られなかった。

しかし「高橋財政」の登場により国家予算の考え方は一変し,農村救済として華々しく府県執行の中小河川事業は全国的に展開していったのである。産業振興土木事業として39河川,続く時局匡救事業で29河川と合計68の中小河川が事業対象として選定され,そのうち66河川で着手された。また33年度には新たに36河川が追加され,前年に引き続く61河川と合わせ事業が行われた。このうち34年度までに竣工したのは24河川であった。ここに府県事業である中小河川への半額国庫補助が,本格的に開始されたのである。なお町村事業はわずかな区域を対象とする局部改良であって,府県の指導の下,農山村を中心に全国各地で行われた。

ここで産業振興土木事業,農村振興事業として執行した国直轄河川について,少し詳しくみていこう。1932年度の産業振興土木事業として取り上げられた河川は荒川上流,多摩川上流,雄物川,千曲川,木曽川上流,太田川（広島）である。これに加えて翌年度執行をみたのは旭川,芦田川,紀の川,千代川,

安倍川，阿賀川，阿武隈川，最上川，神通川，大淀川である。

　これらで注目すべきことは，重要な地方都市の治水が推進されたことである。それらは秋田市（雄物川），広島市（太田川），岡山市（旭川），福山市（芦田川），和歌山市（紀の川），鳥取市（千代川），静岡市（安倍川），酒田市（最上川），富山市（神通川），宮崎市（大淀川）である。地方の重要都市の治水整備が，当時，大きな課題となっていたのであるが，その背景には新たな都市としての発展とその期待があった。

　もう1つ注目すべきことは，港湾整備と一体的に取り上げられた河川がかなりあることである。それらの港湾は土崎港（雄物川），広島港（太田川），和歌山港（紀の川），酒田港（最上川），岡山港（旭川）であり，時局匡救事業のなかでこれらの港湾整備も進められた。振り返ってみれば，明治時代から改修が進められ，既に修了した利根川，淀川，信濃川などの大河川の改修も，港湾整備と密接に関連して事業は進められた。改修効果のなかで，港湾機能の確保は重要な位置を占めていたが，昭和前期においても河川改修事業は港湾整備という開発効果と密接に関係していたのである。

　この時期の道路事業について簡単に振り返ると，1931年度の失業救済事業として失業救済道路改良事業が行われ，これが直轄国道事業の本格的な着手の端緒であった。旧道路法では，普通国道について新設・改築から維持まで府県知事が行うのが基本であり，必要ある場合は主務大臣が国道の新設・改築を行うことができるとなっている。しかしこれまで直轄国道事業は，24年に国道4号線の利根川大橋を架設して以来，行われていなかった。

　なぜ失業救済事業として道路事業のみで1931年度に行ったのか，その理由として，先述したように道路工事が他の事業に比べて，何の技能ももたない一般失業労働者を就労させやすいこと，さらに人々が住む所全国津々浦々に道路はあり，どこからでも手をつけやすかったのである。例えば河川と比較するならば，河川は上・下流連続しているため計画的に行わねばならない。これに比べ普遍的に行われるのが道路事業であり，時局匡救事業の町村事業でも中心となって行われたのである。

港湾事業についてみると，最も重要なことは，時局匡救事業によって，府県の経営（管理）に委ねられている指定港湾に初めて国庫補助が行われたことである。その補助率は 1/2 であった。さらに時局匡救事業では，町村による小港湾の修築が 3/4 の国庫補助を基準に行われた。

指定港湾とは，地方的にみて重要なる港湾であって内務省によって指定されるが，22年，内務省訓令によって新築・改築等の重大な工事は内務大臣から許可を受けて行うこととなった。その数は，34年に指定された74港を加えて35年には303港であった。このうち，32年度には産業振興事業で17港，農村新興事業で17港，翌年度には時局匡救事業として28港の合計61港に着手したのである。なお3カ月で竣工したのは19港湾であった。一方，国が関与していた重要港湾についてみると，既定工事費を繰り上げて促進するほか，酒田，広島，和歌山の3港の新規着手と関門海峡の改良に33年から着手された。

土木会議と新公共事業政策

以上みてきたように，時局匡救事業では，これまでと大きく異なる政策が推進されてきた。府県による河川事業，港湾事業に国庫補助が大々的に行われた。それまでこれらの事業では国直轄事業が中心であったが，これ以降，府県による中小河川改良事業，指定港湾改良事業が重要な柱となったのである。一方府県事業を中心に進められていた道路事業では，直轄事業が本格的に行われていくこととなった。国直轄および都道府県事業への補助の両輪で進められている今日の事業執行状況が，この時期，確立されたのである。公共事業執行体制に対して新たな枠組みがつくられたと評してよい。これらの新しい状況を政府として公式に確認したのが，33年に行われた土木会議であった。

それまで河川についての公式の計画は，1921（大正10）年に策定された第2次治水計画があった。道路についてみれば19年に決定した第1次道路改良計画があった。これらの計画と現実とが大きな乖離をみたのであり，ここに土木会議を設置して国の公式計画を全面的に見直すこととなったのである。

なお，当初の計画は，河川委員会を設置して第2次治水計画に代わる計画の

確立を図ろうとするものであり，31年に官制制定の閣議決定に到った。その具体的課題は，重要な治水事業として前面に出てきた中小河川への国庫補助，および直轄事業として進めてきた大河川の事業の見直し等の治水計画の根本的改訂であった。さらにこれに加え，その当時，急激に発展してきた水力発電と他の水利用との統制という利水の課題があった。

しかし河川委員会は設立されなかった。それは，河川，道路，港湾等の施設は相互密接な関係をもっており，連絡・統制を十分図って総合的見地より土木政策を行うべきだとの議があって，土木会議の設置が主張されたからである。つまり個々別々に計画をつくり事業を進めても十分であった時代から，それらの事業を統合していく必要が認識される時代となったのである。

土木会議のメンバーは，内務大臣を議長とし，内務省から次官，局長等，大蔵省，農林省，商工省等関係行政府の次官等，また貴族院，衆議院の議員14名さらに学識経験者として2名が任命された。土木会議は，その下部機関として道路部会，河川部会，港湾部会が設置され，失業救済土木事業，時局匡救事業などを通じて展開されてきた公共土木事業を踏まえ，新たな計画が樹立されたのである。

これらの計画について簡単にみると，治水では第3次治水計画が策定された。この治水計画ではこれまで直轄施行により8河川を竣工させ，34河川が改修中であったが，これ以外に新たに24河川を選択し，15年以内に竣工させることとなった。また中小河川に対して1/2の国庫補助を行うこととなった。この治水事業について興味深いことは，その選択基準として事業の評価に，改修事業によってもたらされる利益率が掲げられたことである。戦後になって公共事業の評価に効果対費用を基本とする投資効果が盛んに用いられたが[50]，その先駆をなすものと考えられる。その背景としては，多目的ダムのアロケーションの分析を中心に研究が進められたアメリカでの公共経済学の発展があったと推測している。

なお，特に水力発電の進展により複雑化していった利水事業については，何ら定められていない。この当時，発電を管轄していた逓信省，農業を担当する

農林省,そして内務省との間で利水行政をめぐり激しく対立していた。この対立が土木会議を通じても調整に到らず,議題にも取り上げられなかったと判断される。国の事業となるには,もう少し時間を必要とした。その状況については次節で詳述していく。

　道路部会では,第2次道路改良計画が策定された。その具体的内容は節を変えて述べるが,最も大きな特徴は,改良しようとする普通国道6,903 kmを国直轄で行おうとしたことである。また府県道改良については1/3の国庫補助とした。

　港湾部会は,河川,道路部会に遅れて34年12月開会となり,翌年決議して答申が行われた。だが,全体計画は定められず,港湾改良計画の改訂と指定港湾改良計画の確立が図られた。重要港湾については,八戸,飾磨,宇部港が新たに第2種重要港湾として選定され,改良計画が策定された。一方,府県管理の指定港湾については,時局匡救事業として行ってきた国庫補助を国の公式の港湾計画のなかに位置づけ,緊急改良を要する指定港湾に対し1/2の国庫補助が決定された。

　一方,この土木会議で定められた公式の政府計画では,町村事業は考えられなかった。時局匡救の特徴を示す重大な事業は,3/4の国庫補助の下,大々的に行われた町村事業であったが,この町村事業は,農村救済の一時的措置であったのである。

　このようにみると,土木会議で決定された公式の政府計画の基本となったのは,32年2月に内務省で策定された産業振興事業5カ年計画であったと考えられる。この5カ年計画が出発点であり,道路を中心に,新たな産業振興基盤の整備として政府計画は策定されたのである。

【注】
1) 中村隆英『昭和史Ⅰ　1926—1945』東洋経済新報社,1993年,167ページ。
2) 中川吉造「失業救済と土木事業に就いて」『土木学会誌』第17巻第2号,1931年。

3) 国庫補助率は賃金総額の 1/2 以内, 補助金総額 130 万円であった。
4) 加瀬和俊「戦前日本における失業救済事業の展開過程（一）」『社会科学研究』第 43 巻第 3 号, 1991 年, 189～190 ページ。
5) 「同（二）」第 5 号, 1992 年, 204 ページ。
6) 国庫補助を受けず, 起債許可だけを受ける事業が制度化された。
   加瀬和俊「戦前日本における失業救済事業の展開過程（二）」前出, 202 ページ。
7) 川西實三「失業救済道路改良工事に就て」『道路の改良』第 13 巻第 5 号, 道路改良会, 1931 年。
8) 建設省による「明治以降の建設省所管土木工事費指数」の「土木総合」によって現在の物価に換算すると, 1934～36 年と比較して, 現在は約 2,000 倍となっている。
9) 失業救済事業の総額はよくわからないが, 補助事業 16,501,000 円, 起債事業 16,199,000 円, 臨時冬期応急事業 3,574,000 円, 国道改良工事 16,276,000 円, 府県道改良工事 12,830,000 円, 合計 65,380,000 円の一般労働者救済事業費支出額の数字がある。加瀬和俊「戦前日本における失業救済事業の展開過程（二）」前出, 212～213 ページ。
   なお既定計画に基づいて 1931 年度予算に計上された道路予算額は, 100 万円に過ぎなかった。
10) 北海道分 100 万円を含む。
11) 前年度までの国庫補助は労働費の 1/2 であった。
12) 前掲書 7)。なお国道改良, 府県道改良以外の 300 万円とは, 1930 年度京浜地方に対する臨時冬期応急失業救済道路改良事業国庫支出金である。
13) 浜口内閣の緊縮方針非募債主義に反し, 政策の破綻ではないかとの強い批判があったが, 災害復旧予防策と同様, 失業救済は例外であると政府側は主張している。前掲書 7)。
14) 前掲書 7)。
15) 「地方土木主任会議開かる」『水利と土木』第 4 巻第 2 号, 1931 年。
16) 事業費の内訳は, 工事費 61.0%（改築費 49.9%, 舗装費 11.7%, 橋梁費 15.1%, トンネル費 1.0%）, 用地費 15.7%, 補償費 8.6%, 機械費 6.1% であった。
17) 前掲書 7)。
18) 横田周平『国土計画と技術』商工行政社, 1944 年, 53 ページ。

19) 遠藤貞一「昭和6年度失業救済国道改良工事に於ける労働者使用状況並工事費などに就て」『道路の改良』第15巻第4号，1933年．
20) 宮島三郎「愛知県に於ける道路改良の現況」『道路の改良』第14巻第1号，1932年．（愛知県の一般道路事業では木曽川の架橋工事が1930年度から33年度にかけて総工費約156万円で進められていた．この工期の間，これにかなりの額が支出されていた）
21) 大蔵省に要求した内務省原案は，国費総額5,000万円からなる膨大なものであった．事業費は治水，道路，河川で7,300万円であった．

(単位：1,000円)

	国費	事業額		
道路改良費	1,900	4,250	国道改修 府県道改修 北海道改修	1,750（国費1,200） 2,400（ 〃 600） 100（ 〃 100）
港湾修築	507	607	直轄事業のみ	
治水事業	1,500	2,449+α	直轄河川繰上施行 新規河川 中小河川改修 砂防費	600（国費 500 ） 430（国費 39.5） 1,800（国費 900 ） ?（国費 500 ）
社会局その他	1,100			

出典：ユウ，エス生「行政整理と失業救済事業」『水利と土木』第4巻第11号，1931年．

22) 1929年度の道路整備の予算計上額は650万円であったが，実施は410万円．30年度においては100万円の実施額であった．
23) 「産業振興と土木事業」『港湾』第10巻第2号，1932年．
24) 当時，中小河川の治水事業について産業開発に資することが主張されていた（湯沢三千男「産業の開発と治水事業」『水利と土木』第5巻第2号，1932年）．
25) 「産業振興土木事業予算の確定」『道路の改良』第14巻第7号，1932年．
26) 7大都市関係は別途失業応急事業としても行われていた．
27) 若槻民政党内閣で，失業公債法を新たに設定し，道路のみならず河川，港湾事業も直轄を含め失業救済土木事業として進める計画を樹てた．このことは先述したが，理念的にはさておいて，この失業救済土木事業と産業振興土木事業との間で，実体的にどれ程の差があるのか吟味する必要がある．時の内務省河川課長であった松村光磨は，「失業救済土木事業は産業振興土木事業に改訂され

た」と述べ，その連続性を主張している。(「多難多忙なりし昭和7年を送る」『水利と土木』第5巻第12号，1932年)

また「民政党内閣当時は総て失業救済事業として工事を施行することになっていたが，今度は七大府県関係だけは失業救済事業で，その他は産業開発事業であるが，その名称こそ相違しているが，結果に於ては民政党内閣当時でも政友会の時の同様で一向変わりばえのしない事は事実である」との指摘もなされている。佐々木丑蔵「出来上った産業開発事業」『水利と土木』第5巻6号，1932年。

28) 三善信房「不景気打開策としての土木事業」『水利と土木』第5巻7号，1932年。

29) 中川吉造「失業救済と土木事業に就いて」『土木学会誌』第17巻2号，1931年。

30) 「時局匡救に関する事務打合会議」『水利と土木』第5巻9号，1932年。

31) 山本内務大臣は，「早く金の融通がつき，その結果が無駄にならぬものは土木事業に限る」と述べている。「協力内閣最初の地方長官会議」『水利と土木』第5巻8号，1932年。

32) 内務省土木局「農村振興土木事業執行の状況」『水利と土木』第6巻2号，1933年。
唐沢俊樹「農村振興事業に就て」『道路の改良』第14巻9号，1932年。

33) 武井群嗣「匡救事業の善後措置」『水利と土木』第8巻4号，1935年。

34) 1933年度，34年度においても，農村振興事業とは別項目として産業振興事業は予算化されている。そしてこれら2つの事業を合わせて予算上，時局匡救事業として整理された。

35) 「協力内閣最初の地方長官会議」『水利と土木』第5巻8号，1932年。
なお町村事業を幅広く取り入れたのは，農民の困憊状況をもっともよく知っているのが町村であり，用地の買収難も容易に解決し，農民も自らの郷土の土木事業であるから工事の完全を期待することができるからだとの考え方も示されている。唐沢俊樹「農村振興事業に就て」『道路の改良』第14巻9号，道路改良会，1932年。

36) 内務省土木局「農村振興土木事業執行の状況」『水利と土木』第6巻2号，1932年。

37) 前掲書35)。

なお1932年度の農村振興土木事業開始にあたり，栃木県は次のように述べている。1/2は人口に振り当て，残り2/4は農村の状態を斟酌して配当し，1/4は貧弱者及び失業者を基礎として割り当て，1/4は生産額，町村基本財産，個数割一戸相当税滞納状況等を斟酌していわゆる貧弱町村を決定して振り当てた。「農村振興等を議する内部部長土木部課長会議を覗いて」『道路の改良』第14巻9号，1932年。

38) 前掲書35)。
39) 同上。
　　府県事業は，1932年度において事業総額2,439万円を2,696カ所で行った。1カ所当り9,000円となる。このうち直営は1,437カ所（53%），地元（町村）請負988カ所（37%），残りの約10%が民間請負であった。
40) 前掲書36)。
41) 「時局匡救に関する事務打合会議」『水利と土木』第5巻9号，1932年。
42) 木幡長命「山形県下の時局匡救土木事業梗概」『土木工学』第2巻4号，1933年。
43) 素人の農民や漁民を使っての仕事であったので，指導監督に「言語に絶」する苦労があったことが報告されている。「時局匡救町村土木事業の全貌」『土木』第26号，1935年。
44) 田中俊一「農村振興土木事業より農村土木の振興に及ぶ」『土木工学』第3巻10号，1933年。
45) 中村隆英，尾高煌之助『日本経済史〜二重構造』岩波書店，1989年，60〜61ページ。
46) 岸田正一「昭和7年度時局匡救事業の成績を顧みて」『道路の改良』第15巻6号，1933年。
47) 小坂忠一「産業開発・農村振興道路改良事業大要」『土木』第31号，1936年。
48) 町村のみでなく東京市，名古屋市等の市でも農漁村地域で時局匡救事業は展開された。
49) 内務省土木局「土木会議の成立とその経過 (1)〜(3)」『水利と土木』第6巻11号，12号，7巻2号，1933，34年。
50) 山本三郎「河川法全面改正に至る近代化戦時業に関する歴史的研究」日本河川協会，1933年，177〜200ページ。

2 河水統制事業と電力の国家管理

　1935（昭和10）年頃から景気は立ち直り，大陸における軍事活動を背景に鉄鋼，機会，化学工業などの重化学工業の発展が課題となった。その動力源として水力開発が期待された。一方，国家による経済の統制下の動きが新官僚によって求められ，その具体策として電力の国家管理が前面に出てきた。資源の少ない国内において水力開発こそが，この時代の社会基盤整備における最重要課題であったのである。

　当時，この水力開発は，技術的にはダム建設によって行われた。この建設には膨大な資金とともに他の河川利用，治水との調整が必要である。一方では重化学工業の発展に伴い大量の工業用水，さらに増大する都市住民のための生活用水が必要となっていた。この解決が治水，そして発電，都市用水等の複数を目的とする河水統制事業及び電力国家管理法の成立であった。その成立の経緯について，アメリカTVA事業，水資源の特性との関連も併せながらここでは述べていく。

(1) 河水統制思想の登場

　大正時代の後半，河川水の利用をめぐって従来からの利水者である灌漑用水と，明治末期から発展していった水力発電との間で競合関係が生じていた。このため，その監督官庁である農林省と通信省との間で軋轢が生じていた。これに，治水を担当するとともに河川法を所管する内務省が加わり，3省間で激しい権限争いが生じていたのである。

　この状況下で，内務省の技術陣のなかから河水統制思想が生まれてきた。それはダム等による貯留水を活用して流況を安定させ，それによって治水とともに水利用の高度化を図り，河水をコントロールしようというものだった。その

第Ⅱ章　戦前の社会基盤整備政策

主導者が内務省土木研究所々長となった物部長穂である。

物部は1926（大正15）年，「わが国における河川水量の調節ならびに貯水事業について」の論文を発表し，後に河水統制事業と呼ばれることになる事業の実施の必要性を主張した[1]。物部の考えは治水を基本におき，発電・灌漑を目的に加えて貯水池を設置しようとする。貯水池の設置によって，治水と利水を統一して実施しようとするものである。

この物部の主張に大きな影響を与えたのは欧米の事例だが，特にアメリカのマイアミ河の治水計画は物部のみならず，日本の技術者に大きな影響を与えたのは間違いない。マイアミ河治水計画は5カ所の洪水調節ダム建設を骨格とするもので，23年にダムは完成した。物部は23年，現場を視察し，後にThe TENNESSEE VALLEY AUTHORITY（TVA）の理事長となるモルガン技術長を訪ねている。

また当時，電力界によって高さ50mを越えるコンクリートダムの建設が行われ，これが内務省技術陣に強い刺激を与えていた。23年には山陽中央水電により高梁川水系の帝釈川ダム（重力式，H=56m，30年にH=62mに嵩上げ），大同電力により木曽川の大井ダム（重力式，H=53m）が完成していた。特に総貯水容量2,900万m^3の大井ダムは，わが国初めての本格的な貯水池をもちダム式発電を行うダムであった。

内務省は河水統制思想を具体化するため，26年に5カ年継続として調査予算である「河水利用増進に関する件」を要求した。その後も予算要求したが，調査費が認められたのは37年度である。それは同様に要求していた逓信省，農林省との間で権限の調整がつかず，大蔵省が削除したためである。なおこの間，内務省は河水統制の実をあげるため，27年土木局長通牒「河水利用増進に関する件」を発し，利水事業者間の調整を促した。また必要に応じて現地の会議に本省係官を派遣し，特定の地点については特に本省が勧告，指導を行った。

一方，景気が立ち直っていった35年頃，重化学工業のエネルギー源として水力開発は新たな発展が求められていた。当時，水力は「我国唯一ともいうべ

き貴重なる天与の資源」であり，「最も有効且つ合理的に利用し，所謂水主火従の発電計画を実施することによって燃料国策の遂行」が期待されていた[2]。このため水力開発サイドからも，3省との間での調整，それに基づく新たな開発が強く求められていたのである。この3省間の調整に指導的役割を果たしたのが，36年の広田内閣のもとでの内閣調査局であった。内閣調査局は準戦時体制下にあった当時，水力発電の増強を求めて国家管理による水力開発を強く推進していたのである。これを述べる前に，河水統制事業に強い刺激を与えたアメリカの河川開発についてTVA事業を中心にみていく。TVA事業からの刺激について，内務省事務官安田正鷹は次のように述べている[3]。

　　海の彼方アメリカの山の中に，斯の如き大規模なる事業が着々として営まれつつあるという事実は人類の大きな誇りであり誠に痛快・壮絶ではないか。堰堤という土木事業を中心として発電，灌漑，舟運，治水，進んでは農業，工業，衛生，教育，労働，消費等々，社会生活の殆ど全部門に亘って遠大な理想に燃えた力強き行政が行われつつあるというところに，一切の批判は兎も角として，一応之に感嘆と敬意を表しても強いて外国崇拝とのみ無下に一笑に付するべきではなかろう。其の着想に，其の努力に，我々は我々の持つ問題に対するTVAの深き示唆を見逃してはならないと思う。

さらにTVAは示唆するところ大として次のように述べる。

　　TVAの計画が，かように総合的産業開発計画であることは，河水統制計画の必要が提唱せられ，治水，発電，水道，灌漑，流木，漁業，舟航などの総合的計画を行うべしとの要望あるわが国にとって，大いなる示唆たるものである。

このようにTVAに強い刺激を受けているのである。一方，わが国の河水統制事業について次のように述べる。

　　然るにある一部の官庁に於ける権限問題から，治水と発電と灌漑または

第Ⅱ章　戦前の社会基盤整備政策

水道などとの総合的計画を不可能なりとし，強いてその計画を阻止せんとする意向あるかに認めらるるは洵に遺憾の極と謂わねばならぬ。

わが国官庁の権限争いで，総合計画がスムーズに進んでいないことを非常に残念がっているのである。

(2)　アメリカ TVA（The TENNESSEE VALLEY AUTHORITY）事業[4]

1920 年代までのテネシー川の開発

テネシー川は，アメリカ国土の 41% を占めるミシシッピー河の左支川，オハイオ川の支川である（図 2 - 1，図 2 - 2）。流域面積は 106,000 km^2 で，オハイオ川の流域面積 528,000 km^2 の 20% を占めているが，ミシシッピー河本川のわずか 3% にすぎない。しかしその平均年降雨量は 1,300 mm であって本川に比べて大きく，本川全流量の約 20% はテネシー川からの流出といわれる。流量状況からみて，ミシシッピー河に占めるテネシー川の比重は高いのである。なお，その流域は，ノースカロライナ，ヴァージニア，ジョージア，アラバマ，ミシシッピー，ケンタッキー，テネシーの 7 州にまたがっている。

流域の地形をみると，水源地域はアパラチア山脈に属し，上流部は山地・丘陵が卓越する地域である。テネシー川の幹線延長は 1,045 km であるが，オハイオ川合流点より上流 420 km のところのアラバマ州マッスルショールズ（Muscle Shoals）に，約 60 km にわたる急流地域があった。河床勾配でみると，下流のオハイオ河合流点付近では 1/18,000，上流部では 1/10,000 程度であるのに対し，ここでは 1/1,000 以上と急であり，その水深は 3 フィート（約 0.92 m）以下であった。

このためテネシー川の航行にとってここは最大の難所で，激しい急流を表わす「煮え立つ鍋」（Boiling Pot）の代表的な地点であった。その上流チャタヌガ，ノックスビルには春の水量の多い時のみ上ることができた。このような河川航行への重大な支障もあって，テネシー川流域はアメリカ東部で最も貧しい地域

図 2-1　ミシシッピー河流域図

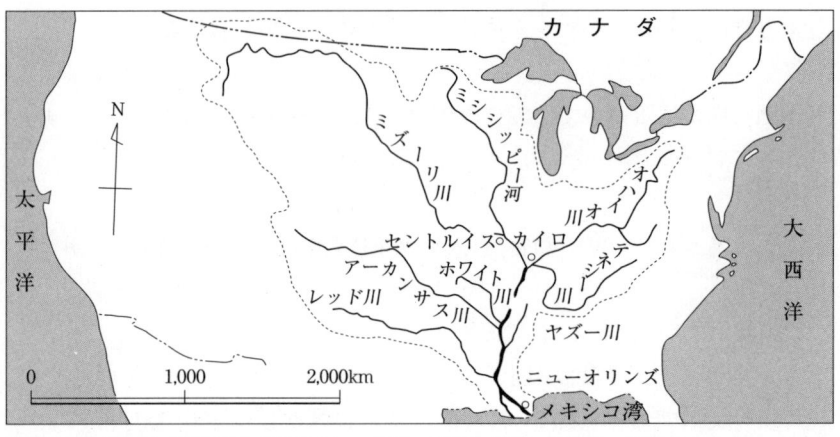

出典：土木学会編『新体系土木工学 74——堤防の設計と施工』技報堂，1991 年。

図 2-2　テネシー川概況図

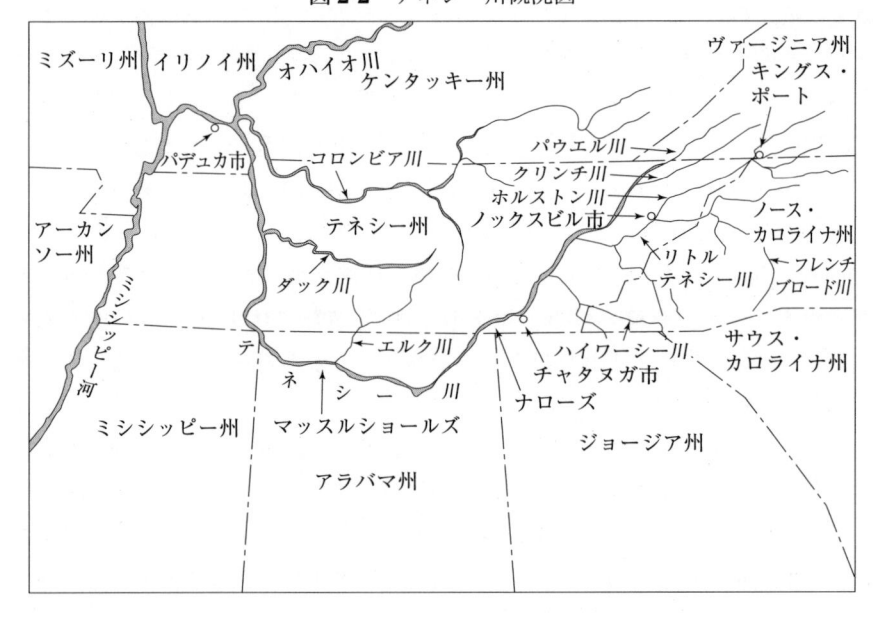

第Ⅱ章　戦前の社会基盤整備政策　　　　　　　　　77

であった。TVA の設置以前，流域の人口は 400 万人余，住民 1 人当りの所得水準は全国の半分にも到らず，識字率も低く，1 人当りの発電量は全国平均の 50% であった。また人口の半分以上は農業に従事し，その半数は農地を所有していない小作人であって，農家 100 軒のうち電気を使用しているのは 3 軒までにすぎなかった。

　テネシー川の開発は，舟運路の整備から構想された。鉄道，自動者が発達する以前にあって，内陸輸送に占める河川舟運のウェイトは絶対的であった。アメリカ全土でみると，1825 年にはハドソン川と 5 大湖の 1 つエリー湖を結ぶエリー運河が完成し，またオハイオ川と 5 大湖の間も運河でつながれた。地域の発展にとって，河川舟運路の整備は重要だったのである。

　アメリカ連邦議会は，1824 年，オハイオ川とミシシッピー河の舟運目的の改修計画を立法化し，これに基づき陸軍工兵隊が舟運路の整備に乗り出してきた。同年，テネシー川舟運にとって最大の難所であるマッスルショールズを陸軍長官が調査し，27 年には 70 万ドル，1900 年には 300 万ドルの水運改良費があてられた。だが根本的な解決にはならなかった。やがてマッスルショールズの急流地域の改良のためダム（堰堤）を設置して水深を確保し，併せて水力発電を行おうという構想が検討され始めた。この構想は，1898 年，アラバマ州選出議員ホイラーによって連邦議会へ提出されたが，具体的な成果とはならなかった。しかしこれ以降，マッスルショールズ地域に関する法案が，毎年のように連邦議会へ提出された。

　一方，地元の民間でも計画が進められ，チャタヌガ市下流にありナローズ（Narrows）と呼ばれる狭窄部の改善のため，ダム建設が提案された。1903 年，連邦議会はこれを許可し，チャタヌガ下流 33 マイルに，05 年からダムの築造が始まった。高さ 33 フィート（約 18 m）のヘールス・バー（Hales Bar）ダムであり，13 年完成した。建設は陸軍工兵隊の監督のもと，民間のテネシー電力会社が行った。この施設について連邦政府は，ダム，閘門，貯水池等に対する権限を保留し，会社は電力の生産について 99 カ年の特許を得た。これがテネシー川における最初の「水運―発電複合改良計画」(Combined Navigation-and-

Power Improvement) であった。

　一方，マッスルショールズ地域でも，地元の官民によりマッスルショールズ水力発電会社が設立され，ウォーシントンを中心にして開発が推進された。その構想の特徴は，舟運路の整備と水力発電のみならず，その発生電力によって硝酸塩製造の可能性も加えたこと，さらに官民共同出資で事業を行おうとしたこと，財政上の合理的基礎を明確にしようとしたことである。連邦政府の「1915年の河川及び港湾法」では，この地域の開発について，マッスルショールズ水力発電会社の技術者と協力して開発計画を作成することと規定された。また陸軍工兵隊により，舟運路の整備と電力開発とも共同事業が経済的合理性があると報告された。

　しかし，1914年に第1次世界大戦の勃発がマッスルショールズの開発にとって大きな転換点となった。「1916年の国防法 (National Defence Act of 1916)」が制定され，大統領に軍需品，特に火薬の製造のための工場建設地の指定権が付与された。それまでチリから硝石を輸入し材料としていたが，ドイツ潜水艦の攻撃により輸送路が絶たれることを懸念したのである。同法24条で，「大統領は，必要なる調査の後，火薬及び肥料の製造に必要なる硝酸塩の生産のため，適当と認める合衆国内の如何なる地における如何なる敷地をも指定することができる」「(硝酸塩の) 製造工場は，米国連邦政府においてのみ，これを建設し，経営すべきものであり，民間資本において行われている他の事業会社との共同事業として，これを行うべきものではない」と規定された。

　これに基づき，ウィルソン (Wilson) 大統領から，マッスルショールズ地帯が工場建設地に指定されたのである。指定にはマッスルショールズ水力発電会社のウォーシントン等の強い働きかけがあったが，ここには豊富な未開発の包蔵水力があったこと，また大陸の奥深いところに位置し，国防上からも安全な地域であったことが重視されたのであろう。ここに，マッスルショールズ開発は国防上の計画の1つとして，連邦政府の責任において着手されたのである。

　陸軍工兵隊によるその計画は，マッスルショールズの下流部に高さ137フィート (約42m)，長さ4,860フィート (約1,480m) のダム (工兵隊は第2

号ダムと呼んだ。後のウィルソンダム），及びその上流にも2つのダムを築造し，出力44万kwの電力開発と水位を高めて航路の整備を図ろうとするものだった。また硝酸塩製造所は，実験工場としてハーバー法によりアンモニア硝酸塩を製造する第一製造所と，キナマイド法による第2製造所が計画された。

しかし19年の世界大戦終結までに，この事業は完成しなかった。アンモニア硝酸塩は製造されず，ウィルソンダムは，連邦議会が支出を停止した21年までに35%が出来上がっていただけであった。なおウィルソンダムを設計した陸軍工兵隊のクーパー（Hugh L.Cooper）技術大佐は，後にソビエトに招聘され，ドニエプルダムの建設を指導した人物である。

さて第1次世界大戦後，建設途中のこれらの施設をめぐって連邦議会を中心に大論争が生じた。アメリカ合衆国は，民間の自主，競争を根幹に置く国である。この当時，社会活動，なかでも経済活動に対し国の関与は極力，否定されていた。そのなかでマッスルショールズ開発は，国防という大義があって連邦政府によって進められたのである。だが戦争が終結すると周辺環境は一変する。

特に，大戦後の政権を担当した共和党は，この事業は戦争に間に合わず失敗したと攻撃して，民間に売却すべきと主張し買手先を求めた。これに応じたのが自動車王ヘンリー・フォード（Henry Ford）である。彼は既存施設に対して500万ドルを政府へ支払い，さらにウィルソンダムと上流の第3号ダムを完成させ，ダムと発電所の100年間の貸与により窒素肥料を製造することを約束した。

これに猛烈に反対したのが，ネブラスカ州の上院議員で農林委員長であったジョージ・ノリス（George Norris）である。彼の信念は，天然資源の開発においてアメリカ国民の最大多数の最大幸福のため，公正なる事業の遂行ができるのは連邦政府ということであった。彼の反対もあり，フォードの提案は遂に連邦政府承認とならなかった。

一方，ウィルソンダムは連邦政府により1926年完成したが，その他の事業は等閑視された。ノリス上院議員は，13年にわたって7回，政府を中心としたテネシー川の開発に関する法案を提出したが，ある時は議会で，またある時

は議会を通過しながらクーリッジ，フーバー両大統領の拒否権にあい，実現には到らなかった。それが大きく転回するのは，第32代大統領F. ルーズベルト（Roosevelt）の登場からである。

TVA法の成立とその目的

F. ルーズベルトは，1929年10月のニューヨーク・ウォール街の株大暴落に端を発する世界大恐慌の最中の33年3月に政権に就くと，ニューディール政策を推進した。それは経済への政府の積極的介入により恐慌から脱出しようとするもので，農業調整法，全国産業復興法，社会保険法等，また公共投資による雇用創出のための公共事業団の設立と並んでTVA法が成立したのである。ルーズベルトは，国によるテネシー川の総合開発の必要性について，大統領就任間もない4月10日の議会への教書で高々と次のように謳っている[5]。

　　余は議会が多年に亘りテネシー川流域の大なる国家投資を怠って，国民奉仕に此の計画をかえさせるように法律化せしめなかったことに就て遺憾に堪えない。

　　マッスルショールズの開発は，全テネシー川の未開発の公共的利用から言えば単に其の僅かな部分を占めるに過ぎないことは明らかである。斯かる利用は，若し夫れが全体的な観点から想定させられたものであれば，単なる動力開発に勝るものである。之れは洪水調節，河岸の決潰，植林，外縁の土地の農業的使用からの排除及び工業の配分や分散等に関しても考慮を払うものでなければならない。之れを要するに，此の戦時の水力開発は数州に亘る全河川流域並びに数百万の将来の生命と福祉とに対する国家計画に必然的に到達すべきものである。之れは人間の利害に関する総ての形式に関与し，之れに生命を与えるものである。

　　それ故に，余は政府としての力を持つが，然し民営企業の柔軟性と自発性を持つところの組織であるテネシー川流域委員会の制定を議会に勧告する。本委員会は国家の総ての社会的並びに経済的福祉に関し，テネシー川流域及び之れが付近地域の自然的資源の適当なる使用，保持並びに開発に

就て計画を樹立する極めて広範な義務を持つものである。また本機関は之れ等の計画を効果的ならしめるに必要な力を持たねばならない。

　計画性の欠如により，人類が如何に無駄に浪費したかは多くの実例が吾々に示している。其処，此処に於て極めて僅かな賢い都市並びに地方が先見の明があり，計画性を持っておったに過ぎない。今や我が国家は漸く立ち上がったのである。より一層広い範囲に計画性を進展せしむべき時となった。

　真実の意味に於て，之れは開拓者の精神と幻想への復帰である。若し吾々が此処に成功するならば，吾々は一歩一歩と更に吾々の国内に於ける他の偉大なる自然的，地方的地域の同様なる開発に進むことができる。

TVAの設立の目的を整理すると以下のようになる[6]。
① アラバマ州マッスル・ショールズ付近の国有土地経営，並にテネシー河及びその支流の水力開発並に同河川の航運及び治水事業の遂行。
② 豊富なる電気を付近の電気供給事業者に卸売し，付近一帯の電気料金の低減を測ること。
③ 肥料の製造及び硝酸塩の農業保護及び国防工業の発達を図ること。
④ 河川浸食作用の防止，植林埋蔵鉱物の利用，農業工業の増進その他資源の利用増進の調査及び企業化。
⑤ その他，本渓谷の社会的幸福の増進を期する為必要なる一切の経済計画。

つまり多目的ダム建設により，水力開発，河川舟運の開発，治水事業を行う。そして開発した水力電気を供給業者に卸売りし，地域の電気代を引き下げ，電気の普及を図って生活の向上をきたす。この電気により，肥料および硝酸塩の製造によって地域の農業生産の発展に役立たせる。さらに国防工業の発達を図るものである。

　このことについて，TVA法の大統領署名日である5月18日の『ジャーナル・オブ・コンコース』のワシントン特派員は次のように報告している[7]。

　TVA並にアラバマ州マッスルショールズ地帯に発電所建設事務所を設

置せしめ，之をして渓谷地帯の工業並に，農業上の開発事業を管理せしむる権限を付与する。TVA は土地を収容し，ダム・発電所，貯水池，発送電線，運河等を建設することを得る。更に電力設備を一個又は数個の発送電線組織へ統一し，実験的に肥料を製造し，且つ火薬を製造し，之れを原価にて政府に売却し，電力を生産，配給，販売し，硝酸第二工場を民間肥料会社へ貸付け，事業改良金としては，五〇箇年限五分五厘の利子にて社債五〇〇〇万ドルを発行し得る。尚大統領の裁可を経て，第二号ダム工事の建設並にマッスルショールズ地帯の硝酸第二工場には火力発電所を建設することを得る。

このように TVA 計画は政府により新たに設立された公企業の経営の下に，ダム事業を基軸においた地域総合開発計画であって，工業生産をも行おうとするものである。さらにこの事業は，地域の「社会的幸福」を増進するもので，そのために必要な一切の経済計画も行おうとする。その一環として植林事業による土地の保全，埋蔵鉱物の利用，農工業の増産のための調査，そして企業化を行おうとする。つまり「発電計画が主眼ではなく，総合的な産業開発計画をその目的とする」のである。

この事業執行のため設置されたのが，公企業である TVA（テネシー川流域開発局：The Tennessee Valley Authority）である。国との関係をみると，大統領の任命する3人の理事よりなる理事会が，TVA の総ての権限を執行する。一方，毎年，大統領及び議会に財政報告・営業報告書を提出し，また国の会計検査を受けることになっている。

これまで開発計画を進めてきた陸軍工兵隊との関係についてみると，TVA法第17条，18条に規定されているが[8]，発電設備，送電線の建設に陸軍と内務省は全面的支援し，完成した暁には，その所有権，使用権，管理権が TVA に委譲されることになっている。また TVA 計画で国防工業の発達を図ることとしているが，この点について TVA 法では第5条，20条で陸海軍軍務長官の要求に基づき爆発物を製造し，政府に売り渡すべきこと等が規定されている[9]。

第Ⅱ章　戦前の社会基盤整備政策　　　　　　　　　　　　　　　83

　第1次世界大戦と同様，国防との関係が深かったことがわかるが，第2次世界大戦中，硝酸肥料工場は燐酸工場に転換し，TVAの発生電力の85％が軍需工場へ配電された。また，テネシー州オークリッジで進められた原子爆弾の研究・製造のエネルギー源となったのである。なお連邦調査局によると，戦争中，8人のナチス党員がアメリカ東部海岸に上陸して，TVAの発送電組織を破壊しようとしたという。

TVA計画と洪水防禦

　ところで1933年から始まったTVA計画と20年代中頃までの計画は，ダム事業に関し基本的に異なるところがある。つまり20年代中頃までの計画は，舟運路整備と発電が主目的であったが，30年代の計画では，治水が重要な目的の1つとして前面に出てきたのである。この経緯について，ミシシッピー河全体の治水計画も絡め検討していこう。

　連邦政府により，洪水防禦法が初めて制定されたのは，1912年，13年のミシシッピー河水系での大水害後の17年であった。これ以前にも，陸軍省の一機関として1879年に設立されたミシシッピー河管理委員会（Mississippi River Commission）が，当初の舟運路整備のみならず，やがて治水業務を行うなど，連邦政府の治水への関与も次第に増加していた。そして17年の洪水防禦法によって，洪水防禦が連邦政府の責務であることが明記され，事業費の1/3を連邦政府，2/3と公共用地を地方機関が負担することとなったのである。

　この10年後の27年，ミシシッピー河が大洪水に襲われた。テネシー川の本川オハイオ川がミシシッピー河に合流するカイロ市下流のいわゆる「ミシシッピー河の沖積谷」では，既往最大の洪水であった。浸水面積6.7万 m^2，氾濫源はほとんど湛水し，被災者60万人以上の大被害となった。アーカンソー地点でこの時の流量74,000 m^3/s は，現在でもこれを上回る洪水は発生していない。

　この大出水後，クーリッジ大統領は，陸軍工兵隊による洪水防禦計画の総合的なプランを準備するよう指示し，翌年の洪水防禦法に採用された。これに

よって，ミシシッピー河下流域の治水計画である MR & T プロジェクト（Mississippi River & Tributaries Project）が採用された。工事費は連邦政府がほとんど負担するものである。

このプロジェクトは，今日に到るまで続けられている。築堤，4カ所の放水路，河道改修，遊水池，ダムによって「ミシシッピー河の沖積谷」を洪水から防禦し，この地域の発展を図るものであった。設計流量は，「1927年洪水より大きな洪水が今後，発生する可能性を考えて，計画洪水を設定する」との考え方のもとに決定された。27年実績洪水と比較し，アーカンソー地点で11％，レッド川合流点で29％上回るものであったが，27年洪水が氾濫せず河道にすべて流れたとして換算した流量に相当するといわれている。この時の流量配分図とほとんど変わらずに，1958年に策定された現在の計画となっている（図2-3，図2-4）。

この計画で注目すべきことは，テネシー川が合流するオハイオ川からの出水が大きなウェイトを占めていることである。その割合は，下流のピックスバーグ地点における設計流量の83％となっていて，オハイオ川の大出水がミシシッピー河下流の出水を生じさすと基本的に考えてよい。そしてテネシー川の洪水調節は，ミシシッピー河下流の治水にも重要な役割を果たすと評価されたのである。

35年のミシシッピー河下流の治水計画では，ダムによる洪水調節について次のように考えられていた[10]。

> オハイオ川，上ミシシッピー川，ミズーリ川，アーカンサス川，レッド川の各支川は，各々の支川の谷の氾濫域が安全であるように，各支川にダム群を建設し，洪水をカットする。その結果として，付随的にカイロより下流のLowerミシシッピー河本川に治水効果がある。

> これらのダム貯水池は，テネシー川のダム群は別として，いわゆる"地域防御"，すなわちダム群のある支川の谷の洪水が安全なレベルを超えないように，洪水ピーク流量を減らすよう操作が行われるものである。ピックスバーグの上流やマスキンガム流域におけるようなごく遠隔のダムは別

第Ⅱ章　戦前の社会基盤整備政策

図 2-3　ミシシッピー河下流概況図

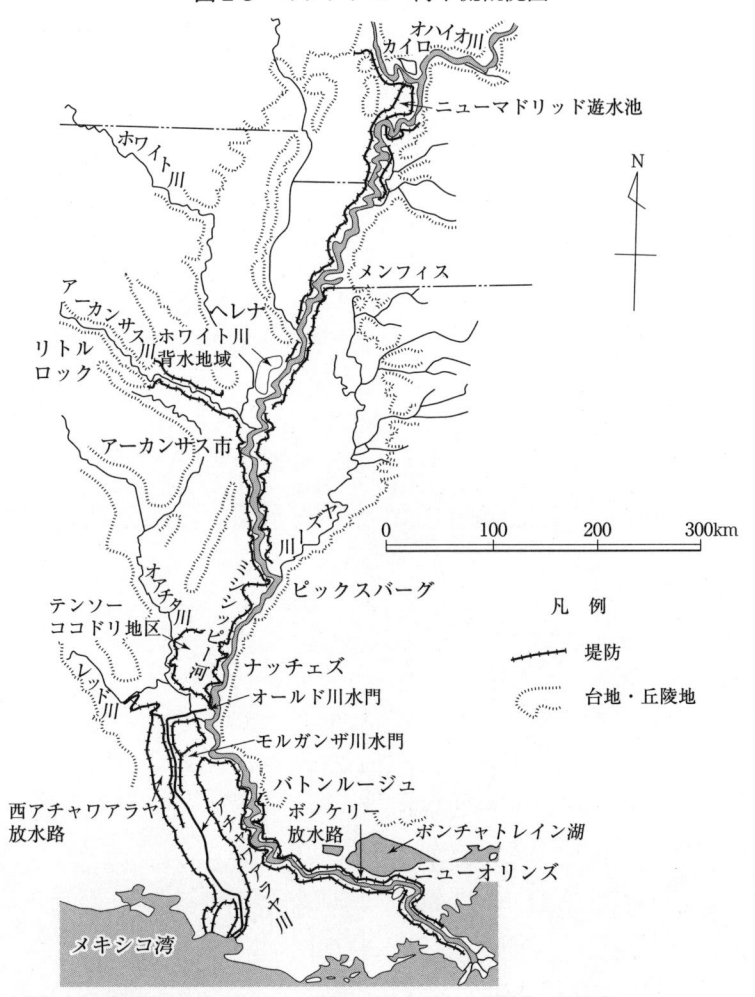

出典：土木学会編『新体系土木工学 74──堤防の設計と施工』技報堂，1991 年。

図 2-4 ミシシッピー河下流の計画高水流量図

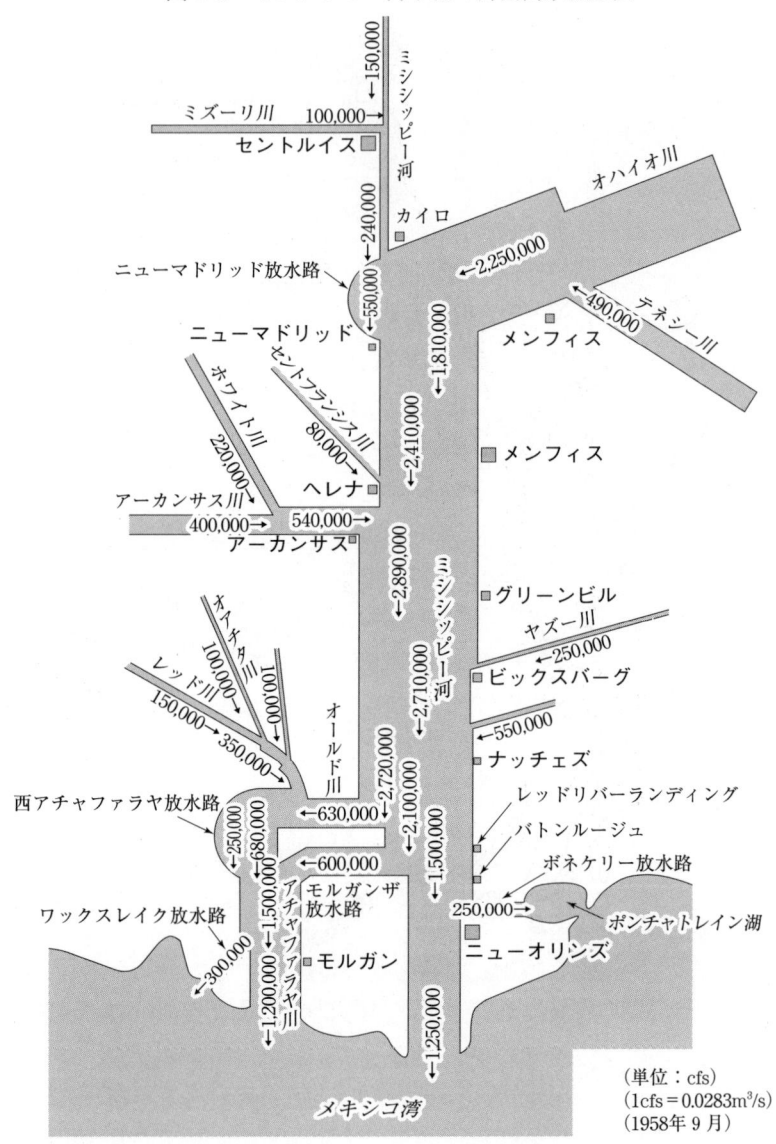

- ミシシッピー河 150,000
- ミズーリ川 100,000
- セントルイス
- 240,000
- ニューマドリッド放水路 550,000
- カイロ
- オハイオ川 2,250,000
- 1,810,000
- ニューマドリッド
- テネシー川 490,000
- メンフィス
- セントフランシス川 80,000
- ホワイト川 220,000
- ヘレナ
- メンフィス
- アーカンサス川 400,000 540,000
- アーカンサス
- 2,410,000
- 2,890,000
- グリーンビル
- ヤズー川 250,000
- ビックスバーグ
- ミシシッピー河 2,710,000
- ナッチェズ 550,000
- オアチタ川 100,000
- レッド川 150,000 350,000
- 100,000
- オールド川
- 2,720,000
- 2,100,000
- レッドリバーランディング
- バトンルージュ
- 西アチャファラヤ放水路 250,000
- 630,000
- 680,000
- 600,000
- 1,500,000
- ボネケリー放水路 250,000
- ポンチャトレイン湖
- ワックスレイク放水路
- モルガンザ放水路
- アチャファラヤ川 1,500,000
- モルガン
- ニューオリンズ
- 300,000
- 1,200,000
- 1,250,000
- メキシコ湾

（単位：cfs）
（1cfs＝0.0283m³/s）
（1958年9月）

出典：土木学会編『新体系土木工学 74──堤防の設計と施工』技報堂，1991年。

第Ⅱ章　戦前の社会基盤整備政策　　　　　　　　　　　　　　87

として，カイロおよび下流ミシシッピー川はこれらの治水効果を結果として付随的に利するものである．

　このように，各支川の治水のため設置されるダム群は，「その結果として，付随的に」，ミシシッピー河下流に治水効果があるというのである．しかしテネシー川のダム群は別であると評価し，テネシー川のダム群は，ミシシッピー河本川に対しても計画的に洪水調節が期待されていたのである．1958年の計画では，カイロ地点での基本高水流量 81,000 m^3/s，このうち 14,000 m^3/s を調節し 67,000 m^3/s が計画高水流量となっている．
　このような洪水防禦に対する連邦政府のかかわりのなかで，1922年，テネシー川ではマッスルショールズの開発計画に対し舟運路の整備と水力発電に加え，洪水調節の調査が，連邦議会によって命じられたのである．陸軍工兵隊が最終報告を行ったのは，27年出水後の30年であった．その報告書「テネシー川及びその支流」は734ページにわたる膨大なもので，多目的ダムを基軸にしたテネシー川水系全体の水運，電力，洪水調節に関する総合的開発計画が論じられている．この技術報告書を土台にして，1933年以降TVAはダム事業を進めていったのである．ここに，ダム建設に対し，洪水調節が目的の大きな1つになった．

TVAによるダムの築造

　TVAの初代理事長には，土木技術者であるアーサー・E．モーガン（Arthur. E. Morgan）博士が就任し，1938年まで在職した．彼は，テネシー州メンフィス市内にモーガンエンジニアリング会社を設立していたが，18年から工事の始まったオハイオ川支川マイアミ川流域治水計画では，チーフエンジニアとして計画作成に尽力するとともに，治水単独目的である5つのアースフィルダムの築造にかかわっていた．また彼とともにこの建設に携わった技術者たちが，TVAに参画したといわれる．マイアミ川のこの治水事業は，住民の自治組織であるマイアミ川保全区によって運営されている．

図 2-5 テネシー川ダム群概況図

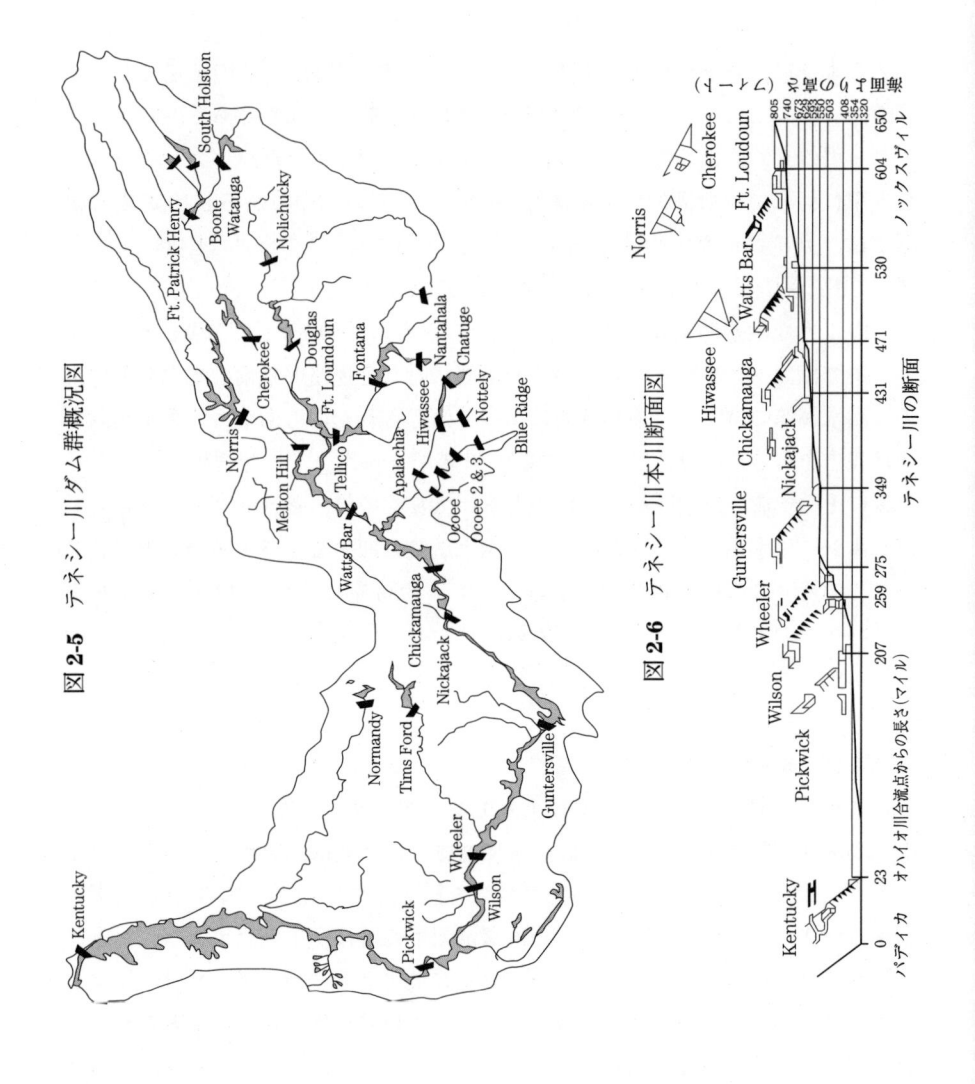

図 2-6 テネシー川本川断面図

第Ⅱ章　戦前の社会基盤整備政策

写真 2-1　ノリス（Norris）ダム

写真 2-2　チェロキー（Cherokee）ダム

　さてダムを中心にして TVA の事業をみていこう（図 2-5，図 2-6）。TVA が，直接，かかわるものは洪水調節，舟運路の整備，電力，肥料の製造である。ダムは上流山間部の高ダムである貯水ダム（支川ダム）と，本川にある低ダムである溢流ダム（本川ダム）の 2 つに分類できる。大容量をもっている貯水ダムは 10 個あるが，ダムへの流入水はすべて貯水し，発電所を通して放流するのが原則であり，日本のように洪水調節のための常用洪水吐は設置されていない

写真 2-3　ワッツ・バー（Watts Bar）ダム

(写真 2 - 1, 2 - 2)。

　溢流ダムは，川幅一面にゲートを設け，流量の小さい時は発電所を通じて放流される。洪水時には，溢流堤の高さまでは貯水するが，それ以上になるとゲートを上げ，水位に応じて放流量を定めていると推定される。これらの溢流ダムには，航行のための閘門が設けられている（**写真 2 - 3**）。

　ダムの建設概況をみると TVA 法成立後，3 カ月も経たないうちにクリンチ川でノリス（Norris）ダム，33 年 11 月には本川に位置するホイラー（Wheeler）ダムに着工した。これらのダムは，既に内務省開拓局によって計画が終了していた。さらに 1934 年にはピクウィク・ランディング（Pickwick Landing）ダム，翌年にはガンタースヴィル（Guntersville）ダムに着手した。続いて 36 年にはハイワシー（Hiwassee）ダム，チカムーガ（Chichamauga）ダム，38 年には最下流にあって洪水調節量 49 億 5,000 万 m^3 と，貯水容量が最大のケンタッキー（Kentucky）ダムに着手した。

　その後も順調にダムの建設が進められ，またテネシー電力会社が所有していたヘイルス・バー（Hales Bar）ダムなどを買収した。ヘイルス・バーダムは，その後多目的に改造された。発電は 36 年からノリスダム，ホイラーダムで開始され，テネシー流域でそれまで 1 kw 時当り 5.83 セントであった電気料金が，

1.78セントで供給された。TVAは,他の電気事業者の料金を誘導する標準料金の役割を担ったのである。

第2次世界大戦が始まると,軍需産業の激増に対応するため,ダム,発電所の建設は突貫工事で進められた。この結果,第2次世界大戦の終了までにテネシー川本川の9ダム,支川の12ダムによって251万kWの発電能力,及びノックスビルまでの舟運路整備,洪水調節容量として175億m^3が確保できた。この発電を利用して,オークリッジで原子爆弾の研究・製造が行われたのは先述したとおりである。なお40年から45年にかけて24万kWのワッツ・バー (Watts Bar) 火力発電所が建設されたが,火力発電所の建設については,30年の陸軍工兵隊による報告書でも補助施設として位置づけられていた。

戦後になってもブーネ (Boone) ダムなどの新しいダムの建設は進められ,既設の発電所で電力設備の増強が進められた。また舟運路の整備も進められ,52年には2.7mの計画水深,計画幅員の航路が竣工し,輸送コストの大幅な軽減となった。

1950年代の終わりまでに,テネシー川流域では28のダムが築造され,57年の長期洪水では1億1,200万ドルの洪水被害の防止に役立ったと評価されている。だがダムの建設,水力発電の増強は次第に頭打ちになった。有利な開発地点がなくなったのである。このためTVAは,急速に増大する電力需要に対処するため,49年から大規模な石炭火力発電所の建設に着手した。50年代には7カ所で火力発電所の建設が進められ,55年には発電量で火力が水力を追い越し,59年からはTVA自ら債券の発行が可能となって火力発電所の建設が進められた。

しかし電気需要は増大し続け,66年,TVAは原子力発電所(原子炉3基で330万KW)の建設に着手した。この結果,水力発電のウェイトはいよいよ小さくなったのであり,93年の設備能力でみると,水力発電は全体の13%の3,353MW(揚水発電は含まず),発生電力量でみると揚水発電も含めても14%の179億8,700MWhにすぎない。

ダム建設は70年代までにほぼ建設を終えているが,リトルテネシー川で67

年に着工されたテリコ (Tellico) ダムでは、自然保護政策との間で激しいつばぜり合いが展開された。環境保護の大きなうねりのなかで、73年、「絶滅の危機に瀕した貴重種法」が成立したが、テリコダムの水没予定地で絶滅の危険があるとされた全長3インチ (7.6 cm) の魚スネールダーターが発見されたのである。貴重種保護かダム建設か、裁判所等で大いに議論されたが、スネールダーターを他の河川に移転させることに成功し、1979年、ダムゲートは閉じられた。

(3) 河水統制事業の成立

成立の経緯

ここでTVAから話を戦前の日本国内に戻し、河水統制事業についてみていこう。1936 (昭和11) 年に行われた広田内閣での翌年度予算案策定作業の段階で河水統制事業費が認められ、調査が実現することとなったのである。大正末期に内務省の技術陣のなかから河水統制思想が生まれたが、逓信省、農林省の間の権限の調整が、この年にやっとのことで着いた。それには、35年に誕生した内閣調査局が深く関係していた。この時の予算編成は、それまでの下から積み上げていくというシステムと異なり、内閣調査局のリーダーシップの下に行われた。「各省の対立を調整するために」調査局は設置されたのであるが、それが実効的に力を発揮したのである[11]。

この河水統制事業調査費成立の経緯について、内務省土木局の事務官であった安田正鷹は次のように述べている[12]。

　　　（河水統制調査）予算は、折角の努力にも拘わらず、例年の如く削除せられそうになった。勿論これ等の折衝には、内閣調査局も関係していたのである。かゝる場合に於ても、出来ることなら、予算を成立せしめたいという希望が、当局を強く支配していたことは事実である。これがために、その後尚いろいろの波乱曲折はあったが、内閣に河水調査統制委員会を置き、各省の調査に関し調和統制を図るということで、予算を認めようと云うこ

第Ⅱ章 戦前の社会基盤整備政策

とになった。関係各省もこれに同意したので，内務省二十五万円，逓信省二十五万円，農林省十万円の調査費が，それぞれ各省の予算に計上せられることになった。

安田は，内閣調査局の役割をさほど評価していない。しかし，その調整に果たした調査局の役割は，大きかったと考えている。当時の国土政策にとって河水統制事業は重要だったのである。では調査局は，3省調整に何故，力を注いだのだろうか。

広田内閣は，1936年に発生した陸軍皇道派の青年将校による2・26事件により政党政治の息の根が止められた後，陸軍の支持の下に成立した。大蔵大臣には馬場鍈一が就任したが，馬場蔵相は準戦時経済を唱え，それまでの高橋是清による財政政策を放棄し，軍部の要求のもとに陸軍の「国家充実12カ年計画」，海軍の「第3次補充計画」を計上することを約束した。そして前年比7.3億円増加の30.4億円（うち陸海軍費14.1億円）の大予算を組んだ。この37年度予算は，「7大国策・14項目」を前提に編成されたものである[13]。

7大国策14項目では，当時の政治状況を背景として最初に国防の充実が掲げられたが，5番目に「産業の振興及び貿易の伸長」があげられた。この「産業の振興及び貿易の伸長」の具体的施策として，14項目の1つとして「電力ノ統制強化」が掲げられたのである。電力開発は軍需産業の発展を推進する軍部からも強く要請され，「7大国策・14項目」を決定する閣議席上で，寺内陸相は電力の国家管理について「革新政策として独立の項目に明示すべきではないか」と発言したという。

またこの当時，国民生活の安定から災害防禦対策は重要であった。34年，35年と日本は大水害に見舞われ，その対策が重要な課題となっていたのである。さらに内閣調査局にとって電力問題が特に重要な関心事であり，その推進策として電力国家管理が打ち出されていた。これについては後述するが，水力開発のため，河川法所轄の内務省，農業用水担当の農林省と何としてでも妥協が必要だったのである。

電力開発面から河水統制事業をみると，電力会社は，30〜31年の電力需要のマイナスにみるように，昭和初期の不況期，その経営に苦しんでいた。その当時，電力会社は五大電力時代となっていたが，水力開発は大正以来の最少となっていた。だが33年に入ると，景気回復とともに需要は増大し，余剰電力は目立って減少したため，新たな水力開発が期待されたのである。しかしこの時期，水力開発は大きな転機を迎えていた。

1910（明治43）年から13年にかけて行われた第1次，18年から22年にかけて行われた第2次の発電水力調査は，水路式での開発を前提としていた。だが大正後半になると有利な水力地点はほとんど開発され，残されたのは開発に不利な上流奥地とダム式発電であった。この後，ダム建設技術の経験も重なり，大貯水池をもつダム式発電が注目されるようになった。ここに新たな水力調査が必要となったのである。

しかしダム開発は，内務省と逓信省との間で激しい権限争いが生じていた。逓信省は1909年，所管事務の中に「発電水力に関する事項」を加え，地方長官が発電用水利使用の許可をしようとする場合には逓信大臣に稟伺させることとした。このため地方庁は，河川法を管轄する内務省と逓信省との双方に稟伺することとなり，両省は水力発電に関する事務で厳しく対立することとなったのである。

29年，臨時電気事業調査会が逓信省により設置された。ここで逓信省は，発電水力に対し内務省の主管に属していた水力使用などの権限を逓信大臣の専管事項にしようとする発電水力法の制定を試みた。だが内務省の反対によって実現をみなかった。そのかわり電気事業法が重要産業統制法制定の一環として31年に改正され，河川工作物である発電水利施設が電気工作物ともなり，法律上，監督の重複が明文化されたのである。また料金の認可制など，国家による一定程度の監督・統制権が規定された。その後，35年，河川取締の必要から内務省が高ダム監督のため「河川堰堤規則」を5月27日省令で公布し，6月15日実施することとした。ところが逓信省は，概ね同内容の「発電用高堰堤規則」を6月15日公布し，即日施行とした。さらに同年7月，逓信省は逓

信局長による「発電水力ニ関スル訓令ニ依ル稟伺其ノ他ノ手続ニ関スル件」と題する通牒を発し，稟伺事項の拡大を図ったのである。

内務・逓信省が，このように厳しくぶつかるなかで，新たな水力調査は進まなかった。内務省は25年度以降5カ年継続「河川水量調節に関する調査」，28年度以降5カ年継続「河川利用統制に関する調査」を予算要求したが，逓信省は29年度以降6カ年計画の「貯水池調査のための発電水力能率調査」を要求した。また内務省の34年以降5カ年継続の「河川利用増進調査費」に合わせ，逓信省は34年度以降7カ年継続として「第3次発電水力調査」を要求した。

両省間の調査は容易につかなかった。しかし害水（洪水）を溜めて利水にしようとする河水統制事業は，政府の中で次第に力を増していった。34，35年の大水害後，35年9月，内務省土木局は内務大臣監督下の土木会議（逓信省からも次官他が委員）に水害防備の方策を諮問した。同年10月，「特ニ関係官庁ノ緊密ナル連絡，官民一致ノ協力」に基づき5つの方針からなる「水害防備策ノ確立ニ関スル件」が決議され，その5番目に河水統制が謳われたのである[14]。

ダムによる洪水調節が，ここに初めて政府の公式な政策となった。だが水利に関する内務省・逓信省の軋轢は，これで終止符を打ったのではない。同年，土木会議で，内務省の下で水利行政を一元化しようとする河川法の改正を図ることが逓信省委員の反対にあいながらも決議され，内務省は議会への提出を図った。だが，逓信省は翌36年，発電水利法案を策定し，内務省案にぶつけた。このため両法案とも議会に提出されることはなかったのである。

このような経緯を背景として，河水統制調査は36年，内閣調査局のリーダーシップの下に翌年度予算に計上されたのである。また河水統制調査の具体的な調査方針についても内閣調査局に幹事会を置き，3省間で協議が進められた。その後，37年6月，河水調査協議会規程の閣議決定があり，同年5月に内閣調査局が拡充改組されて設立された企画庁の次長が協議会会長となって協議が進められた。同年10月，企画庁が資源局と合併して企画院となった以降は，企画院が協議会の事務局を務めたのである。

河水統制事業の課題

　ここで，河水統制事業が具体的にどのような課題の下にあったのか，当時の内務省土木局高橋嘉一郎課長の39年の講演「河水統制」に基づいて，内務省の考え方を詳細に検討しよう[15]。

　高橋は，河水統制事業の緊急性について，「灌漑用水は今日迄自由気儘に取り入れて来たのであるが，今や人口の増加，工業の発達に伴って他に用水の需要が次第に多くなり，水の使い方を最も有効適切にし，以て天然資源に恵まれる事の少ない我が国に於て，少しでも多く役立つ様に開発せねばならぬと言う状勢に到った」と述べる。すなわち人口の増加，工業の発達により灌漑用水以外の用水が必要となったが，特に「近年軍事必需品その他の生産拡充に伴って愈々其の要求の切実なものがあり，到る所に水不足を告ぐるに至った」と，生産拡充と用水確保の必要性を主張するのである。

　この時までに発展を遂げていた水力については，「我が国工業の隆昌の主因をなし，躍進日本の基礎をなした」と，その果たしてきた役割の重要性を述べるが，それとともに「水の資源開発としては余りにその場限り間に合わせ主義の所謂遠慮のない跛な発展を来した」ととらえる。そして「天然資源としての水の総合的開発計画を樹立し，之に準拠して水力計画を樹つべきであると思う」と，水資源の総合計画の樹立を主張するのである。

　さて河川の利用として高橋が取り上げているのは，灌漑用水，飲料水，発電用水，工業用水，都市河川浄化，流筏，漁業，景観の8つである。舟運は直接あげられていないが，工業用水のなかで取り上げられている。この8つを見ると，現在その社会的役割を消失した流筏を除き，そのまま今日でも課題となる利水である。なかでも，都市用水浄化と景観という河川環境の課題が取り上げられているのは興味深い。都市の過密化が進み，環境問題が前面に出ている今日，これらは重要な課題である。だが既に戦前，産業・生活に密接している他の用水とともに取り上げられているのである。景観問題については，章を改めて詳述していく。

　治水について高橋の考えをみると，高橋は次のように述べ，治水方式の転換

の必要性を主張している。

　　今や我が国に於ても洪水を害水なりとして，ただちに一日も速に海へ出
して仕舞うと云う従来の治水の遣方を考へ直さねばならぬ時期に到達した。
所謂積極的治水方法を考慮すべき必要にさし迫られて来たのである。

　1933（昭和8）年の第3次治水計画まで堤防方式による治水できたのである
が，その転換を主張するのである。ダムという技術手段の登場が，このような
治水の転換を迫ったのである。なお先述したように，ダムによる洪水調節が内
務省により公式に打ち出されたのは35年の土木会議の決議「水害防備策ノ確
立ニ関スル件」であり，34,35年とたて続けに大水害に見舞われた後，多目的
ダムとして主張された。次にそれぞれの用水について高橋の主張をみていく。
　高橋技師の主張にみる各用水の状況
① 灌漑用水
　社会の産業構造が農業から工業へと発展せねばならないので，これまでのよ
うに農業が欲するままに水を使用するわけにはいかない，と農業用水の合理化
を要求する。つまり「必要以上のものを無理に取り入れさせるのは実に無駄な
こと」と考える。そして「取水口を改築するとか，取水口を数個合せて統一す
る等，あらゆる機会毎にその用水量を法律的に定めておくことが肝要」と，農
業用水の整備を主張するのである。
② 飲料水
　飲料水は，「文化の進むにつれて給水の人口も増加していく」ものととらえ
る。そして東京市で上水の確保に苦労していることを述べ，「将来を見込十分
に余裕を取って，百年の大計を樹てねばならぬ」と，今後の整備を強く主張す
る。
③ 発電用水
　発電が我が国に果たしてきた大きな役割を主張するが，それとともに「余り
にも急テンポの発展を遂げたために，其の場其の場で全体を考慮することなく
決められたものが多々あるのである」と，その再整備の必要性を主張する。ま

た「昔は主として水路式によったものであるが，今日は堰堤式となった」と技術手段の変化を指摘し，発電体系の変化から，「地形に応じ他の利水との関係を顧慮して定められねばならぬ」と主張する。

④ 工業用水

最も多くのスペースをさいて工業用水について述べる。まず近年，工業が「脅威的躍進」をしているため，最近の需要が著しいことを主張する。「軍需工業の急激なる増加と，所謂生産の拡充という国策の線に沿って」，工業が「百花繚乱」の状況となっており，この結果，工業用水不足が生じたことを指摘するのである。最も厳しい状況になっているのが北九州の工業地帯で，さらに東京から横浜に至る京浜工業地帯も水不足であることを述べる。この両地域以外でも京阪地方，中国地方で工業用水の必要が叫ばれていることを指摘し，工業用水が地域発展の重要な要素であることを訴えるのである。

また衰退した舟運についてもふれる。舟運による運搬の費用が非常に低いので，大阪・名古屋において，その復興が望ましいことを主張する。

⑤ 都市浄化用水

「都市衛生上実に放置することが出来ぬ問題である」と述べ，大阪の安治川，東京の隅田川が非常に汚れていることを指摘する。両河川ともその汚濁は，汚物をフラッシュする洪水が放水路によって遮断されたことと強い関係があるととらえる。具体的には東京を取り上げ，「昔は両国橋の付近大川一帯は所謂納涼の地で，江戸情緒の横溢した所であったが，近頃の両国は臭気粉々として鼻もちがならぬ。洵に困ったものである」と述べる。また名古屋でも「同様浄化用水に悩んで居る」と指摘する。

⑥ 流筏

発電と流筏流しの利害が相反して問題となることについて，高さ79mの小牧堰堤を造ったことによる富山県の庄川問題を具体例として指摘する。その解決として流筏路の整備，運搬道路の設置等による技術的方法があることを述べる。それとともに「流木流筏と言ふものは洵にうるさい。今日天龍川の発電が仲々出来ないのも此の解決が仲々面倒なためである。従って是等とも落のない

様に調査し，尚之に対しての対策も講ぜねばならぬのである」と，この問題が重要であることを指摘する。
⑦　漁業

漁業との折衝が難しいことを指摘し，具体的には琵琶湖より稚魚を放出して解決したことを述べる。そして「充分に調査しなければならぬ」と結んでいる。

以上が景観関係以外の河水統制に対する内務省土木局の主張であるが，特に注目すべきことは，都市用水，なかでも工業用水の確保が大きなウェイトを占めていることである。この当時，軍需産業を中心にした工業の著しい発展が背景にあった。また都市に人口が集中し，都市環境が悪化し始めていた。飲料水が必要になるとともに，都市浄化用水の確保を求めたのである。1936（昭和11）年度以降の3カ年継続調査として，全国的な「原水補給事業調査」が行われたが，それは次のように都市用水に関する課題であった[16]。

> 人口の激増産業の発達に伴い水の利用は益々多きを加え，殊に大都市及び重工業地域に於ては今や飲料水，防火用水，工業用水，都市河川溝渠の浄化用水等の窮乏を訴ふるもの頗る多きに拘らず，原水不足し之が需要を満たすを得ず。

工業用水，生活用水の需要は，昭和30年代後半から始まった高度成長時代に爆発的に伸び，ダム事業はその供給に追いまくられたことは今さら述べるまでもない。その萌芽が既に戦前に生じていたのである。事実，臨海工業開発の先進地域である京浜臨海地域では，埋立てによる工場地帯の造成と都市用水確保が一体的に進められていた。これについては次章で改めて述べていく。

(4) 電力国家管理制度の成立

国策会社である日本発送電株式会社の設立を中心とする電力国家管理関係法が，1938（昭和13）年3月，第73回帝国議会で成立した。時に，前年の7月

7日の蘆溝橋事件に端を発した日中戦争下であり，この法律とともに国家総動員法，農地調整法などが，この議会で成立したのである。

日本発送電株式会社は特殊株式会社であり，それまでの電力会社は電力設備をそのまま出資して株式を所有するが，管理運営を国家が行うことによって，電力の国家統制を図るものだった。その理念は，電力国家管理法の第1条にみるように，電力が国民生活の必需たるとともに国家産業動力の基本たる事実にかんがみて，「電気の価格を低廉にして其の量を豊富にし之が普及を円滑ならしむる」ことであった。

電力のこの国家統制は，軍部の強い支持のもと，「戦争経済を前提」とした生産力拡充・電力動員のための電力統制への移行，さらに「戦時統制経済の先駆」として構想・展開された電力国家管理＝日本発送電体制と評価されている[17]。確かに，大陸での日中戦争が拡大するにしたがい，37年の「輸出入品等臨時措置法」，「臨時資金調整法」，「軍需工業動員法の適用に関する法律」の制定など，日中戦争遂行のため経済過程への国家の介入，つまり統制経済が強化されていったことは間違いない。しかし電力の国家統制について，戦争遂行のためと一刀両断にするのは，電気・電力のもつ性格上，少なからず疑義がある。たとえば，この国家統制の重要な目的として，未開発水力資源の大規模開発が掲げられていた。このことについて少し述べていきたい。

水力開発と国家管理

水力がエネルギー源の主である当時の日本では，その供給地は内陸の山間部であり，消費地は臨海部であった。消費地の需要は昼夜の1日単位，1年単位で変動する。また基本的に降雨に依存する水力発電は，河川の流況によって変動する。これをスムーズに運営するためには，消費地・供給地の一元的管理が必要である。昭和前期の日本は5大電力時代で，関東地域での東京電燈と大同電力，関西での日本電力と宇治川電気，大同電力と宇治川電気，名古屋での日本電力と東邦電力というように，5大電力間によって大消費を中心に激しい争いが繰り広げられたのち，やがて日本電力と大同電力は卸売に主力を置き，東

京は東京電燈，関西は宇治川電気，名古屋は東邦電力が主導権を握って供給してゆく。大消費地には，多くの水系から送電されていたのであるが，それぞれの消費地はほぼ一元的に管理されていたとみてもよいだろう。しかし大電力会社相互間では競争が展開されていた。このため国家的規模で一元的管理を行えば，新たな電力が生まれるのではないかと期待されていたのである。

新たな大規模な開発はダム式であった。人工構造物であるダムにより大貯水池を建設し，ここから放流して発電するものだった。この方式は2つの重要な特徴をもつ。

1つは，ダム建設に巨大な資金が必要なことである。それは民間資本にとってその経営を左右する程のものであった。特に大正後半から昭和初期の不況時代に需要以上の設備を抱え，経営難に陥っていた当時の電力会社にとって，満州事変以降やっと一息ついたところであり，新たな設備投資には慎重であった。

もう1つの重要な特徴は，貯水池で調整することによって河川流況に大きな影響を与えることである。勝手気ままに電力側の都合のみで貯水・放流すれば，流況は不安定となり，また河床低下によって灌漑用水，都市用水の取水に重大な支障を生ぜさす。当時，水力発電は，他の利用者の間で厳しい軋轢が生じていて，他の利用者との調整は重要な課題であったのである[18]。

さらに大規模貯水池の建設は，先述したように治水サイドからも注目されていた。河川法所轄の内務省から，治水・利水あわせて総合利用を図る河水統制事業が推進されていたのである。これをめぐり内務省・逓信省は，大正末期から激しい権限争いを展開していた。このため民間資本の大ダム築造に対して，河水統制事業を主張する内務省から強い反発があった。このような状況下で，内閣調査局より電力国営案が打ち出されたのである。この内容を具体的に検討する前に，当時の世界の電力開発について簡単にみよう[19]。

アメリカでは先述したように，1933年公社であるTVAが設立され，TVAによって生産された低価格の電力を基軸として地域開発が推進されていた。また35年には「連邦水力法」を「連邦動力法」に改め，新たな重要条文を加えて連邦動力委員会の権限を著しく強化していた。イギリスでは，26年電気供給

法が成立し，送電国営のもと国内の一貫管理を行うグリッド・システムの完成が目指されていた。イギリスは石炭火力が主力であったが，グリッド・システムは各地にある石炭火力発電と工業都市との送電を国営の下に統一的に管理をしようというものだった。

一方ソビエトでは，アンガラ河の大水力発電をもとに国家によりバイカル湖畔での工業開発を目的とする第2次5カ年計画が，33年から遂行されていた。ドイツでは，35年「動力経済法—電気及びガス事業法」が制定され，間接統制であったが国家的電力統制が踏み出されていた。

当時，主要諸外国では，電力の国家的統制が一様に強化されていたのである。世界のこの動向が，日本に対しても強い影響を与えていた。逓信省の大和田悌二は，37年4月，次のような講演を行い，国家による統制の重要性を述べている[20]。

> 国民生活の内容であり，諸産業の根基である最も重要な電気事業が，特に統制を強化せらるゝことは寔に事理の当然でありまして，最も徹底した計画経済を行っているソ連邦の如きは申すに及ばず，相当の国である限り，大なり小なり，程度の差はあっても電気産業の経営を，自由に放任して居る所は蓋し絶無であると存じます。
>
> 電気産業の成敗が，国家国民の利害休戚に至大の関係を有し，見方に依っては国家の興廃に関する重大事業である以上，このことは好むと好まざるに拘らず免れ難き運命であると申すべきであります。

当時，それぞれの国家は，何故このように電力統制に強く踏み出していたのだろうか。重要な社会的背景として，世界大恐慌を契機とした深刻な経済不況があり，その回復を目指して国家が積極的に経済に介入していた。アメリカのTVA計画はまさにそれである。逼迫した農村地域の振興に対し，国家による水力開発が中核となり，産業を起こし，農村の電化を図ったのである。また先進国においては工業開発として重化学工業の発展が希求されていたが，そのエネルギー源が電力であった。電気はまた，アルミニウム製造等の電気化学工業

の原材料でもあった。重化学工業の開発にとって電力は実に重要であり、その供給に国家が乗り出していたのである。

内閣調査局と電力国家管理

さて電力国営案を打ち出した内閣調査局が設立されたのは、35年5月である。「諸政の根本的更新を企図し、基本国策を設定」するため設置された内閣審議会の下部機関としてであった。初代長官は内閣書記官長から転じた吉田茂、首席調査官には資源局から総務部長の松井春生が就任した。さらに調査官として、軍部を含む各省の革新官僚が結集し、政策立案機関として内政についての重要政策に関する調査や、内閣総理大臣から命じられた重要施策の審査を担当した。この内閣調査局の設立には、陸軍の強い意向が背後にあったことが指摘されている[21]。

内閣調査局は、電力問題に対して特に重要な関心をもっていた。国策会社である日本発送電株式会社を中心とする電力国家管理の構想を最初に打ち出したのが、内閣調査局の調査官・奥村喜和男であった。奥村は35年12月に「電力国策」をまとめていたが、翌年4月の調査局の研究会で報告した。奥村の案は調査局によって支持され、推進されていったのである。奥村の構想に基づく電力国営に関する内閣調査局の考えについて、ここでは技術的側面を中心に検討していこう[22]。

電力国営管理の結論として次のように述べている。

　　電力は、国民生活の必需たると共に国家産業動力の基本たるの事実に鑑み、その供給を低廉且豊富ならしむる目的を以て、国家之を管理す。之が方策としては、発電及送電事業は国営たらしめ、之が為に要する設備は新に設立する特殊会社の株式会社（既存の電気会社よりは発送電設備を現物出資せしむ）をして建設提供せしめ、之に対しては一定の公正なる使用料を交付し、かくて民間の資本を適当に活用すると共に、電力の国家的統制を完全に遂行するものとす。尚一般需要者には、公営又は私営たる配電事業者より電力を供給することとするも、電気料金はその普遍的低減を図るは

勿論，国家の産業政策，社会政策を加味して，適正妥当なる料金たらしむ。

つまり次の3つに整理される。
1. 思想は——国家は管理へ，資本家は所有へ
2. 目的は——低廉なる電力を豊富に
3. 主義は——発送電経営を公益的に

　電力の重要性についてさらにみると，国家にとって電力問題は最重要課題であり，その適正な運営が国家興隆の鍵と認識する。この電力に対して，国家の課題は低廉で豊富な電力の供給を図ることであって，「その料金制度及料率を全国的に統一単純化すると共に，産業別，業態別料金制を採用し，一方国家有用の資源の開発を最高能率的たらしめ，以て豊富且確実なる電力の合理的経済的供給を確保」することである。そして求められた方式が，民間会社が発送電用の電力設備を現物出資し，国策会社である特殊の株式会社を設立して，所有は民間，発送電の運営は国営で行う国家管理方式であった。

　この国策会社は，「将来の大規模発電開発計画に必要なる資金を調達し得る会社」で，「政府は財政の許す限度に於て可及的多額の出資を為す」。この会社は，「政府が国家的見地に立ち樹立する未開発電気資源の最高能率的開発計画の施行を担当」するのである。なお「発送電計画の決定，水利権の使用，電力卸買供給条件の決定並に電力」料金の決定等の電力事業経営の中枢的な事項は，政府自らが「管掌」することとした。

　この国家による一元管理によって，「電気事業の技術的且経済的特性に基き，電気資源の経済的開発と合理的なる送電網に依る全国的供電組織とに依り，各地の需要を総合し各地の発電を合成し，以て需要と供給との均衡を得しめ，設備の完全なる利用を期する」こととした。この方式によって，「政府は一方に於ては財政的負担を負うことなく，而も政府の計画する合理的経済的発送電計画の遂行を為し得て，電力の発送事業を在来の営利主義より脱却せしめて公益主義的たらしむ」としたのである。

　この方針の長所として，(A) 電力の国家管理，(B) 株式会社である特殊会

社による設備の所有，(C) 発送電会社と配電会社との分離，という3つの面からさらに論じている。

(A) 電力の国家管理についてみると，当時，発電にとって主力であった水力発電の積極的な開発を強く指向していることがわかる[23]。国家管理することにより，「国家資源の最高能率発揮並に電力原価の低廉化」を第1の利点としているのである。さらに発電を国家管理することによって，治水・利水の担当省庁との調整が容易であることを指摘する。水力発電側は，先述したように河川法を管轄し河水統制事業を推進している内務省，灌漑所管の農林省と激しくぶつかっていた。その止揚を目指していたのである。

国家管理による長所として，さらに目前の利害でなく，長期的，国家的観点から大規模な発電事業が可能なことをあげている。ダム式発電を考えれば，ダム建設を伴う初期投資額は膨大である。需要の見込みが短期的に確約ができない場合，民間の営利企業にとって物理的に可能な規模より小さくする経営判断となろう。しかし長期的，国家的立場に立脚すれば，別の判断を下すことになる。その有利さを主張するのである。

その他の長所として，国家規模による一元運用によって電力相互間を融通し，経済的運用，設備の有効利用ができること，卸売料金は政府自らが決定し得るので小売り料金を間接的に支配でき，これにより産業政策，社会政策を推進できることを指摘する。さらに電力の国家管理が国防上にとっても重要であることを指摘しているのは，当時の社会状況を強く反映している[24]。

次に，(B) 特殊会社が設備を所有することの長所，についてみると次のように5つの点から述べている。

① 巨大なる公債発行の不必要

　国有にするとすれば巨大な買収資金が必要であり，そのため多額の公債を発行することになるが，設備は各会社の現物収支からなるので公債を発行する必要がない。財政的に新たな負担を強いることはない。

② 拡張計画は議会に掣肘せられず

　国有であったら，毎年の予算は議会の審議を受けることになるが，株式会

社であるのでこの必要はない。

この主張の背後には，議会に対しての強い不信感があるが，これが奥村喜和男をはじめ新官僚の本音であろう。彼らは，議会から独立して合理的，効率的な国家の運営を指向していたのである。また旧来の政党政治家が，知事の許可事項である発電水利権を利権の対象としていたことに強い嫌悪感をもっていたと思われる。

③　設備及維持の経済化

国有であったら，会計法その他の制約があって建設・維持が比較的不経済となる。民有であって全国的に統一して建設・維持すれば，群立している諸会社が個別に建設・維持するよりもはるかに経済的である。

④　公課の減少

国家の管理の下に行う国策会社であるので，水利使用料，その他の租税，地元への寄付等は全く免じられるか，あるいは減少する。

⑤　資金吸収上の便益

政府は，出資並びに配当保証により会社に対し多大の援助を与えるので株式は堅実であり，資金の調達は容易である。

続いて，3番目の発送電と配電との企業分離に伴う利益についてみると，次のような主張であった。

(C)　発送電と配電との企業形態を分離することのため

新設の国策会社から電力の卸売りを受け小売りする配電会社は，それまでのように水利権の獲得その他に精力を費やすことなく，小売りサービスの改善に努力することができる。

いかにそれまで発電事業の基本である水利権確保に，民間企業が苦労していたのかがわかる。それが政党政治家の利権となっていたのである。なお当時，発電開発における水力の重要さは，電力国家管理のために制定が必要とされた電力管理法の目的として，「電力を国家に於て管理する根本方針並に水力開発に関する重要事項を規定す」と述べられていることでもよくわかる。

このような内閣調査局案を下に，法律として帝国議会に提出したのが広田内

閣の瀬母木通信大臣であった。つまり内閣調査局案を参考に，法案としてまとめたのは通信省である。この通信省は，水力開発をめぐって内務省・農林省と激しく対立していた。電力国家管理に対して通信省がどのように考えていたのか，36年5月電気局において作成された「電力国家管理概説」によってみていこう[25]。内閣調査局案と基本的には同じ内容であるが，内務省等と厳しく対立していたので水力開発についてより詳しく論じている。このため水力開発を中心に述べていくが，電力の国家管理の利益として第1に掲げている水力開発について，次のように述べる。

> 国家の単一の意思に基き，発送電に関する全国的統一計画を樹立するが故に，現在の営利的企業単位に於て免れ難き近視的採算を超越して，水力資源の大規模開発を為し得るの外，上流地点下流地点の有機的結合，数個河川の連絡利用，水火力の合理的併用等を実行し得，複雑なる他種利水及治水等の関係を合理的に調整し得るものとす。

全国的な統一計画の下に，長期的観点から大規模水力開発がなし得ると，規模の経済の有利さを述べる。さらに上・下流の有機的結合，複数河川の連絡利用，他の利水，治水との合理的調整を主張するのである。ダムを基軸として，一水系のみならず多水系の総合開発を推進しようとするのである。そのためには内務省，農林省との調整が必要であったが，民間企業より国営の方がその立場ははるかに強力であった。

このことについて，国家管理の対象として未開発水力を中心とする新設発電開発のみとすべきではなく，既存も含めた施設全部とすべきを主張した「四，国家管理の態様」で，さらに次のように強調している。

> 河川に於て既設の他事業者の発電所を存立せしむることは，貯水池，調整池設置等に依る全河川を通じたる統一的合理的経済開発，並に水量の有効的調整利用の効果を減殺すること大なり。

個別の水力発電開発ではなく，水系一貫の開発が強く念頭に置かれている。

この当時，技術的に水系一貫開発が期待された時代だったのである。また水力開発の重要性について，国防との関係は有事の場合に有効かつ敏速に動員ができる他，石炭，その他の燃料資源を節約して本来の用途に利用できることを，国防上の利益と主張するのである。

電力国家管理法の成立

電力民有国営案は，瀬母木逓信相のもとで36年10月，閣議決定された。その後，37年1月，第70議会に提出され，広田内閣の打ち出した庶政一新の「一枚看板・目玉商品」として推進されたのである。

広田内閣は，いわゆる「腹切り問答」で37年1月，総辞職したため，電力管理法，日本発送電株式会社法等の電力国家管理関連の法案は審議されることはなかった。この後を襲った林内閣は，わずか4カ月の短命に終わったため特段の動きはなく，電力国家管理関連法案は37年6月に成立した近衛文麿内閣のもとで審議されることとなった。近衛内閣の逓信大臣は永井柳太郎であり，瀬母木案が修正されて永井案が新たに作成され，38年1月，第73議会に提出された。この後，同年3月26日，国家総動員法とともに両院を通過し，4月6日公布されたのである。この間，37年7月7日には盧溝橋事件が発生し，全面的な日中戦争が開始されていた。

ところで電力民有国営の電力国家管理案に対して，民間の電力会社から激しい反対運動が執拗に展開されていた。一部の識者からは電力会社横領法とも評され，各地の商工会議所も反対の決議や建議を行った。永井逓信相は，この動きに対して臨時電力調査会を設置し，委員に民間電力会社の経営者も入れて体裁を整え，民間委員の反対を押し切って成案を作成したのである。

永井案と瀬母木案の基本的な相違は，永井案が既存の水力発電設備を特殊会社に出資せず，従来のように民間会社所有のままとしたことである。水力発電の特性として，設備投資は大きいが，一方，ランニングコストはエネルギー源が河川水のため小さいことがあげられる。施設が一度できれば，石炭が原料のためランニングコストの大きい火力発電に比べて，利益は大きかった。民間会

社懐柔のため既存の水力開発を除外したと考えられるが，大和田通信省電気局長は，既存の水力発電のほとんどが流し込み発電であることを前提に，全体的統轄経営は可能と述べている[26]。

さて国策会社である日本発送電株式会社は1939年4月，資本金7億円余，全国火力設備の60%，送電線の40%を有して発足した。ところが発足したこの39年，西日本を中心に大渇水となり，電力不足に陥った。このため40年2月には，国家総動員法に基礎を置く「電力調整令」が全面的に発動され，消費者，供給事業者両方から消費規制が行われた。一方，物資，労力，資金などの不足のため電力生産力拡充は難航し，新規の電源開発の見直しが困難視された。このため既存設備の統合的運用が強く期待され，日本発送電株式会社法の改正が41年3月，公布施行された。これにより，既存の水力発電設備の日本発送電株式会社への出資が，41年10月から42年4月の間に3回にわたって実施され，5,000 kw以上の水力設備が強制的に出資させられたのである。この結果，日本発送電株式会社はわが国発電設備の8割を所有することとなり，発電においてほぼ独占の地位を占めたのである。

電力国家管理について，水力開発の視点からもう一度整理すると，昭和10年代初め，電力開発は国家にとって最重要課題であり，水力開発がその中核であった。その水力開発はダムを中心とした大規模開発の時代であり，上・下流の有機的連絡，複数河川の連携が課題となっていたのである。

このため，その開発には莫大な資金を必要とする。また大規模開発は，河川に対し大きな影響を与える。わが国の河川利用をみると，古くから農業用水として大量に使われ，1935年頃からは工業用水の確保が課題となっていた。大規模開発にはこれらとの調整が必要である。そしてその水利権は内務省管轄の河川法に基づいて許可される。

このような課題は，一民間企業にとってなかなか対応が困難な問題である。資金的にもリスクを背負った民間企業が独自に進めるのは，重すぎる課題であった。そこで当時の政府がとった判断が電力国家管理であり，国が前面に出て水利権を確保し，資金を集め，自然条件上，最大規模での開発を目指したの

である。電力国家管理は，水力開発からみてこのように評価できる。

さらに大規模開発のためには，流況，地形・地質などのしっかりとした調査・計画が必要である。しかし河川管理者の立場から河水統制を進める内務省と競合し，発電側は調査・計画に入れなかった。これを解決したのが，37年からの内務省，逓信省，農林省による河水統制調査の開始である。この一環として逓信省は，37年から5カ年にわたる第3次水力調査を実施し，流量調査，縦断測量，ダム地点のボーリング調査などを行ったのである。

ところで内閣調査局において電力国家管理を最初に主張した奥村喜和男（1900年生）であるが，彼は33年春，満州電信電話株式会社設立準備委員として満州国にわたっている。満州国はその前年の3月，建国の宣言を発し，日本治下の関東庁逓信局と満州国交通部経営下の電信・電話事業の統合が課題となっていた。この解決策として設立されたのが満州電信電話会社であり，33年9月営業を開始した。この会社は，日満両国政府の監督のもとでの国策代行機関としての特殊会社で，次のような特典を有していた[27]。

① 租税其の他の効果の広範なる免除。
② 土地の収用，電線路の建設，交通機関の利用，料金の徴収其の他事業経営上必要なる事項に関し官業と等しき特権の享有。
③ 事業上必要あるときは鉄道及び航空事業用の電気通信施設の利用。
④ 民間所有株に対する優先配当。

その代わり，公共の利益を害することを行ってはならないとして，取締役の選任，社債の募集，料金の決定，毎営業年度の事業計画および予算等について政府の認可を受けねばならなかった。また利益金の配当について，1定率（年1割）を超えることができないとされた。まさに民有国営の特殊会社である。この設立に奥村は活躍したのであり，彼のこの経験が電力国家管理の主張に大きな力となったことは間違いないだろう。

【注】
1) 物部の主張の要点は以下のとおりである。

第Ⅱ章　戦前の社会基盤整備政策　　　　　　　　　111

① 河道が全能力を発揮する期間は極めて短いので，貯水による河川水量の調節は洪水防止上有利である。
② 発電が渇水に苦しむのは冬期であり，その季節には大洪水の心配がないので洪水調節量は発電に利用できる。夏期渇水に対しては，多目的として貯水池を多少大きくしておけばよい。
③ 発電のみを目的とした貯水池は灌漑・水運に支障を及ぼすのみではなく，治水に対しても悪影響を及ぼすことがある。河川は水源より河口まで１個の有機体であり，人為的な変化は長区域に影響するので全体を見て計画せねばならない。そのため河川全体に通暁した技術者によって計画されねばならない。
④ 貯水池地点は，わが国では一般に有利な所が少ないので多目的に利用すべきである。治水，灌漑用のものはなるべく平地に近く設けるべきであり，発電用には上流部のものが有利である点から水系的に効率的・有機的に運用すべきである。
⑤ 大規模貯水池の下流に小規模貯水池（逆調節池）を設けるべきである。
⑥ 貯水池埋没対策として，将来砂防工事を大規模に施工する必要がある。
　西川喬『治水長期計画の歴史』(財)水利科学研究所，1969 年，65～69 ページ。
2) 大和田悌二「電力国家の解説」(1936 年 10 月の講演)『電力国家管理論集』交通経済社出版部，1940 年，82 ページ。
3) 安田正鷹『水利権・河水統制編』好文館，1940 年，276～277 ページ。
4) 主要参考文献は以下のとおりである。
　安田正鷹『河水統制事業』常磐書房，1938 年。安芸皎一『治水』常磐書房，1943 年。田中義一『米国 TVA 計画（米国テネシー開発計画の全貌）』東洋経済新報社，1947 年。田中義一『国土開発の構想――日本の TVA と米国の TVA――』東洋経済新報社，1952 年。D. E. リリエンソール著，和田小六訳『TVA―民主主義は進展する―』岩波書店，1949 年。土木学会編『新体系土木工学 74――堤防の設計と施工』技報堂，1991 年。松浦茂樹『国土開発と河川』鹿島出版会，1989 年。米国河川研究会編『洪水とアメリカ―ミシシッピー川の氾濫原管理』山海堂，1994 年。中村晃『TVA の創立から現在までの 60 余年（その 1），(その 2)』『ダム技術』No.104，105，ダム技術センター，1995 年。
5) 安芸皎一『治水』常磐書房，1943 年，48～49 ページ。
6) 安田正鷹『水利権・河水統制編』前出。

TVA法では，TVAの目的として次のように述べている。「本法ハ，テネシー川水運ノ改善及治水工事，テネシー渓谷地帯ニ於ケル植林事業及未開地ノ開発，農業及工業上ノ開発施設国防及其ノ他，新ニ公企業ヲ起シ，之レニ依リアラバマ州マッスルショールズ地帯ニ於ケル政府所有地ノ運用ヲ併セ行ハシムル為ニ必要ナル事項ヲ規定スルモノトス」。

7) 安田正鷹『河水統制事業』常磐書房，1938年，65〜66ページ。
8) 「第十七条　陸軍省長官又ハ内務省長官ハ，コーブ・クリーク・ダム及一切ノ発電設備並ニマッスルショールズヨリノ送電線ノ建設ニ必要ナル工事請負人ヲ定ムルコトヲ得。大統領ハ陸軍省長官又ハ内務省長官ヲシテ工事設計及仕様書ノ作成ニ必要ナル技術家ヲ任命セシムルコトヲ得

　　第十八条　陸軍省長官，内務省長官又ハ建設事務局ハ，前条ノ工事ヲ最モ経済的且有効ナル方法ニ依リ遂行スルタメ，必要ナル土地ノ収用，地役権，通行権及水利権ヲ取得シ，及必要ナル鉄道，道路，橋梁，工場，渡場，変電所及他ノ不動産工事ノ中止又ハ除去ノタメ，州，郡，市及州政府出張所，鉄道会社，運送業者，公益事業会社他ノ個人，商会，使用及管理ハ，テネシー事務局ニ移譲スルモノトス」

9) 「第五条　十　陸海軍務長官ノ要求アルトキハ，窒素含有物又ハ爆発物ヲ製造シ，之レヲ合衆国政府へ原価ニテ売渡スコト

　十一　陸軍ノ要求ニ依リ，其ノ爆発物ヲ無料送達スルコト」

「第二十条　合衆国政府ハ本条ノ規定ニ依リ，戦争又ハ議会ノ認定スル国家非常ノ場合ニ於テハ，爆発物ノ製造又ハ他ノ戦争用ノタメ，本不動産ノ全部又ハ一部ヲ占有スルコトヲ得

　　但シ政府ガ右権能ヲ遂行スルニ付キ，電力又ハ固型窒素若シクハ窒素成分ノ購入契約ヲナセル当事者ニ対シ，損害ヲ与ヘタルトキハ，政府ハ之ニ対シ賠償ノ責ニ任ズベシ」

10) 『新体系土木工学74——堤防の設計と施工』土木学会編，技報堂，1991年，263〜264ページ。
11) 御厨貴「国家総合機関設置問題の史的展開」『年報　近代日本研究1』山川出版社，1979年，140ページ。
12) 安田正鷹『河水統制事業』常磐書房，1938年，274ページ。
13) 広田内閣の7大国策14項目（1936.8.25）。

　　［内閣発表］　昭和十二年度以降ニオイテ　重点ヲ置キ施設スベキ事項概ネ左

第Ⅱ章　戦前の社会基盤整備政策　　　　　　　　　　113

　　ノ如シ
　一、国防ノ充実
　一、教育ノ刷新改善
　一、中央地方ヲ通ズル税制ノ整備
　一、国民生活ノ安定　△災害防除対策　保健施設ノ拡張　農村漁村経済ノ更正
　　　振興及び中小商工業ノ振興等
　一、産業ノ振興及ビ貿易ノ伸長　△電力ノ統制強化　液体燃料及ビ鉄鋼ノ自給
　　　維持資源ノ確保　貿易ノ助長及ビ統制　航空及ビ海運事業ノ振興　邦人ノ
　　　海外発展助長等
　一、対満重要策ノ確立　△移民政策及ビ投資ノ助長策等
　一、行政機構ノ整備改善
　電力庁編『電力国家管理の顛末』日本発送電株式会社，1942年，49～50ページ。
14)　具体的には次のように述べられている。
　　「五，河水統制ノ調査並ニ施行
　　河川ノ上流ニ洪水ヲ貯溜シ水害ヲ軽減スルト共ニ，各種ノ河水利用ヲ増進スル
　　方途ヲ講ズルハ治水政策上ハ勿論，国策上最モ有効適切ナルヲ以テ速ニ之カ調
　　査ニ着手シ河水統制ノ実現ヲ期スルコト」。
15)　これは昭和14年（1939）土木協会が行った河川講習会のものである。
16)　山内一郎編『河川総合開発と水利行政』　近代図書，1962年，40～41ページ。
17)　堀真清「電力国家管理の思想と政策」『日本ファシズムⅢ—崩壊期の研究—』
　　早稲田大学出版部，1978年。
18)　例えば，わが国最初のダム水路式発電所である大井ダム（1942年完成）と下
　　流の木津，宮田用水など木曽川水系の諸用水の間で紛争が生じた。
19)　栗原東洋編『現代日本産業発達史Ⅲ　電力』現代日本産業発達史研究会，
　　1964年，285～290ページ。
20)　『電力国家管理論集』前出，110ページ。
21)　前掲書17)，142～143ページ。
22)　電力庁編『電力国家管理の顛末』日本発送電株式会社，1942年，11～24ペー
　　ジ。
23)　次の8項目から電力の国家管理のメリットが主張されている。
　　(A)　電力ヲ国家管理トナスコトノ為
　一、水力開発ノ合理化及経済化

水力発電地点ノ有効的利用ニヨル合理化及経済化ニヨリ、国家資源ノ最高能率発揮並ニ電力原価ノ低廉化ヲ招来ス。

二、火力発電ノ経済化

　　大規模火力発電ノ利用ニヨリ、水力発電ノ補給完成ト発電原価ノ低下ニ寄与ス。

三、国家的大規模発電計画ノ実行可能

　　目前ノ収支計算ニ拘泥スルコトナクシテ、国家的ノ大規模発電計画ヲ樹立実行スルコトヲ得。

四、電力料金決定ニ対スル国家意思ノ参加

　　卸売料金ハ、政府自ラ決定シ得ルモノナルヲ以テ、電力料金制度及ビ料率ヲ国家的ニ制定シ得。之ガ結果トシテ、小売料金ヲ間接的ニ支配スルコトトナル。即チ電気料金ニ対シテ産業政策、社会政策ヲ徹底的ニ加味シ得ルニ至ル。

五、電力相互融通ノ可能

　　発電及送電ノ有機的連絡ニヨリ有無相通ヲ自由ナラシメ以テ、固定資本有効率ヲ増進セシムルト共ニ、一方、予備電源ノ節約及電気損失ノ減少ヲ招来ス。

六、総合負荷ノ合成

　　配電会社ヲ通ジ、各地各種ノ電力需要ヲ総合シ得ルヲ以テ、所謂負荷ヲ上昇セシムルヲ共ニ合理化シ、ソノ結果設備ノ有効的利用ヲ招来ス。

七、他ノ利水及治水トノ調整

　　水力発電ニ関シテ、治水灌漑等トノ関渉事項多々、一方此等ノ主管官庁トノ立場上ノ相違並ニ電力ガ営利会社ノ経営ナル事実トニ基キ、種々複雑面倒ナル問題発生シ、水力発電ヲ困難ナラシムル事例少カラザルモ、発電ヲ国家管理トナスニ於テハ、適当ニ調整シ得ルコトトナル。尚又水源涵養ノ要諦タル植林ソノ他ノ関係モ、発電ト相関的ニ処理スルヲ得ベシ。

八、送電線建設上ノ便利ト国防ノ要求ノ充足

　　送電線建設に伴フ民有地及公有地使用ハ益々複雑化シ、事業者ノ横暴ト一方民衆ノ妨碍及不当要求甚シカラントスル状勢ニアル処、電力国営タルニ於テハ此等ノ問題比較的平易且穏便ニ解決スベシ。

　　尚又産業上ノ原動力タル電力ハ、戦時ソノ他非常時ニ之ガ防衛ハ絶対的必要アルモ、民営タルニ於テハ送電線ノ経過地ヲ命令スルハ困難ナルモ、国営タルニ於テハ国防上ノ要求ヲ具体化シ得ベシ。

24)　「国防上ノ見地ヨリスル利益」として次のように述べられている。

電力ノ重要ナル動力資源タル事実,並ニ国営ニ依リ水力資源ノ開発ヲ国家的且合理的ナラシムルノ事実ハ,相伴ヒテ本方策ノ国防的意義ヲ強カラシムルモノト謂フベシ。発送電事業ノ国家管理ハ,即チ有事ノ場合ニ処シ最モ有効且敏速ナル資源動員ナラシムル準備ヲ平時ニ於テ完了スルノミナラズ,石炭其ノ他ノ燃料資源ヲ節約シ,其ノ本来ノ用途ヲ得シムル等,国防上ニ於ケル利益少ナカラザルモノアリ」。

25)　前掲書22),24ページ。
26)　大和田逓信省電気局長は次のように述べている。「(調節池・防砂池をもつ水力発電という)例外はありますが,既設の水力発電設備は,必ずしも手中に収めずとも,この発生電力を送電線に依って統轄致しまして,電気そのものを一手に収めて謂わば買上げ,卸売をやりさえすれば結局電力の全体的統轄経営は可能である」『電力国家管理論集』前出,369ページ。
27)　「満州電信電話株式会社概要」『満州技術協会誌』No.73,1935年。

3 戦前の道路政策

　産業基盤としての道路政策こそ，戦後の昭和30年代以降，高度経済成長を支える柱として強力に推進されてきたインフラ整備である。ここでは，1919（大正8）年の道路法の制定から初めて，戦前，道路が社会からどのように期待され，また具体的に計画・整備されてきたのかを述べていく。

(1) 1919年の道路法の制定

　道路法が1919年4月，都市計画法とともに公布され，翌年の4月施行された。その当時の道路状況をみると，国道であっても渡船，賃銭橋等で河川をわたるものが60数カ所，国道の平均幅員は1間7寸（約2m）くらいで，1間（約1.8m）に満たず，あるいは勾配1/5以上の急坂となっているものが全国至るところにあった[1]。

　道路法施行の背景には，自動車の増大がある。大都市を中心としてバス網の整備，ハイヤー・タクシー事業があらわれ，今後の社会経済を支える重要な交通手段として注目されていた。それとともに軍部が第1次世界大戦を通じて道路に注目したことが，道路法成立の重要な背景として考えられる[2]。

　第1次世界大戦では，兵士・物資の移動にトラック輸送が大きな役割を担い，それが勝敗の帰趨に重要な影響を与えた。たとえば西部戦線で投入された自動車数はフランス軍約8万台，イギリス軍3万台，ドイツ軍6万台，その他の国を加えると20万台にも達した。特に独仏戦線最大の攻防戦であり，平均1日25万発の砲弾が交わされたベルダンの戦いでは，フランスは自動車用大道路を利用し，数万台のトラック輸送で軍需品と弾薬を要塞に補給し，この要衝地を死守したのである。また飛行機の登場は，戦線での迅速な軍隊の移動を要求した。それを可能にしたのが自動車である。東部戦線では，ロシアが飛行機に

第Ⅱ章　戦前の社会基盤整備政策　　　　　　　　　　　　　　117

よる偵察によってドイツ軍の動きを察知しながらも、自動車輸送手段の不十分なため惨敗を喫した。第1次大戦のこれらの経験が、日本の軍部に自動車の保有を強く促したのである。危機感をもった陸軍の強い働きかけにより、大戦終了前の1918年3月、民間の自動車を軍事用に供する目的をもって「軍用自動車補助法」が公布された。

　この法律で陸軍は、補助金の交付により国内でのトラックの製造を図った。対象となる車は、「貨物の運搬を目的とし一英噸以上の積載量を有するものなり。又は之に改造し得きもの」であった。この車を製造する者に1台につき2,000円以内の製造補助金、この車を購買して使用する者に1台につき1,000円以内の購買補助金、この車の使用者には1台につき1年300円以内の維持補助金を交付しようとしたのである。製造補助金を受けた車は保護自動車と称せられたが、陸軍は所有者に補償金を払って「軍用の為、何時にても保護自動車を収用又は使用することを得」たのである。

　しかし自動車を増加させるためには、道路が良くなくては話にならない。トラック車輌の増大の観点から、軍部は道路の整備を強く要求したのである。もちろん国内での軍隊の迅速な移動にも道路整備は必要と主張した。

　軍部と道路整備の関係について、「道路改良会」の会長水野錬太郎は、1919年、「欧米諸国にては平時は産業発展に資するの目的を以て、戦時には国防上に貢献せしめんが為め、交通機関の整備と道路の改善に深甚の注意を払ひ、以て国富民力の増進に努めて居るのである」と述べ、密接な関係があることを指摘している[3]。

　また理事山田英太郎は、第1次世界大戦が軍部に与えたインパクトとして次のように述べている[4]。

　　世界大戦の与へたる教訓の一要目として、鉄道の整備拡張を企画せざるべからざると同時に、之にも増して焼眉(ママ)の急要として、一般道路の改良発達を計画せざるべからずとは、大正七年夏秋の交より大日本国防議会の幹部に唱和せられし所にして、会の幹部中には夙く既に多少の計画をさへ用意しつゝありたり。

一方，陸上輸送の中核をなしていた鉄道でも1919年頃，重要な決定が成されていた。その当時，国鉄の方針は「建主改従」か「改主建従」かをめぐって激しく対立していた。第1次世界大戦時の日本経済の好況による旅客・貨物輸送の激増，海運の内航から外航への転換などによって，国鉄の輸送状況は逼迫した。このため既設の幹線を広軌改築して輸送力の拡充に重点をおこうというのが「改主建従」であった。一方，鉄道の通っていない地方に近代的輸送機関の整備を図るのが重要だというのが「建主改従」であった。「改主建従」策は技術的な検討が加えられ，また鉄道院総裁後藤新平，中村是公らが熱心に支持し，実現寸前までいった。

しかし18年9月，地元の有力者を地盤とする政友会の原敬内閣が成立すると一変した。鉄道院総裁は床次竹二郎となり，政府の方針として広軌改築打ち切りが言明されたのである。そして「建主改従」の方針の下，22年4月，改正鉄道敷設法が公布されて，さらに鉄道によるネットワーク化が推進されていったのである。

この「建主改従」の決定には，陸軍の後押しがあったと言われている。陸軍は全国津々浦々からの兵隊の大量の敏速な動員を鉄道に頼り，そのネットワークの完成を要望したのである[5]。さらにこの方針は，道路網整備によるトラック輸送の拡充と密接な関係があったと考えている。軍部として兵士輸送は鉄道に頼る一方，物資輸送は道路に期待したのである。つまり広軌改築による輸送力拡充を放棄した政友会内閣の政策の背景には，輸送力拡充は道路によって進めるとの判断があったと考えている。道路法を成立させた当時の内務大臣は，鉄道院総裁兼任で元内務官僚の床次竹二郎であった。このことをみても，道路と鉄道は一体的にとらえられ，道路による輸送を積極的に推進したことが理解される。

ここで簡単に道路法についてみていこう。道路法では，道路は国道，府県道，郡道，市道，町村道の5種に区分された。国道は普通国道と軍事（特殊）国道よりなる。普通国道は国内道路の大幹線であって，わが国政治・産業・経済上，全国重要地域を連絡するものであり，東京から伊勢神宮，府県庁所在地，師団

指令部所在地,鎮守府所在地または枢要の開港に達する路線である。この方針は,明治の初期と基本的に同様である。また軍事国道とは,軍事の目的を有する道路であり,軍部の非常に強い要求にもとづき設置されることとなった。これら国道の路線は,内務大臣が認可することとなっていた。

　道路の管理についてみると,国道の管理機関は,原則として府県知事であった。また府県道,郡道,市道,町村道の管理全般は,それぞれ府県知事,郡長,市長,町村長であった。費用の負担については,軍事国道と指定国道[6]という特別な国道の新設または改築の費用はすべて国庫負担とし,それ以外の一般国道の新築・改築には国庫補助が規定された。府県道以下の道路の新設または改築の費用に対しても特別の事由がある場合には,その一部の国庫補助が定められた。さらに国道の管理について,東京,大阪,京都,神戸,横浜,名古屋の6大都市では,府県道も含めて市長が管理者となり,都市計画と一体となった管理が行えるようになった。都市計画との関連でみると,都市計画事業の執行による道路の新設・改築に対し国庫からの補助が受けられるようになったのである[7]。

　このように,国の関与としては直轄工事が中心となった河川改修とは異なり,道路法制定当時,道路改良について,基本的に国庫補助により府県以下の地方公共団体によって事業は進められることとなったのである。だが,22年の改正により「主務大臣必要アリト認ムルトキハ国道ノ新設又ハ改築ヲナスコトヲ得」との項目が加えられ(第20条),一般国道に対し直轄工事の途が開かれた。埼玉・茨城県境の国道4号線に利根川大橋を架設することとなったが,2県に跨るものであり国直轄施行が必要と判断され,改正されたのである。なお国道の新築・改築が国直轄工事として本格的に行われるようになったのは,1931(昭和6)年からである。

　道路法の成立と相まって,1920年から始まる国費投資額2億8,280万円の第1次道路改良計画が樹立された。その財政確保のため20年,道路公債法が制定された。また19年6月には,勅令でもって道路会議官制が公布された。内務大臣の諮問に応じて重要事項を審議答申する道路会議を設置するもので

あったが，道路法が帝国議会で審議されたとき，内務大臣に権限が集中するのを危惧した貴・衆両院の希望決議に基づいて設置されたものである[8]。

技術基準である道路構造令，街路構造令は，この道路会議で審議されて制定されたが，この制定のための作業中また審議のなかで，軍部から強い要求があった。作業の中心となって活躍した内務技師牧彦七は「軍の希望と近代的一般交通の要求との関連性を一々検討しつつその妥協を進めていく点に並々ならぬ骨折があり，(中略)その責任感の上から謂わば心身の一大消耗戦でありました」と述べている[9]。また道路会議でも参謀本部から，道路の幅員，陸橋やトンネルの高さ，橋梁の荷重等について相当強い要求があった。

(2) 第1次道路改良計画と昭和初期までの道路事業

1919年に樹立された第1次道路改良計画の主な内容は次のようであり，一般国道の2,000里（約8,000 km）をはじめ計画的に道路整備を行おうとした[10]。

　　大正九年度以降三十箇年に亘り，専ら公債を財源として国費二億八千二百八十万円を支出し，特殊（軍事）国道約七十里を改良すると共に地方をして国道約千八百里，特殊の事由ある府県道約四百里及六大都市に於ける主要街路を改良せしめて補助を為し，尚之に従事する臨時職員を設置し，また道路に関する試験を行うため道路試験所を設けんとしたものである。

計画の具体的内容は大略次のとおりであった。
① 国道については，延長約2,000里中道路1,775里，橋梁約36里を府県をして改良させ，その工事費の1/2を補助し，隧道又は大橋梁等多額の工費を要するものに対しては2/3を補助する。その補助費総額は1億66,004,000円である。
② 特殊（軍事）国道については，軍事上改良の急務にあるもの72里を全額国庫負担の下に，680万円を以て改良する。
③ 府県道については，1,700万円を以て，軍事上，その他特殊の理由に依り

国家的見地から改良を必要とする主要府県道 400 里に対し，工事費の 1/3 を補助する。隧道又は橋梁で多額の工事費を要するものに対しては，1/2 を補助する。

④ 都市に於ける街路の改良を促進するため，一定計画に基いて施行する 6 大都市の街路改良に対し，総額 8,930 万円を以て工事費の 1/3 を補助する。

⑤ その他之等の工事施行を監督し及道路試験所を設置して，工事用材料等の試験，指導をなすため 3,616,000 円を計上する。

第 1 次道路改良計画は 1922 年までは順調に執行されたが，23 年の関東大震災によって一変した。道路予算は圧縮され，この後，道路改良は低迷したのである。だがこの事業によって，横浜と東京を結ぶ京浜国道，大阪と京都を結ぶ京阪国道，大阪と神戸を結ぶ阪神国道，箱根峠や鈴鹿峠など，古来から天下の難路と称せられた道路が整備された。なお当時の路面は砂利面がほとんどであった[11]。

ところで新しい陸上輸送機関として自動車が 1910 年代初めに本格的に登場し，19 年には 7,000 台となっていた。その後急速に普及し，29 年には 8 万台を超え，自動車のための道路改良が課題となり始めた。それ以前の 26 年には，前年の第 51 回帝国議会での重要府県道改良に関する次のような建議に基づき，自動車道路助成 10 カ年計画が内務省により立案された。この建議の下，重要な府県道（指定府県道）として約 2,000 里を国庫補助によって推進しようとしたのである。

> 近時自動車の発達著しく，地方産業に資補する所尠少ならすと雖も，之か交通に利用すへき道路は極めて劣悪にして，折角発達せむとする新式交通機関も為に，其の機能を十分に発揮するを得さるの現状に在り。為に，地方は文化の進展に浴する能はす。当然収めうへき経済財貨も，亦之を消化する得さるは国運の進展上，寔に遺憾とする所なり「重要府県道改良に関する建議案理由書」。

ここで注目すべきことは，自動車道路の整備が，地方の開発の観点から課題

とされたことである。地方の開発にとって，道路整備が重要であると広く認知されるようになっていたと判断される。地方といったら農山村が中心であるが，因みに道路による農山村の開発は道路関係者の従来からの主張であった。たとえば24年，時の土木局道路課長であった丹羽七郎は，道路は農村生活における血管であり生命を送る所の機関ととらえ，道路改良という根本策によって疲弊している農村の振興を主張した[12]。農村は面として広がっている。そこでの交通の整備は，道路が中心との認識が背後にあったのである。だが，この道路助成の10カ年計画は実行には到らなかった。

次に昭和初期をみてみよう。激しい社会経済の変動のなかで1929年度以降10年間に国費1億9,362万円を支出しようとする産業道路改良計画が内務省土木局で樹立された[13]。この計画は，従来から継続支出している国道，その他に対する補助を完済するほかに，軍事国道30里，新たに国道約600里，都市計画で施行しているところの各都市の区域内の国道及び府県道を約70里，さらに地方の産業開発上必要であるところの指定府県道約1,500里を改良するという計画であった。指定府県道は地方の産業開発との関連で1,500里選定されたのであるが，この長さは当時の全指定府県道6,000里の1/4であり，その工事費1億8,000万円のうち1/3を補助しようとするものであった。

土木局内の計画とはいえ道路整備が，地方の産業開発との関連で10カ年計画として樹立されたことは大いに注目される。

29年度は，この計画に基づき指定府県道の補助金200万円を含めて650万円の予算が成立した。だが財政の緊縮を図るため，実行は約410万円に制限された。この政府の財政緊縮方針は30年度，31年度も続き，産業道路改良計画は中止となったのである。

しかし31年12月，民政党から政友党へ政権が移動したのに伴い，経済政策は大きな転換をみた。高橋是清が大蔵大臣に就任し，積極的な財政支出を行う方針を打ち出し時局匡救事業を展開していったのは先にみたところである。これにより道路，河川，港湾事業を中心として内務省土木事業は一挙に拡大し，3カ年で支出総額約2億9,700万円，そのうち国庫負担額約1億8,400万円が

執行された。なかでも道路事業が支出額で約62%と,大きなウェイトを占めていた。またその前年度に行われた失業救済事業において地方公共団体による事業に加え,国の予算に新たに失業救済道路改良が設けられて計2,850万円で執行された。このうち1,750万円は国直轄で行われたが,これは道路事業に対して利根川大橋の架設以来,初めての直轄事業であった。

なお国によるこの失業救済土木事業は,同じく内務省土木局管轄である河川・港湾事業では行われず,道路事業のみで行われた。それは全国到るところにあり,工事規模として適当の大きさに区切れる道路改良の特徴からであろうが[14],第1次大戦後のイギリスで失業事業として道路改良が行われ,これが日本に紹介されていたことも1つの背景として考えられる[15]。イギリスでは,海外貿易の不振などによって不況に陥り,1920年の秋から冬にかけて失業者の数が著しく増加した。この対策として,失業保険法の改正などとともに,大都市では内外を連絡する道路の建設が計画され,50%の国補補助,残りは国庫からの貸付金によって事業が進められたのである。ロンドンでは,総経費の70%が労働賃金になると期待された[16]。

1932年5月23日に召集された第62回帝国議会では,地方費も含んだ事業費5,370万円からなる産業振興土木事業が可決された。先述したように,この土木事業は,「産業振興事業の五ヶ年計画」に基づいて要求されたものであるが,この5カ年計画の一環として事業費総額2億1,200万円(うち国費約1億6,600万円)からなる産業振興道路改良計画が土木局で樹立された。この計画で注目すべきことは「産業振興上焦眉の急に在る普通国道の改良に付計画するものとす」と,普通国道の改良目的に産業振興が揚げられたことである。先の産業道路改良計画では地方道の整備が地方の産業振興と結びつけられていたが,ここに国道整備が産業振興を目的として明確に位置づけられたのである。そして国直轄で進めることが,技術上,経済上必要だとして次のように主張された[17]。

　　普通国道延長1,927里(北海道を除く)中改良を要するもの1,727里にして,之を改良するか為には約3億8,200万円を要す。而して是等の国道

を改良するに付，従来の如く政府の補助政策にのみ依ることは技術上経済上不得策なるのみならず，急に迫れる改良工事を促進する能はさるを以て，其の一部を政府自ら直轄にて改良し，他は従来の政策に則り地方に補助して改良を助成せむとす。

当時，自動車交通が急速に発達していたが，自動車交通の進展により道路の重要性は一区域に止まらず数府県に関係する重要な施設となった。このため1府県に止まらない道路の整備が必要とされたのである。また砂利を敷き詰める簡易な工法から，路面の舗装など自動車交通に耐える構造の道路が必要となり，技術的な面から国直轄事業が求められたのである。ここに道路政策の大きな転換を迎えた。

だが道路法では第20条で，「国道は地方長官之を管理し其の新設改築工事を執行するを原則とし例外として政府自ら執行するの制度を採る」と定められていて，国直轄工事は例外として位置づけられていた。このため国直轄で行う特別の条件として次の3つが掲げられた。
① 工事の設計または施行至難なるもの。
② 改良計画区間の府県に跨るもの。
③ 現に政府か直轄工事を施行する国道にして継続して改良するの必要あるもの。

このような条件があったが，しかしここに国直轄で国道改良を進めることが打ち出され，国道改良が本格的に国直轄で推進されていくことになったのである。

(3) 1933年の第2次道路改良計画の策定

第2次道路改良計画が1933（昭和8）年，樹立された。第1次計画は19年の道路法の成立とともに策定されていたが，19年度以降，31年度までに計画の1/3程度を実行したにすぎなかった。ここに新たな公式の道路計画が，内務

第Ⅱ章 戦前の社会基盤整備政策

大臣の諮問機関である土木会議[18]によって樹立されたのである。新計画の課題は次のことであった。

> 道路改良計画に関しては，既に大正八年，道路会議の議を経て決定する所あり。爾来其の方針に基き全国幹線道路の改修に努め来りたるも，未だ以て十全なりと言ふ能はす。然るに近時，急激に普及発達せる自動車の機能を十分に発揚せしめ，以て産業の振興に資するも緊切なるものあり。依て既に樹立したる道路改良計画を改定し，国道の改良工事を国に於て施行すると共に，之と相並んで地方重要幹線道路の改良を促進するの要ありと認む。其の方途如何。

このように，「近時，急激に普及発達せる自動車の機能を十分に発揚せしめ，以て産業の振興に資するも緊切なる」ことに対処しようとした。つまり自動車輸送を基軸に置いた産業振興が求められたのである。産業振興は道路整備で進めると内務省が宣言した，と受け取ってよいであろう。なお当時の土木局長唐澤俊樹は，第1次の計画と比較しつつ新計画の特徴について述べている。少し長いが，当時の道路状況また道路への期待がよくわかるので引用しよう[19]。

> 原内閣が政策を樹立した当時に於ても，矢張り三十年後に於ける自動車の発達を考慮し，之が交通上利用する道路の改良を策したには違いがない。併し当時に於ける自動車数はわずかに三千八百六十九台であって，自動車のナンバー三千と記したものを見るとき人は驚異の眼を放ったものであった。それが予想し得なかった欧州大戦の影響を受けて，現在に於ては九万七千台を算するに至ったのであるから，是等自動車の利用する道路を改良するに就ても，其の対策は自ら異ならざるを得ない。即ち前計画に於ては，千八百里の国道を改良するにあったのであるが，国道が我国に於ける幹線交通を支配することに鑑るときは，先ず第一に之が全部的改良に力むるのが当然である。又前計画に於ても，道路構造令の規格に改良することを策したのであるが，路面は砂利敷を以て原則としたのである。併し現在の自動車交通よりするときは，到底右計画を以てしては交通の需要を満足する

能はざるのみならず，路面維持の為に巨額の費用を要し，到底其の負担に耐ゆることが出来ないことが明確と為ったから，国道の全線に亘って近代的構造に依って舗装するの必要あるに至った。殊に自動車の増加に伴ひ道路と鉄道との平面交叉を避くることも，亦道路交通上又は経済上必要事であるから，之も亦考慮せなければならぬ。つまり原内閣時代とは事情が違って，道路施設に対し新たに要求するものが増加したのであるから，道路築造の計画方針を改むるの必要を見るに至ったのである。

1919年当時の想定をはるかに超えた自動車が普及しており，自動車交通に全面的に対処しようとしたのである。その技術的対応の中心は，舗装と立体交叉であった。また唐澤は地方道路について次のように述べている。

　　国道の改良と相並んで必要なことは，地方道路の改良である。従来の計画に於ては，軍事上其の他特殊の事由によって，国家的見地に基き其の新設改築を必要とする主要府県道四百里を改良する計画であった。併しながら軍事上の必要やら国家生活の必要，言はゞ行政上の必要に依ってのみ道路の改良を策すべきではない。故に積極政策を強調した田中内閣時代に於ては，産業発展の見地に於て府県道の改良を計画したのであって，寔に機宜に適した道路政策であったが，内閣の更迭に依って其の実現を見ることが出来なかった。

道路整備を軍事上からではなく，産業振興の面から主張するのである。なお田中内閣時代の府県道の改良計画とは，前述したように26年，内務省によって立案された自動車道路助成10カ年計画である。これ以降，土木局では産業開発，地域振興との関連で道路整備が主張されたが，それが第2次道路改良計画により公式に確立されたと評価してよいだろう。

　さて策定された第2次道路改良計画をみよう[20]。その内訳は，次のとおりである。国費は，道路公債法に基づく公債を中心に公債財源によってまかなうことが決められた。

第Ⅱ章 戦前の社会基盤整備政策

(単位：1,000円)

国 道 改 良 費	448,768
特 殊 国 道 改 良 費	8,400
府 県 改 良 補 助 費	251,534
補 助 費	41,008
事 務 費	25,540
計	776,250

注：国道改良費のうち 299,179,000 円は国費，149,589,000 円は地方費。

それぞれの費目について簡単にみていこう[21]。

国道改良費は，普通国道 7,526 km（1,916 里）のうち「近代交通」に適応していない 6,903 km（1,760 里）を国直轄で改良することとした。既存の鉄道との平面交叉はできるだけ整理し，新設する時は避けることを原則とし，また路面はすべて舗装するものとした。つまり国道全体について，国直轄によって近代的改良することが計画されたのである。

府県道路改良については，府県道のうち1つの府県にその利害が止らない 20,422 km（5,200 里）の指定府県道のなかで未改良の 17,360 km（4,420 里），改良は終わっていると称しているが未舗装の 3,062 km（780 里）を，事業費7億 1,886 万円で改良することとした。そのうち 1/3 を国庫補助とするものである。鉄道との交叉についての考え方は国道と同様であり，また路面は交通の状勢に順応して舗装を行うが，交通が頻繁でないところは砂利敷とするものである。政府の原案では砂利敷が原則とされたが，審議のなかで変更されたのである。

このように舗装が大幅に取り入れられたが，昭和に入って急激に増加してきた自動車交通への対処が重視されていることがわかる。また一度は改良が行われた東京・横浜間の京浜国道の将来計画，さらに関門連絡施設については，本予算とは別個に研究を継続していくこととなった。

さらに 1934（昭和9）年1月に追加の議決がなされ，新国道（新京浜）の開設など「京浜間国道交通ノ緩和ニ関スル件」が議決された。また甲府市と下諏訪間，前橋市・新潟市間の道路が 34 年5月，新京浜国道とあわせて国道に認定された。この追加認定は 20 年4月，道路法施行時に 38 路線が国道に認定さ

れて以来,初めてのことであった。旧来の国道は,東京から放射状的に全国と連絡するものであったが,新たに認定された道路はそれと異なり,日本列島を横断的に連絡するものであった。

第2次道路改良計画によって,政府直轄のもとに国道の新設改築を行うことを原則とするシステムが確立された。1931年度の失業救済土木事業から始まった流れが,公式に政府の方針となったのである。政府直轄による国道工事について唐澤は,次のように述べている[22]。

> 政府直轄国道工事は,前にも言ったように昭和六年度に於て失業救済の為に実施したのが嚆矢であって,自後今日まで継続されているが,其の成績は頗る良好であって,地方事情に拘泥せず,又忌むべき政党の策動などに禍されず,道路本来の見地に於て工事を執行することが出来る。或は地方分権論に胚胎して中央執行制度を難ずる者もあるが,夫れの可否は事業の性質上から見て判断すべきことであって,地方分権という如き空漠な議論や法律の解釈に依って遊戯的に解決し得べき問題ではない。交通事実に即して国道の改良を計るべきである。仮令政府が執行するに就ても,其の費用の一部を地方に分担せしむるのが妥当であるが,国道の利用価値より判断するときは,国道の改良に依って国道の所在する地の享受する利益は,河川等の如き公物の所在する土地の享受する利益と著しく異なっているのであるから,国庫が其の大部分を負担するのは当然であって,是等の点も再検討を要するであろう。

このように,政府直轄工事は地方事情に拘泥されず,また政党の策動に惑わされずと利点を述べる。その背景として,国家経営上,道路が重要な社会基盤と認識されるようになったことが重要である。さらに費用について,国がその大部分を負担するのは国道の改良から得られる利益から当然と述べているが,国道に対する国庫負担について,さらに,自動車交通が発達してくると利益を得るのは国道が位置する府県のみではなく,府県域を越えた広域であるから必要と主張したのである[23]。

このように第2次道路改良計画は，本格的に増大する自動車交通に対処しようとしたものであり，また産業開発，地域振興に道路整備が期待されたのである。

(4) 昭和10年代の道路事業

第2次道路改良計画が1933（昭和8）年に策定され，翌年度から実施されることとなったが，計画通りの予算配分とはならなかった。32年度からの産業振興道路改良5カ年計画は新計画に吸収されたが，34年度は時局匡救（農村振興）事業が3カ年計画で実施されていて，予算の比重はこちらの方が高かった。農村振興土木事業としての府県道及町村道改良に対する補助費は1,500万円であり，一般道路改良費880万円の合計2,380万円が国の支出であった。またこの年そして翌年度と，風水害，旱害，冷害の災害対策として農村其他応急土木事業が行われた。このため35年度は一般道路改良として約533万円を支出したにすぎず，計画額3,710万円に対して大きくかけ離れたのである。

36年は，2.26事件が勃発し，曲がりなりにも行われてきた議会政治にとどめが刺され，軍部の支配体制が確立して準戦時体制に入った年であった。この年度の国の道路改良支出額は約1,330万円で，改良計画に比べて不十分であったが，この年，国道改良継続費の創設をみた。土木局管轄の河川・港湾事業は，以前から継続費制度が行われていたが，道路事業は単年度予算で執行されていた。しかし1カ年度内に完成困難な新設工事，現道を離れて施行する改築工事及橋梁工事で，一定年度割の下に計画的に改良するのが適当な国道工事に対しては継続費で行われることとなり，新京浜国道他6カ所で継続工事が始められた。なお新京浜国道工事の起工式が行われたのは36年10月14日であったが，内務省土木出張所所長辰馬鎌蔵は次のような式辞を述べている[24]。

　　京浜国道は，東京横浜両大都市を連絡する重要路線にして，国運の進展
　　に伴ひ近時著しく交通量を増加したるにより，曩に東京神奈川両府県及ひ
　　復興局に於て改良工事を施行し，以て漸く近代道路に改良せられたり。

然るに，交通量は其後益々激増して既に飽和状態に達し，為に戦慄すへき事，事故頻出するの窮状に在り。沿道民之か，救治の策を専望する事多年なり。政府夙に之か改良計画の必要を認め，昭和九年内務省は別に新京浜国道の路線を認定し，茲に今回今か起工を見るに至れり。
　惟ふに，産業の発展は主として道路の整備に俟たさる可からす。之を以て本工事竣工の暁は，啻に京浜国道の交通禍を根絶せしむるのみならす，重要産業の発達及ひ貿易の伸張，期して待つへく。洵に邦家の為慶賀に堪へさる所なり。

　京浜間には，第1次道路改良計画に基づき近代道路が整備されていた。だが，自動車の交通量が激増したため飽和状態となり，新国道建設となったのである。この完成によって交通災害をなくすとともに重要産業の発達，貿易の伸長に貢献するだろうと述べ，経済の発展に大きく寄与することが強く主張されたのである。まさに産業開発のための道路整備と考えてよいだろう。また馬場大蔵大臣の祝辞に「之か完成の暁に於ては，交通上一段の利便を加ふるは勿論，横浜港の整備と相俟って我国産業の開発に資補する所蓋し大なるものあるへし」とあり，横浜港の整備と一体となった産業開発が期待されたのである。
　さて1937年は盧溝橋事件をきっかけに日中戦争が始まった年で，わが国は戦時体制へと移っていった。道路予算は，これ以降減少に向かい，事業は縮小していった。しかし構想・計画レベルでは，戦後につながる重要な動きがあった。
　1937年度の予算編成にあたって，37年度を初年度とする産業伸長5カ年計画が内務省土木局で策定された。第2次道路改良計画の実行策であり，産業上，重要な地点を連絡する国道，そして指定府県道の区間を一体として改良工事を行い，全国を通じて自動車運輸の便を促進するものであった。国道は，関門トンネルも含めて全線自動車運輸を可能にしようとした。政府の財政事情により実現には到らなかったが，関門トンネルには調査費が計上され，調査・研究が開始された。地質・地形を中心とした基礎調査が終わり，10カ年継続事業と

して関門トンネル工事に着手したのは，39年度からである。

　この39年度からは，また国家予算に道路舗装費が計上された。さらにこの年の10月に40年度，41年度の2カ年度の道路舗装計画が策定された。既に改良済みながら舗装されていない国道494 km及び府県道2,602 kmを対象とし，国道はコンクリート舗装，府県道は特別の事情があるものに限ってコンクリート舗装，他は簡易舗装とするものであった[25]。なお2カ年としたのは政府の生産拡充5カ年計画が2カ年残っており，それにあわせたのである。

　当時の道路状況は図2-7のようであった。1940（昭和15）年終わりには自動車が全く通れない国道として三国峠があったが，41年7月，起工式が行われた。因みに自動車の保有をみると，1936年だが，アメリカは5人か6人に1台，イギリスは25人に1台，フランスは20人に1台，日本では620人に1台という状況であった[26]。

　40年度からは，年度当りわずか5万円ずつであったが，3カ年計画で重要道路整備調査が行われた。この調査で現況交通量などの交通情勢調査，都市人口，工業地帯における生産量，工場数，自動車の保有台数，港湾の位置と出入船舶トン数，その他交通発生源となる要素や鉄道軌道等の輸送関係諸表などの調査，解析が行われた。そしてこの調査結果をもとに，43年，高速道路として延長5,490 kmからなる全国自動車国道網計画が作成されたのである。

全国自動車国道網計画

　この計画は，構想として前年東京で開催された大東亜道路会議で説明されたが，中国，タイ，ビルマ，インドを経てさらにヨーロッパとも連絡させようとする考えが示された。この計画の背景には，大陸での軍事活動があり，「日満支」を一貫する交通体制の確立が念頭に置かれていたのである。

　海外の高速自動車道路をみると，アメリカでは1920年代後半のパークウェイに始まり，39年には近代的高速有料道路としてターンパイクが建設されていた。またドイツでは，アウトバーンの建設が進み，40年当時，計画7,500 kmのうち3,900 kmが完成していた。この海外の動きにも刺激され，日本で

図 2-7　戦前の全国自動車国道網計画図

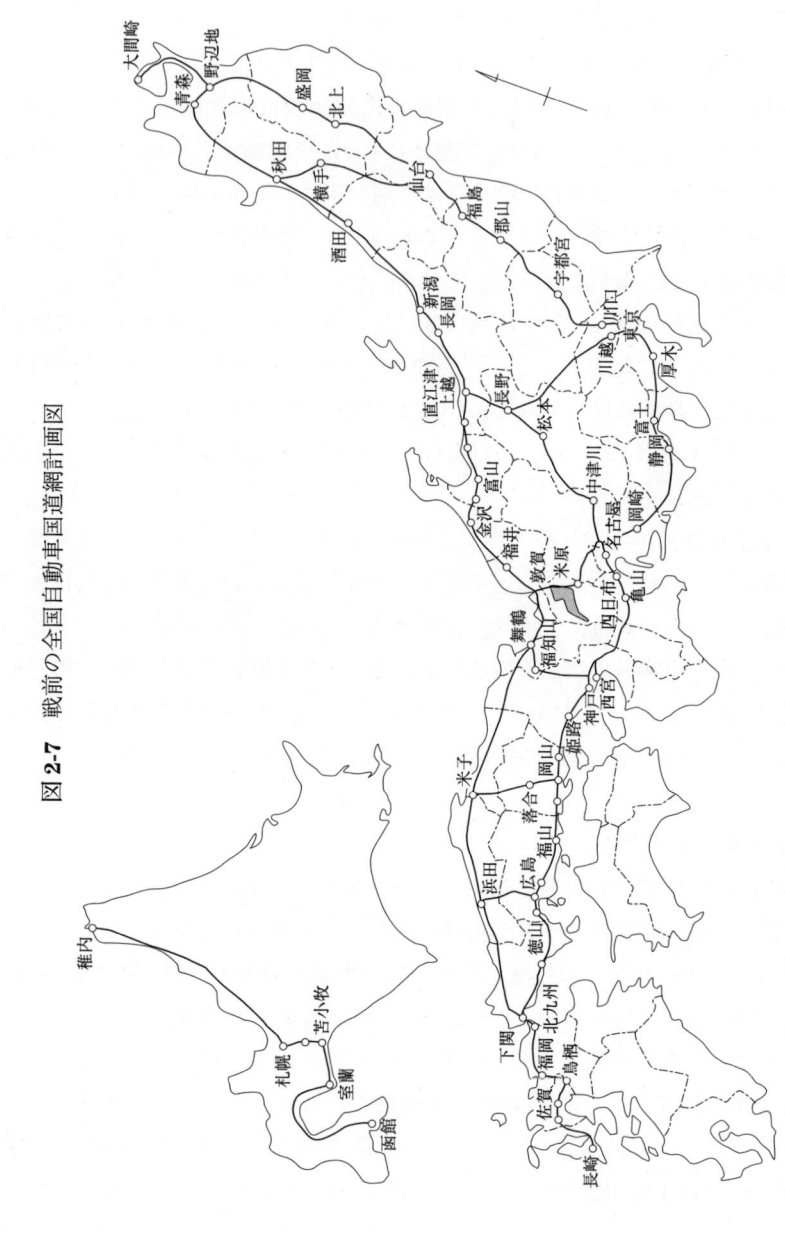

出典：吉田喜市『高速道路建設史』全国自動車国道建設協議会、をもとに作成。

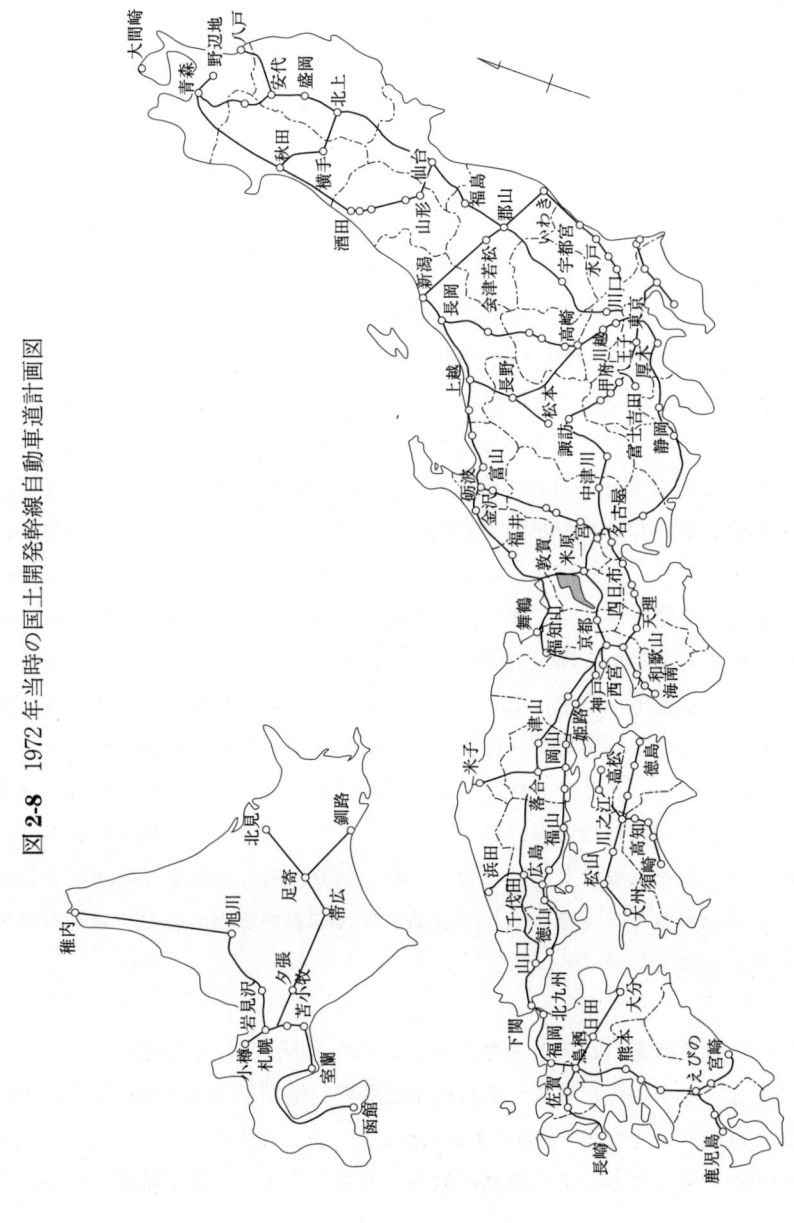

第Ⅱ章　戦前の社会基盤整備政策　　　　　　　　133

図 2-8　1972年当時の国土開発幹線自動車道計画図

出典：図 2-7 に同じ。

は43年から国道建設調査費により東京・神戸間の実施調査が始まったのである。なお民間では40年，東京～下関間幹線道路建設促進同盟が結成され，「弾丸道路」という名称で話題にされつつあった。当時の高速道路の考え方について，43年5月に内務省土木局によって作成された「自動車国道説明書」でみていこう[27]。

道路交通について「近代道路交通は自動車交通を基調とし，その運営に当っては鉄道との調整を図り，陸上交通の総合的機能を発揮せざるべからず」と，鉄道との調整を図り，陸上交通の総合的機能の発揮を基本課題とする。わが国の自動車政策として，「大東亜共栄圏の防衛を完くし，又文化的経済的進展に処するため自動車生産能力を極度に増強して自動車保有量を確保するにあり」と認識する。このためには「道路を整備して自動車の有効適切なる活用を図り，陸上輸送力を増強すると共に，自動車保有量の飛躍的増加を助長すべきである」と指摘する。しかしわが国の道路の発達状況は全く遅れており，新たに自動車専用道路をもって整備せねばならないとして次のように主張するのである。

　　道路を整備するには，現在国府県道を改良すべきは勿論なるも，国府県道は既往将来とも所謂混合交通にして，如何に改良するも自動車輸送は人車馬及び低速車の交通に阻害せられ，その輸送経済距離の大なる伸長を期し難く，所謂鉄道の補助的役割を果すに過ぎず，自動車輸送の機能を充分に発揮せしむること能はず。自動車国道建設は此の観点に於て意義を有す。即ち自動車国道は自動車の専用道路にして，その完全なる構造に依って自動車の性能を極度に発揮せしめ，これに依り従来の自動車輸送距離を是正し，又国府県との連絡に依り，鉄道との運輸調整を円滑にし，自動車政策の遂行を助長し得べし。

次に，自動車国道の特徴と必要性として，4つの観点から主張する。
① 高速度・安全走行に堪えうる自動車道路の整備が経済的運転となり，車の寿命が延長されて（在来道路による場合と比べ30～40％延長する）自動車保有量増加の一助となる。また修繕の減少，部分品ストック量の節減となる。こ

の節約となった資材を生産力拡充に回すことができる。
② 梗塞しつつある鉄道輸送のうち，中・長距離の貨物・旅客を自動車道路で担当し，高速度輸送を可能とさせる。
③ 自動車道路周辺の開発に資する。具体的には次のように地方の工業開発，工場分散が助長され，都市人口の地方分散が容易となる。

> 高速度自動車輸送に適する自動車国道の通過に依り，沿道の広範囲に亘り土地利用条件は著しく改良せらるべし。特に工業立地上，原材料，製品等の輸送距離，時間の短縮は，その地方の工業的開発に飛躍的良好条件を具備せしめ工業の分散を助長すると共に，各地域の有機的結合を強靱ならしめ，同時に都市人口の地方分散を容易ならしむる効果大なるべし。

④ 鉄道との比較で有利である。

当時，鉄道では，東京～下関間を9時間以内で結ぼうとする広軌道の新幹線計画，いわゆる弾丸列車計画が1940年度以降の継続事業として実施されていた。しかし，新幹線は在来の狭軌鉄道への乗込みが不可能であること，新幹線は相当の長距離を完成した後でなければ使用開始できないこと，新幹線は停車駅が少数であるため沿線の開発効果が小さいことから，自動車国道が有利である。

また鉄道が爆撃，水害等によって橋梁などの一部が破壊されても長期間不通となるが，自動車道路は一般道路を利用して破壊地点の迂回が可能であり，輸送力に及ぼす影響が僅少である。また自動車輸送は，長距離，高速度輸送が任意時刻に可能である。さらに鉄道と自動車国道が平行して走っても不経済でなく，相互が連結して次のように交通輸送機能を一層発揮する。

> 鉄道輸送の目的は旅客貨物の大量長距離輸送にあるべく，自動車国道の使命は中距離高速度輸送にあり，また輸送貨物の種類に於ても経済上各々其の適正輸送物資あり，両者は元来其の使命を異にす。
> 従って両者の輸送配分を合理化することに依り，相互相俟って完全なる交通輸送機能を発揮し得べく，これに依って総合的に陸上輸送能力を昂揚

せしめ得べし。特に，平行することに依り鉄道は停車駅数を減じ，速度昂上を期待し得べし。

「自動車国道説明書」は，続いて高速道路設計方針を述べる。鉄道，他の道路と立体交差すること，国，府県道との連絡間隔は 10～20 km，と述べた後，興味ある方針として，災害を考慮し，鉄道，重要道路の同時の被災を避けることを主張した[28]。1995（平成 7）年の阪神大震災で，新幹線，高速道路が全滅したことを考えると，実に重要な指摘であることがわかる。

最後に「自動車国道説明書」は，国土計画の見地から自動車国道網を策定したこと，そのなかで最も急を要する区間は「東京・福岡間」であることを主張した[29]。

この考えに基づいて，1943, 44 年度の 2 カ年にわたり，「国道建設調査費」合計 10 万円で実施調査が行われた。なかでも緊急区間として調査が進められたのは名古屋～神戸間で，地形測量調査，ルートの選定，踏査が行われた。その結果，現在の近畿道名古屋大阪線に近い，いわゆる木津川ルートと称される路線が選定された。この結果をもとに内務省土木局は建設のための予算要求を行ったが，逼迫する戦況のため，認められることはなかった。

(5) 道路政策の戦前の到達点

戦前の道路事業について，その政策を中心にみてきた。1914（大正 8）年公布の道路法は自動車が増大しつつあるという社会背景の下に制定されたが，一方で軍部の強い要求があった。第 1 次世界大戦でトラックが重要な役割を担ったため，軍部はトラックの確保を図り，これとの関連で道路整備を求めたのである。

しかし道路は次第に産業基盤として強く注目されていった。日本は大正後半から不況に陥り，特に農山村の疲弊は深刻な社会問題となった。この農山村の振興の基盤として道路が期待されていったのである。

第Ⅱ章　戦前の社会基盤整備政策

　この後,農山村のみならず自動車輸送が産業発展の有力な基盤として重視され,その集約として第2次道路改良計画が33年に策定された。この計画は,地域振興,産業開発について道路整備によって推進していこうとする内務省の方針を,正式に確立したものと考えてよい。そしてその整備を国直轄で行おうとしたのである。それは,技術的課題はさておき,道路が国全体にとって重要な社会基盤施設との基本認識からである。地方事情に左右されず国の方針のもとに進めていこうという考えであった。

　第2次道路改良計画は,戦時体制へ突入したこともあって挫折をみたが,産業開発・地域振興を道路でもって進めようという戦後の方針は既に確立していたのである。

　戦後に引き継がれる重要な動きをみると,九州と本州をつなぐ関門トンネルの工事に着手したのは,39年度である。この年度からは,道路補修費が国家予算に計上された。また40年度からは3カ年計画で重要道路整備調査が行われ,この調査結果をもとに延長5,490 km からなる全国自動車国道網計画が作成された。そしてその一部,名古屋〜神戸間で実施調査が行われたのである。これらが花開き実を結ぶのが戦後であることは周知の事実である。

　また道路整備の財源についても,重要な動きがあった。揮発油税法が37年3月,議会に提出され,4月に施行されたのである。この時の揮発油税はその使用が限定されない一般財源であったが,内務省土木局は「揮発油税は次の理由に依り相当額を道路改良(舗装)費に充当すべきものと認む」と,道路改良(舗装)に使用するようにとの提言を行った。その理由として,次の5つをあげている[30]。

① 燃料国策上

　燃料は産業の発展,国防整備の観点から重要な資源であるが,揮発油は需要量の90%を自動車の燃料として使用している。このため,道路を改良して揮発油消費量の節約を企図することが重要である。

② 揮発油税の性質上

　揮発油の大部分は自動車の燃料として利用されているので,揮発油税は自

動車税の一態様といってよい。一方，道路の損傷に対し，自動車は重大な責任をもっている。このため自動車に関する租税は原則として道路損傷補償分担とするのが妥当であり，揮発油税は道路整備の目的税とすべきものである。世界的にもこの方向にあり，アメリカでは年額5億ドル以上の揮発油税を道路費に充当している。

③ 揮発油税の収入上

揮発油税は今後確実に増収していくが，自動車に関する現在の自動車税は早晩改廃すべき運命にあり，増加は望めない。

④ 地方公共団体の道路費財源上

道路の維持修繕は地方公共団体が行っているが，その増大は必然である。しかし維持修繕予算の実情をみると年々減少している。これは公共団体の一般財源が乏しいなかで，新規改良工事に力を注ぐ結果致し方ないことであるが，道路改良の効果を考えるに非常に残念である。

⑤ 自動車所有者の保護上

自動車保有者は各種の租税を負担しているため，特に運輸事業者はその軽減を熱心に陳情している。さらに揮発油税がかかるとその負担は増大し，事業の不振に一層の拍車がかかる。しかし揮発油税の一部を道路改良（舗装）費に支出すれば，車輌の寿命が延び燃料等が節減されて自動車保有者の保護となる。

以上であるが，揮発油性を審議した衆議院委員会で「揮発油税の収入を財源とし，其の中より相当額を道路改良費に充て，且地方税中営業用自動車税の軽減を図るべし」との附帯決議が行われた。

1939年度から道路舗装が国家予算に計上され，40，41年度の2カ年の道路舗装計画が策定されたのは，揮発油税の創設と深い関係があると考えている。戦後の53年，「道路整備費の財源等に関する臨時措置法」が制定され，揮発油税が道路整備のための目的税とされたが，その推進は戦前から行われていたのである。

さて，戦前の道路整備は実際にどこまで行われたのだろうか。戦後の56年，

第Ⅱ章 戦前の社会基盤整備政策

世界銀行から借款するため政府が招いたワトキンス調査団は,「日本の道路は信じがたいほど悪い。工業国として,これほど完全にその道路網を無視してきた国はない」との有名な言葉を残している。

36年に自動車製造事業法が第69帝国議会で制定されたが,この審議のなかで芳沢謙吉元外務大臣が,「日本の如き一等国で以て,今日の状況のような道路をもっている国は,外にないと私は考えている」と,戦後のワトキンス調査団と同じようなことを述べている。そして「せめて国道だけでも,国道の中でも特に北樺太より南台湾に至る国道の幹線だけでも早く舗装した法が宜しい」と希望している[31]。36年度以降の道路整備状況は,かんばしくなく,この年とほぼ同様であったと考えてよい。欧米諸国との比較においても,日本の道路事情の悪さは内務省内に限らず,広く認識されていたのである。

このようにみると,戦後の社会経済の高度成長を支えた道路整備の基本的考え方,また方針は戦前,既に確立されていたと評価される。工事資金,ブルドーザー,大型トラックなどの大型重機による機械施工技術を主にアメリカから導入し,戦前に確立されていた構想が昭和30年代から本格的に実施されたと評価されるのである。

【注】
1) 水野錬太郎「道路改良の急務」『道路の改良』第一輯,道路改良会,1919年。
2) 岸本鹿太郎「軍事上より見たる道路」『道路の改良』第一輯,道路改良会,1919年。
3) 前掲書1)。
4) 山田英太郎「道路改良会史前の史」『道路の改良』第5巻第3号,道路改良会,1923年。
5) 廣岡治哉編『近代日本交通史』法政大学出版局,1987年,154〜157ページ。
6) 地方の交通にとっては比較的関係は薄いが,国内交通の観点からは必要であると国家的見地から内務大臣が指定したもの。
7) 道路法とほぼ同時に審議され制定されたのが,都市計画法である。都市計画について,制定以前には1888年制定の東京市区改正条例があり,1918年には,

この条例は京都市，大阪市及び内務大臣の指定する市に準用することを可能とする法律となった。それなのに改正の翌年，都市計画法は制定された。これは道路法とあわせて，あるいは道路法に引きずられて都市計画法の成立となったのではないかと考えている。
8) その決議とは概ね，次のようなものである。
「道路の認定なり管理において内務大臣，府県知事，市町村長に非常に広範なる権限を任せている。また国道の存続などという権限を内務大臣が一手に握るということは余りにも強すぎるので，関係各省，貴・衆両院，民間の学識経験者を集めた道路会議を設置して，その会議の意見を十分に聴いた上で道路法を運用する」。「路政座談会――第一回座談会」『道路の改良』第22巻第12号，道路改良会，1940年。
9) 「路政座談会――第一回座談会」同上。
10) 「道路の改良と維持」『道路の改良』第22巻第12号，道路改良会，1940年。
11) 当時の道路技術の指導者牧彦七は次のように述べている。
「我邦では将来道路を如何に改良すべきか。勿論交通の状態に依って，現在通りの金の掛らぬ方法を用ひることも，確かに一の方法であります。更に一歩を進めて，『ローラー』を用いて本当の砂利道を築造することも，或る程度まで適当でないかと思われます。尤も将来のことを考へますれば，重要なる幹線には少なくも『マカダム』位は用いたいのであります」。牧彦七「欧米に於ける道路問題の内情」『道路の改良』第5巻第2号，道路改良会，1923年。
12) 丹羽七郎は次のように述べている。
「農村振興策の確立が目下の急務であることは朝野識者の一致する所である。之が対策如何と見るに，曰く農務省の独立，曰く自作農の創定，曰く米穀法の改正，曰く小作法の制定，曰く何，曰く何と十指を屈するも尚足りない有様であるが，其の根本策の一として道路の改良を挙くる者は，余輩の寡聞なるが為めか，未だ極めて稀な様に見受ける。然れども道路は農村生活に於ける血管である。農村に生命を送る所の機関である。之が改善を措て農村の振興を図らむとするは，血管の故障を治療せずして身体の強健ならむことを希ふと同様である。農村振興の策を論ずる者，農村の疲弊に同情するの余り救急の方策を求むるに焦慮するが為め，道路改良の如き根本策を捨てて顧みないのであるが，恐らくは斯の如き論者もあるべし。併し今日の農村疲弊は，由って来る所遠く且つ久しいのであるから，応急的即効的方策に没頭しては，遂に其の目的を達す

第Ⅱ章　戦前の社会基盤整備政策　　　　　　　　　　　　　　141

ることが出来ないであらう。或は農村振興策と称するものを，不知不識の間に所謂産業政策の範囲，或は主として農商務省主管事項に限定して考察するの結果，内務省主管たり直接産業政策の部類に属せざる道路の問題に触れざるに至るのであるが，恐らくは斯の如き論者もあるべし。併しながら遊歩道，公園道と言ふが如きもの，或は特に軍事上の必要に依るもの等を除きては，一般道路の問題は経済問題である。国民経済上の打算を外にしては，道路問題はない。農村経済の振興は，道路改良の打算の一項目である」。丹羽七郎「農村振興と道路」『道路の改良』第6巻第8号，道路改良会，1924年。

13)　前掲書10)。
14)　このことについて次のように述べている。「道路工事は比較的多くの労力費を要し，且普遍的に起工することが出来るので一般に失業救済事業として好適であると，自動車交通の発展を促進して産業を振興するに効果ある一石二鳥の事業であることを認めたからである」。「道路の改良と維持」『道路の改良』第22巻第12号，道路改良会，1940年。
15)　佐上信一「英国に於ける失業者救済対策としての道路改良事業について」『道路の改良』第6巻第4号，道路改良会，1924年。
16)　1933年に政権を握ったヒットラーが，自動車専用道路建設に大量の失業者を吸収したことは周知の事実である。
17)　日本道路協会編『日本道路史』日本道路協会，1978年，1353～1355ページ。
　　　なお産業振興道路改良計画は，前節の表2-3「産業振興事業5カ年事業」の道路事業にあたる。ただしこれより道路行政監督費100万円分増加している。
18)　1919年に勅令でもって設置された道路会議は，関東大震災の影響を受けて，24年廃止されていた。この後，33年土木会議が設立されたのである。この土木会議では，道路以外に河川，港湾が審議された。
19)　唐澤俊樹「道路対策改訂論」『道路の改良』第15巻第11号，道路改良会，1933年。
20)　内務省土木局「土木会議の成立とその経過 (3)」『水利と土木』第7巻第2号，1934年。
21)　事業費のうち41,008,000円の「補助費」とは，第1次改良計画に基づき将来国からの補助があるだろうとの期待の下に事業を行った府県の国道改良工事に対して，相当額の補助を支給しようとするものである。
22)　前掲書19)。

23) 唐澤の主張は次のようである。前掲書19)。
「国道に関する費用の負担は，原則として地方に帰せしめ，政府は之に対し補助政策を採ったのであるが，自動車交通の経済的領域が機械の巧妙と道路改良の促進と相俟って漸次拡張され，行政区割に拘泥せずして交通する事実に鑑み，更に国内交通の幹線たる資実を持することに稽ふるときは，地方費負担の制度は更に検討を要する問題であろう。這般行われた交通情勢調査の結果に徴すると，其の事実が余りにも顕著なことを知るのである。卑近の例に徴すると，陸羽街道埼玉県地内の国道を利用する自動車の三分二は総て他府県所属の自動車であって，国道改良費を負担する埼玉県所属の自動車が交通量の三分一を占むるが如き場合に於て，埼玉県をして費用の全額を負担せしむるが如きは負担の公平を期する所以ではない。仮令政府の補助政策に依って其の半額を補助するにしても，尚公平を期し得ないのである。況んや其の維持修繕費の全額を地方に負担せしむる現制度に於ては，尚更のことである。又国道が国内交通を支配するに不拘，之を府県単位に於て改良せしむることも，一貫して行はるゝ交通のためには大なる障害と言わねばならぬ。故に是等の点に於ても従来の政策を改定するの必要を認むるのである」。
24) 東京土木出張所「新京浜国道起工式に就いて」『道路の改良』第18巻第11号，道路改良会，1936年。
25) 舗装区間は次に基準の下に選定された。
　1. 自動車交通量1日平均300台以上ノモノ。
　2. 特殊ノ営造物又ハ重要ナル工場，事業場ト特ニ密接ナル関連ヲ有スルモノ。
　3. 重要ナル港湾，鉄道，飛行場等他ノ交通施設ト特ニ密接ナル関連ヲ有スルモノ。
　4. 市街地又ハ人家連担ノモノ。
26) 「自動車製造事業法の実施と道路改良国策の樹立」『道路の改良』第18巻第7号，道路改良会，1936年。
27) 吉田喜市『高速道路建設史』全国道路自動車国道建設協議会，1972年，25～30ページ。
28) 「路線の選定には天災時其の他に於て，鉄道及び現在重要道路と同時に災害を受くる懼ある地点を出来得る限り避くること」。
29) 「自動車国道網並に計画大要国防上の要請並に国土計画的見地に基き，自動車の高速度交通に適する国内主要交通幹線網として，新に自動車国道網計画を策

第Ⅱ章　戦前の社会基盤整備政策　　　　　　　　　　143

定し，自動車に依る中距離輸送を助長して，他の国道府県道と相俟ち，国内各ブロック相互の物貨交流を容易ならしむると共に，全国土の有機的結合を図る。計画大要は図2-7の如し。

　本計画は，自動車の中距離輸送を急速に助長する要ある区間より，順次これが建設に着手するものとし，『東京・福岡』間は最も急施を要するものと認む」。

　なお参考までに戦後の1972年当時の国土開発幹線自動車道計画図も併せて掲載する（図2-8）。

30）前掲書17），1326～1329ページ。
31）前掲書26）。

4 戦前の国土計画

 準戦時を唱えた広田内閣は1937（昭和12）年1月，帝国議会でのいわゆる腹切り問答のすえ，総辞職した。同年2月，元陸軍大臣・林大将による組閣となったが，総選挙後の同年5月に総辞職となり，その後任の首相に選任されたのが近衛文麿である。その直後の7月7日，蘆溝橋事件を契機として日中戦争が勃発し日本は戦時体制に突入した。

 この後，社会・経済は急激に政府の直接統制下に置かれていった。また1937年10月には，国策総合機関である企画院が設置され，国家総動員計画，生産力拡充計画などを立案していった。しかし社会基盤整備との関連で注目すべきことは，企画院を中心として国土計画が検討されたことである。それまで社会基盤整備は河川，道路，港湾等と個別的に計画が樹てられ，推進されてきたというのが実情であるが，ここに統一的に推進しようという動きが顕在化したのである。ここでは戦前の国土計画と，そこに到るまでの経緯について述べていく。

（1） 企画院の設立[1]

 各省庁を横断する国策総合機関設置の動きは，総力戦となった第1次世界大戦に源を発する。ヨーロッパの参戦国は国家総動員体制で戦ったが，これが日本の軍部に強いインパクトを与えたのである。陸軍では，1915（大正4）年から正式に国家総動員の研究が進められ，国防院の設置などが構想された。実際には18年4月，軍需工業動員法が公布され，内閣に軍需局が設立された。一方，同時期に陸軍省では兵器局工政課が新設され，工業動員，軍需工業の指導・補助などが業務とされた。

 軍需局は，日本最初の国家総動員機関であった。だがその規模は小さく，か

んばしい成果を出さないうちに20年5月,内閣統計局と合併して国勢院第二部となり,ここで軍需工業動員計画が取り組まれることとなった。だが22年12月,国勢院は行政整理の一環として廃止され,その事務は農商務省,陸海軍省に移された。しかしこの後の25年,帝国議会両院で国家総動員機関設置の建議が行われ,これに基づいて政府は国家総動員機関設置準備委員会を設立し,資源局が27年に設置されたのである。

この資源局で29年から毎年,「国家総動員計画」が策定された。また総動員計画に関する綱領である「総動員基本計画綱領」が閣議決定されたのは,30年であった。さらに資源の調査研究,その統制運用が計画されたが,そのための「資源調査法」が29年に制定された。

この後,内外の政治・経済状況の大動乱のなかで,「調査研究から政策立案までを一元化した機関の設置」が課題となり,「内閣のほかに恒久性をもった政策立案機関」として35年5月,内閣審議会とその下部機関である内閣調査局が設立された。設立当初の首席調査官・松井春生は,その前年に『経済参謀本部論』を出版している。ここで松井は,わが国社会での全般的かつ統一的な統制経済の必要性と,それを推進する経済参謀本部の設置を主張した。この構想がやがて企画院として実現していくのである。

36年の2・26事件後に登場した広田内閣によって内閣審議会は廃止されたが,内閣調査局は存続し,かつ重要な役割を担った。先述したように,37年度予算は実質的に内閣調査局のリーダーシップのもとに作成されたと評価されている。そして広田内閣退陣後の林内閣の下で,37年5月,内閣調査局は企画庁へと拡充改組された。その役割は次のことである。

・内閣総理大臣の命の下,重要政策およびその統制調整に関し,案を起草し,理由をそえて上申すること。
・各省大臣が閣議に提出する重要法案を審査し,意見をそえて内閣に上申すること。
・重要政策およびその総合調整に関し調査すること。
・重要政策に関する予算の統制に関し,意見をそえて内閣に提出すること。

また必要な時,企画庁は関係各省庁に対し資料の提出あるいは説明を求めることができた。企画庁は,調査局より一層,内閣への影響力を強めている。だが調査局が自ら強く主張していた大蔵省主計局の統合,貿易行政機構の創設などによる実質的な権限をもった国策統合機関とはならなかった。設立後の企画庁は,陸軍が作成した「重要産業五ヶ年計画」にもとづいた「生産力拡充5カ年計画」の立案に取りくんだのである。

ところが,1937年7月7日,日中戦争の開始によって状況は再び大きく動いた。林内閣は退陣していたが,これを継いだ近衛内閣において,陸軍の指導のもとに,企画庁は資源局を合併して同年10月,企画院が誕生したのである[2]。

これ以降,企画院が戦争遂行の企画立案の中枢機関として国家総動員法の制定,物資動員計画,国家総動員計画,生産力拡充計画などを進めていった[3]。また40年9月には企画院の官制改正が行われ,国土計画設定の準備が加わった。さらに翌41年2月の改正では「国土計画ノ設定ニ関スルコト及国土計画上ノ必要ニ依ル各庁事業ノ統制ニ関スルコト」が加えられ,国土計画設定,さらにそれに基づく各省庁への統制の権限とが明示され,総合国策機関へと発展していったのである[4]。

(2) 社会基盤整備総合計画の歴史的経緯

1937(昭和12)年以前にも社会基盤整備について個別的に進めるのではなく,統合的に進めていこうという考えはあった。その出発点として,内務省土木局が32年に策定した「産業振興事業の五ヵ年計画」をあげることができる。産業振興のもとに,河川,道路,港湾の整備を計画的に行おうとしたのである。また33年,勅令に基づく土木会議官制が制定され,同年,土木会議が開催されたが,山本達雄内務大臣はこの経緯について,概ね次のことを述べ,総合的見地からの土木政策の必要性を主張した[5]。

> これまでは道路に関しては道路会議,治水に関して臨時治水調査会,港湾に関して港湾調査会が設立され,個々別々に計画をつくり事業を進めて

第Ⅱ章　戦前の社会基盤整備政策　　　　　　　　　　147

いって十分であった。しかし今日，それらの事業を統合し，連絡・統制を十分図って総合的見地より土木政策を行っていかなければならなくなった。

　だが，土木会議により決定された実際の計画は，従前と同様，個々別々のものであった。土木会議の下部機関として道路部会，河川部会，港湾部会が設置されて審議されたが，相互の連絡はほとんどなく，第2次道路改良計画，第3次治水計画が策定された。港湾は特に全体計画は定められなかった。
　一方，地域計画としても，経済不況そして冷害等の自然災害で疲弊の極にあった東北地方で，37年以前，総合的な地域振興計画が既に策定されていた。33年の三陸大津波，翌年の大冷害と連年大災害を受けた直後の34年11月，臨時議会の特別立法措置により，首相を会長として政府機関である東北振興調査会が設立されたのである。その目的は「東北振興の樹立に付ては，東北地方の特異性に鑑み特に東北全体を通して，各般の重要事項に亘り，昭和十二年度以降に継続する総合計画を樹て」ることである。
　その一環として36年，東北振興事業を具体的に推進しようとする組織である東北興業株式会社と東北振興電力株式会社が設立された。また同年，翌37年から政府予算額3億円からなる第1期の5カ年計画（東北振興第1期綜合計画）などの「東北振興綜合計画実施要綱」が答申され，実施に移されていく。しかし戦時に突入し，軍事産業などへの転換あるいは振興電力が日本発送電株式会社に吸収合併されるなどして，成果があまりみられないまま終戦となった[6]。
　なお政府機関である東北振興調査会の前史として，調査研究団体である東北振興会の1913（大正2）年の設立がある。時の内務大臣原敬の主唱により，渋沢栄一，益田孝らが発起人となって13年の凶作を契機として設立されたもので，「東北振興に関する意見書」をとりまとめ，国有林開発や東北拓殖会社の設置の勧告などして26年まで存続した。また34年の大凶作に促され，日本学術振興会に東北振興調査委員会が設置され，研究者による調査が進められて東北振興調査会の審議に影響を与えた。

さらに都市計画との関連についてみると[7]，24年のアムステルダム国際都市会議で，都市計画の上位計画として地方計画が必要との指摘がなされた。わが国では，33年，都市計画法が改訂されて全ての市と内務大臣の指定する町村に都市計画法が適用されることとなった。それまで，中心市の都市計画区域に含まれることによって都市計画法の適用を受けていた周辺の中小都市が，別個に都市計画を定めることができるようになったのである。このため複数の都市計画区域にまたがる上位の計画が，地域計画として必要となった。実際に策定されたのは，36年の関東国土計画，近畿地方計画などである。

この後，地域計画について内務省では都市計画課を中心に調査が進められ，41年，内務大臣の所管事項に地方計画を加える官制の改正が行われた。この時，土木局は国土局に改められた。

(3) 企画院による国土計画

国土計画，地域計画について正式に政府がその策定を公にしたのは，1940（昭和15）年9月の「国土計画設置要綱」の閣議決定である。これは前年に成立した第2次近衛内閣の基本国策要綱の1項に，「日満支を通じる総合国力の発展を目標とする国土計画の確立」があり，企画院が検討を進めて設置要綱となったのである。この国土計画，地域計画の策定については，ナチスドイツから強い刺激を受けていた。

さて，「国土計画設定要綱」についてみると，その主旨として次のように述べている[8]。

> 日満支を通ずる国防国家形態の強化を図るを目標として国土計画の制を定め，地域的には満支をも含め，時間的には国家百年の将来をも稽へ，産業，交通，文化等の諸般の施設及人口の配分計画を土地との関連に於て綜合的に合目的々に構成し，以て国土の綜合的保全利用開発の計画を樹立し，一貫せる指導方針の下に時局下諸般の政策の統制的推進を図らんとす。

第Ⅱ章　戦前の社会基盤整備政策

　これでわかるように，対象としている地域は日本のみではなく，当時支配下あるいは影響力をもっていた中国大陸を含んでいる。日本とは台湾，朝鮮半島を含んだもので，国防国家態勢の強化を図ることを目標としていた。八紘一宇の「大東亜共栄圏」の確立と強く結びついていたことがわかる。

　さらにこの設定・要綱は，計画として日本・中国大陸全体をみつめて，人と施設との「合理的配分方針ヲ策定」する日満支計画と，これを基準として日本（台湾，朝鮮半島を含む）を対象として行う「中央計画」の2つをあげる。中央計画は「各庁所管行政の基準となりて運用せらるべく，内地に於ける各単位地域別地方計画及外地に於ける開発計画策定の準となる外，各庁所管の事業として直接実施せらるべきものとす」と位置づけられていた。主要策定事項としては，「日満支経済配分計画」，「工鉱業配分計画」，「農林畜水産業配分計画」，「総合的交通計画」，「総合的動力計画」，「総合的治山治水及利水計画」，「総合的人口配分計画」，「文化厚生施設の配分計画」，「単位地域別計画の基本方針」であった。

　ここに河川，道路，港湾等の個別社会基盤整備に対し，上位計画である国土計画，地域計画のもとに体系的に構成しようとする構想が理念として樹立されたのである。ただしそれは，「大東亜共栄圏」，「国防国家」という言葉にみられるように，大陸への膨張主義，軍事国家の確立と強く結びついたものだった。

　この後，太平洋戦争に突入したこともあって，企画院では「大東亜共栄圏ノ経済建設ニ関スル国土計画的意見」，「大東亜国土計画大綱素案」，「黄海渤海地域国土計画要綱案」の策定などの大東亜共栄圏関連の作業が進められていった[9]。

　一方，「国土計画設定要綱」でいう「中央計画」の具体的内容は，戦争が激化していくなかの1943（昭和18）年10月に「中央計画素案・同要綱案」として公表された[10]。

　この計画素案は実に膨大なもので，「第一部基本方針」，「第二部地域別方針」，「第三部地方計画に関する事項」からなる。そしてたとえば第一部基本方針は，「第一項首都」，「第二項地方区域」，「第三項産業配分に関する計画」，「第四項

電力に関する計画」,「第五項交通に関する計画」,「第六項治山,治水及利水に関する計画」,「第七項人口配分に関する計画」,「第八項文化厚生施設の配置に関する計画」より構成される。第二項から第八項については,内地,朝鮮,台湾の地域別,また内地の各地方別に詳細に論じられている。

　このなかで,社会基盤整備と特に深く関連するのは第四項から第六項であるが,地域別,地方別にも計画目標が詳しく述べられている。当然のことながら戦争の最中であり,基本的目標とするところは大東亜共栄圏の建設,国防国家の建設であった。具体的目標として「国土防衛」,「日本民族の増強」,「重化学工業の飛躍的拡充」,「主要食糧の充実確保」,「輸送力の強化」が揚げられている。

　「中央計画素案・同要綱案」に基づき,具体的な社会基盤整備の計画について,戦前・戦時中の特殊的な要件である国防事項を除いて個別にみていこう。

　電力に関する計画では,産業の画期的拡充に先行し,産業立地計画と強力に総合調整させて飛躍的な開発増強を目的とした。内地（朝鮮,台湾を除く）では,極力水力開発を行い,火力発電は北海道,樺太,九州での産炭地における粗悪炭処理の範囲に止める。また内地では,電源の大規模開発が困難であること,さらに将来の電力需給の状勢を勘案して,電力を大量消費する工業の立地を極力抑制する。そして已むを得ず立地せざるを得ない電気化学工業に対しては,特殊電力および深夜間余剰電力を使用するものに限定する。

　交通に関する計画は,鉄道,道路,水路,港湾,航空,通信,気象および海象よりなる。個別についてみると,鉄道については内地と朝鮮における縦貫幹線の増強を図り,国防並びに産業開発のため道路網の整備と相俟って陸運の総合的発達を期すとした。特に広軌新幹線として旭川・鹿児島間の国土縦貫線建設に重点を置き,また津軽海峡,朝鮮海峡横断海底トンネルの開削を実施する。大量輸送機関としての役割に重点を置き,自動車輸送との調整を図る。また電化を進める。さらに都心部の地下鉄を促進する。

　道路については,国産車による自動車交通の将来の飛躍的発達に照応して,道路の画期的整備に努める。自動車の高速度運転のための自動車国道を建設す

る。なかでも東京・福岡間の建設を進める。幹線道路網の整備にあたっては従来，軽視されてきた国土横断道路の強化を図る。一般の道路については舗装の普及，ならびに橋梁の永久恒久構造化を図る。幹線道路については，重量自動車の運転に適するよう整備する。

水路については，臨水工業地帯の造成に対応して河川の運河化を図り，港湾，道路，鉄道等の水陸交通機関との有機的連繋を保ちつつ，水路の利便の増進に努める。これによって発電，農，工業用利水ならびに治水との総合的計画の下に，河川の最高度の活用を図る。

港湾については，商港施設の飛躍的拡充，臨海工業地帯における工業港施設の拡張新設を行う。荷役の機械化，臨港線，上屋倉庫等の施設を改良し，鉄道，道路等の背後施設との有機的総合的整備を図り極力，港湾施設能力を増強する。

治山・治水及利水に関する計画では，治水，利水の2つの計画からなる。河川の氾濫に対処して根本的な治山・治水計画の確立を図る。利水計画では電力資源，農業用水，工業用水，都市用水等の確保開発に重点を置き，あわせて漁業および交通に留意する。特に各用途の競合を調整するため，重要河川については総合的観点に基づき合理的な利用計画の樹立を図るものとして，北海道8河川，東北地方12河川，北陸地方12河川，関東地方12河川，東海地方12河川，近畿地方12河川，中国地方15河川，四国地方9河川，九州地方18河川において計画目的をそれぞれ明示した。その目的は，治水，砂防，農業水利，水力発電，工業用水，上水，水運からなる。

以上であるが，さらにこの「中央計画素案・同要綱案」で注目すべきことは，「文化厚生施設の配置に関する計画」で，「民族精神を育成昂揚し民族力を培養す」るための景観厚生地区の指定が規定されたことである。その目的は，「歴史，学術，自然景観，厚生保護等の見地より特に重要なる地域に付其の保全を図り，必要なる施設を行い皇国民の国土愛の観念を助長すると共に其の資質の向上に資する」ものであった。民族精神の高揚の観点からであるが，自然，景観の保全と整備が強く推進されたのである。そしてこの地区では「国防上及び電力開発上，やむを得ざる場合等を除き，自然的及文化的景観の破壊を極力防

止することに努め」るとされた。景観厚生地区は，民族精神の育成昂揚上，重要な区域であるが，国防と並んで電力開発が已むを得ない場合と指摘されていることは，特に興味深い。

この「中央計画素案・同要綱案」は，1943年10月の企画院の廃止，戦局の悪化などにより画餅に帰した。企画院の廃止後，国土計画は内務省国土局に移管され，地方計画と併せて所掌されることとなった。この後，一層の戦局の悪化に伴い，人口の適正配置をしてこれに対処しようとする「決戦人口再配置計画要綱案」（44年3月），本土決戦に備えた「戦時国土計画素案」（45年1月）などが策定された。

【注】
1) 参照文献
   伊藤隆「「国是」と「国策」・「統制」・「計画」」『日本経済史 6』岩波書店，1989年。
   御厨貴「国策総合設置設置問題の史的展開」『年報　近代に本研究Ⅰ』山川出版社，1979年。
2) 企画院の役割を官制でみると，以下のとおりである。
   企画院ハ内閣総理大臣ノ管理ニ属シ左ノ事務を掌ル
   一　平戦時ニ於ケル総合国力ノ拡充運用ニ関シ，案ヲ起草シ理由ヲ具ヘテ内閣総理大臣ニ上申スルコト。
   二　各省大臣ヨリ閣議ニ提出スル案件ニシテ，平戦時ニ於ケル総合国力ノ拡充運用ニ関シ重要ナルモノノ大綱ヲ審査シ，意見ヲ具ヘテ内閣総理大臣ヲ経テ内閣ニ上申スルコト。
   三　平戦時ニ於ケル総合国力ノ拡充運用ニ関スル重要事項ノ予算ノ統制ニ関シ，意見ヲ具ヘテ内閣総理大臣ヲ経テ内閣ニ上申スルコト。
   四　国家総動員計画ノ設定及遂行ニ関スル各庁事務の調整統一ヲ図ルコト。
   前項ノ事務ヲ行フニ付必要アルトキハ，企画院ハ関係各庁ニ対シ資料ノ提出又ハ説明ヲ求ムルコトヲ得。
3) 詳細は古川隆久『昭和中期の総合国策機関』吉川弘文館，1992年参照のこと。
4) 御厨貴は，企画院について大蔵省，商工省，陸軍省3省による出先機関以上

のものでなく，内閣の総動員関係の事務機関たる地位に止まったと評価している。『国策総合機関設置問題の史的展開』前出，161 ページ。
5) 山本達夫内務大臣は，土木会議官制制定の経緯について次のように述べている。

「従来におきましても道路に関しては道路会議が設置せられ，また治水に関しては臨時治水調査会が設置せられたこともあり，また港湾に関しては港湾調査会が設置せられまして，関係部門に関し必要なる調査審議が遂げられ，それぞれ少なからぬ貢献を為し来ったのでありますが，今回此等の会議を打て一丸とし土木会議を設置することと相成りましたのは，要するに河川，道路，港湾等の各方面に渡りて連絡あり統制ある調査を致し，総合的見地より之が対策を講ずることが，特に必要であると云ふことを認めました結果に他ならぬのであります」。

武井群嗣「匡救事業の善後措置」『水利と土木』第 8 巻第 4 号，1935 年。
6) この 5 ヵ年計画の内容に対して，高橋富雄はあまりに総花的で東北開発に対する基本戦略がなく，理念の欠如，あるいは目的が曖昧だと鋭く批判している。高橋富雄『東北の歴史と開発』山川出版社，1973 年，329～348 ページ。
7) 参照文献としては，石田頼房『日本近代都市計画の百年』自治体研究社，1987 年。
8) 酉水孜郎『資料・国土計画』大明堂，1975 年，19～21 ページ。
9) 同上。
10) 同上，86～219 ページ。

第Ⅲ章　戦前の地域整備の具体的展開

　本章では，戦前の代表的な地域整備についてその具体的状況を述べていく。取り上げる事例は，臨海工業地帯の整備と地方中心都市の治水である。

　前者として，京浜工業地帯の中核である多摩川と鶴見川に挟まれた鶴見・川崎地区を取り上げる。この工業地帯は，横浜港と東京港を結ぶ京浜運河沿いの埋立によって形成されたものである。運河を物資輸送の動脈とし，工場用地となった埋立地には陸揚げ施設が築造された。運河開削と埋立は，一体的に整備されたのである。

　またここは，都市用水の確保に非常に苦労した地域である。川崎市は，わが国最初の公営工業用水道の建設に 1936（昭和 11）年に着手したが，川崎市周辺のみではその水量は絶対的に不足していた。その用水をどうやって確保するのか。決め手は，遠く離れた相模川からの分水であった。しかし相模川は横浜の都市用水，相模原台地の開発のための用水源としても注目されていた。結局は神奈川県による相模川河水統制事業として進められた。なお京浜運河の開削，鶴見・川崎地区の埋立に対し，民営か公営か激しい綱引きが行われた。最終的には神奈川県営での着工となったが，この着工は相模川河水統制事業と密接な関係かがあると考えている。

　地方都市の治水を述べる後者として広島市，岡山市を具体的に取り上げる。利根川，淀川，信濃川等の大河川が昭和の初め続々と竣功していき，秋田，広島，岡山，和歌山，富山のような地方の中心都市の治水が課題となったのである。これらの治水は，都市整備また港湾整備と一体的に取り上げられていた。都市の発展にとって必要不可欠な整備であったのである。

1 京浜運河の開削と京浜工業地帯の造成

(1) 浅野総一郎と埋立事業

　京浜臨海工業地帯の出発点は，浅野総一郎[1]の埋立事業である。浅野が埋立工事に着手したのは1913（大正2）年であるが，その埋立位置からして国際貿易港横浜港と首都東京との物資輸送路である京浜運河と深く関連する。先ず，彼が埋立事業に着手するに到った経緯について，京浜運河との関連も含めてみていこう（図3-1）。

　浅野はなぜ海面を埋立て，船の行き来できる水路を整備して，いわゆる臨海工業地域開発に乗り出したのか。浅野が企業家としてその地歩を築いたのは，1884（明治17）年，官営深川セメント工場の払い下げを受け，その経営に成功したことである。この工場は，隅田川沿岸に展開する東京下町の仙台堀沿いに位置していた。

　荒川下流部に位置する隅田川は，新河岸川を支川にもつ荒川を背後圏とするとともに，小名木川，竪川を通じて中川とつながり，新川によって江戸川と結んで利根川舟運と連絡していた（図3-2）。近世，江戸下町は，利根川，荒川によってわが国で最も大きい関東平野を流域経済圏としていたのであり，舟運で全国との間にネットワークを組んでいた。「天下の台所」大阪とは菱垣廻船，樽廻船で連絡し，また北上川河口の石巻港，阿武隈川河口の荒浜港を出た東北地方の物資は房総半島を廻り下田港を経由してから，あるいは銚子経由あるいは那珂湊～北浦経由等で利根川を遡上し，隅田川河口に入っていた。さらに幕末，海外との連絡は横浜港を通じて行っていたのである。ただ隅田川を行き来できる船は小型の日本船で，西洋の大型船は入港できなかった。このため横浜港との連絡は，艀(はしけ)で行っていた。

　物資輸送のこのような条件のもとに，明治政府は深川にセメント工場を設置

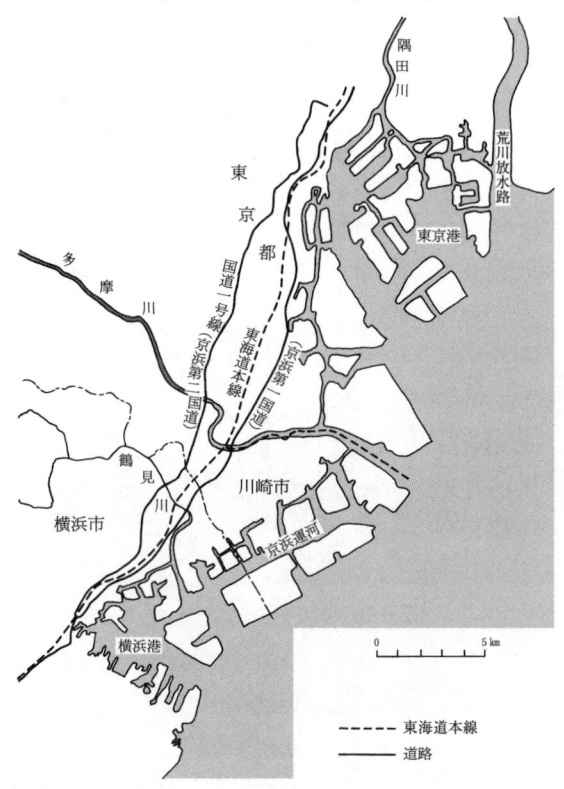

第Ⅲ章　戦前の地域整備の具体的展開　　　　　　　　　　157

図 3-1　東京湾〜京浜運河〜横浜湾現況概況図

したのである。材料の石灰、燃料のコークスは、この輸送路を通じて搬入され、また生産物も移出されていた。浅野がセメント工場と関わったのも、横浜で石灰商を営んでいた当時、コークスをセメント工場に納入したことからである。もちろんそのコークスは、船で輸送された。浅野の企業活動について、彼の後ろ盾となる渋沢栄一と面識を得たのも、渋沢が設立した王子の抄紙会社（王子製紙の前身）に横浜から舟により石炭を搬入したことからであった。東京下町は近世に整備された舟運を基軸とする輸送手段を基盤にして、工場が整備されていったのである。その状況を、たとえば深川区内でみると、明治30年代か

図 3-2　明治前期の東京府下概況図

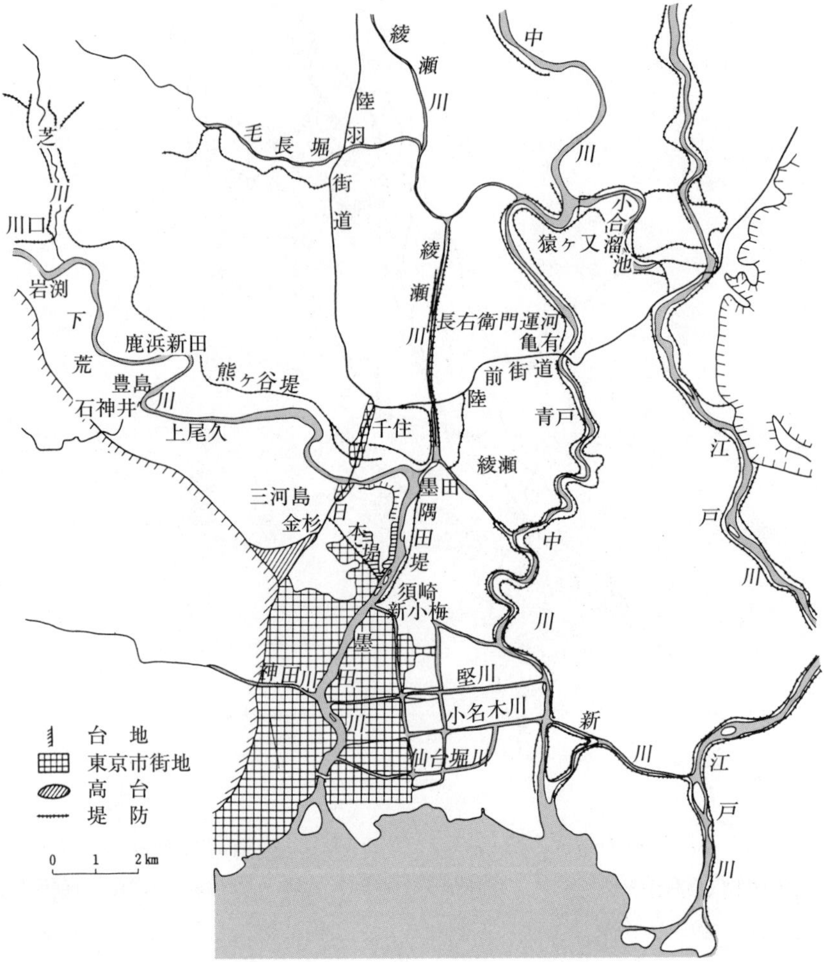

凡例：
台地
東京市街地
高台
堤防

0　1　2 km

出典：第一軍管地方迅速図「麹町区」「下谷区」「川口町」「市川驛」「逆井驛」「松戸驛」をもとに作成。

第Ⅲ章　戦前の地域整備の具体的展開　　　　159

ら一層の工場の進出がみられ，特に1905年の日露戦争の終結時から，その伸びが著しくなった。

　このような経験から，舟運の便をもととした工業の発展について，浅野は肌身で知っていたのである。そして北九州地区での官営八幡製鉄所を中心にしたわが国最初の臨海工業地帯における工業港の建設，それに伴う埋立造成建設に活躍した若松築港株式会社の設立にも，渋沢栄一らとともに参加した。臨海工業地帯の開発について，直接，彼の言をみてみよう。1929（昭和4）年の回顧であるが，彼は次のように工業港を中心にした臨海工業地帯の形成について，海面埋立てを基軸にしていこうと述べている[2]。

　　　此の埋立地なるものは私の最も好きな一種の廃物利用で，自然の力に依って埋立てられるべき性質のある場所に人工を施すのであるから，工事は極めて容易で，工費も亦低廉である。而かも完成せる埋立地は，浚渫された航路錨地に接近し，運河溝渠は縦横に通じ，街衢は整然として居るから，惣ち利用せられて，繁華なる商工地となるのであります。即ち欧米は勿論，我国に於ても，大なる都市の重要なる商工業地は，概ね天然又は人工の埋立地であると云っても差支ありませぬ。

　　　今や我国は工業を以て立国の大本となし，諸種の工場を建設して其の発展を図ることは刻下喫緊のことに属し，而して之れが工場の敷地を選ぶに当っては，水陸運輸に多大の便利を有すること，廉価なる動力を得らるゝこと，労働者の供給の潤沢なること，水道の設備あること，消費地に接近する等が必要である以上は，益々以て埋立事業なるものの将来に対し，国民的の関心を有せなければならぬのであります。

　これでわかるように，都市近傍での臨海工業地帯のメリットとして，水陸輸送の便，労働力の確保，消費地に接近していることをあげる。これ以外としては，安価な動力，水道の供給をあげていることは甚だ興味深い。これについては後にまた詳しく述べていく。

　ところで浅野は，1886（明治29）年7月，日清戦争後の海運事業の隆盛を見

込んで東洋汽船株式会社を創業し，外国航路の経営に乗り出した。浅野は，新造船3隻の注文と太平洋航路の寄港地選定を主目的として外遊し，北米からイギリス，ヨーロッパ大陸を回り，主だった港湾を視察して激しい衝撃を受けた。これらの港では，大型船が岸壁に直接，連結したのである。当時日本は，近代港湾の第1号である横浜港が完成しつつあったが，荷役は旧態同様に艀により，大型船の接岸の設備はなかった。

浅野が後に語ったところによると[3]，ロシアの黒海湾で小麦3,000トンを船積みするのに，往復16マイルのベルトコンベアによって接岸している汽船にわずか1日間で完了した。またドイツのハンブルグでは，大豆8,000トンを積んだ汽船が岸壁に横づけになっていて，30トン貨車25両にわずか10時間で機械力によって吸い上げられて積み込まれていた。これらの作業，さらにイギリスのロンドンでテームズ川の両側に1，2万トン級の巨船が悠々停泊している壮観に，驚きの声を発している。

それに比し，浅野が日本に帰ってきた時，船は海岸から遠く離れて碇を投じ，幾十隻の艀船が本船目がけて櫓を漕いできた。それを見た外人が浅野に，「あれは何だ」と聞いた。浅野は，「此時私は大きな辱を受けて居る様に感じて冷汗を流した」と述懐している。そして「これが動機で明治三十年以来，私は政府の力を俟たず自分の力で，此海陸連絡設備の施設しようと考えるようになった」と，埋立事業に乗り出した契機について述べている。帰国後，浅野は早速，調査を開始し，「神奈川東京間の海岸を自ら五度迄も実地に踏査して見ました」と述べるほど，熱心に力を注いでいったのである。

大正時代までの東京築港の動向と浅野の計画

港湾としての機能を合わせてもつ東京港の埋立事業に浅野が初めて公式に声をあげたのは1899（明治32）年で，東京府知事に品川湾埋立を出願した。芝区高輪，品川停留所地先21万坪を377万円の総工事費で行おうとするものであった。しかし許可とはならなかった。

この計画は，浅野独自の構想というよりも東京市で進められていた東京築港

計画に基づき，その一部分を行おうとしたものと思われる。東京築港は明治10年代から調査・計画が進められ，紆余曲折があったが，明治30年代初め，大きく動いていた。東京市は，1899年，古市公威，中山秀三郎に東京築港設計を依頼したのである。古市，中山の計画は，前港と港門を羽田沖として本港（繋船所）を芝浦沖に置き，その間を5,000間（約9km）の運河で結ぼうというものであった[4]。

この古市・中山計画が，1900年の東京市会で，総事業費4,100万円，継続12カ年事業として可決された。東京市長は同年，起工の許可とともに1,200万円の国庫補助を求めて内務大臣に2度ほど請願した。また翌年には帝国議会の衆議院でも，「東京湾の築港は，国家須要の事業にして，政府自ら之を施行すべきものなり」との建議がなされた。しかし内務大臣からは何の指令もなく，実行へ移すことができなかった。その理由の1つとして，東京市会の築港調査委員長であり，東京築港を中心となって強力に推進していた政治家・星亨の刺殺による突然の死が，推測されている[5]。しかし本質的な理由は，東京の外港であった横浜との利害の調整と考えられる。横浜が強く反対したのである。東京と横浜港の関係について，明治初期でみると次のような状況であり，横浜港からの自立を求めて東京側から東京築港が強力に推進されていた[6]。

　明治13年（1880）の水上警察による調査では，東京に入る荷物は約1,800万円であるが，すべて横浜港で卸され，鉄道あるいは艀によって東京に運ばれる。その運搬には，5，6艘の船に対して260艘の艀が必要で，積み卸しに大騒ぎしている。神戸から24時間で運んできた荷物の卸しを3日掛かりで行っているため，1トン2円の運貨の他に，25銭の艀代が必要で，損失が甚だしい。このため，東京に築港するを利とするなり。

浅野の品川沖の埋立の出願は，東京築港に対するこのような動向のなかで行われた。東京築港に便乗して出願したと見られても致し方ないが，その不許可の理由として，次のように海面埋立を出願するものがあっても東京市区改正委員会[7]は一切許可しない方針であることが述べられている[8]。

品川湾の埋立を出願せし者浅野総一郎氏を始め二三ありしが，浅野氏の出願は過日の市区改正委員会に於て，府知事の諮問に対し築港に関係あれば許可相成らざる様致したとの答申を為し，其他の出願も一昨日の同会に於て，同様の決議を為したり。又目下東京市が埋立てつつある洲崎海面の地先埋立を出願せし者ありしも，是亦追て築港開墾の土を以て，市が埋立つるの必要あればとて，同日の市区改正委員会に於て前同様の答申を為すことに決したりと。

　東京築港計画は暗礁に乗り上げたが，この後，浅野は港湾機能をもつ横浜・東京間での埋立事業に対し，独自に調査に乗り出したものと思われる。帝国大学教授広井勇にも研究を依頼し，横浜十二天先から羽田に到る海岸踏査のため一緒に歩いた。この調査に基づき，浅野は1911（明治44）年，東京府に芝浦から羽田沖に到る運河の開削と埋立の事業許可願書を提出した。その計画の概要は，次のようなものだったという[9]。

① 羽田沖から芝浦付近まで幅300m，水深10mの運河を開削し，1万トン級以上の船舶が直接停泊できるようにする。
② 開削による土砂を利用して運河の沿岸に約600万坪の埋立地を造成する。
③ この埋立地の一部に鉄道を敷設し，または倉庫を建設し，他の埋立地は築港会社の所有地とし，適宜に他に工場用地として売却する。
④ 工期は10カ年，総工費は約3,700万円，運河の特許期間を99年とする。
⑤ 特許期間中は通行船舶に対しトン当り10銭の通航料を課するが，期間満了後は国家の所有に帰す。

　鉄道と港湾機能をもつ臨海工業地帯の形成を目指していることがわかる。古市・中山の東京築港計画が下敷きにあり，そのなかで運河開削と埋立地造成を行おうとした計画と考えられる。なお東京市は近世以来の港湾区域であった隅田川河口の機能強化を図り，1906年から10年にかけて河口改良第1期工事，11年から第2期改良工事に着手していた。

　しかし府から浅野の願書を回された東京市会では，審議もされなかった。

「港湾のような国家的事業は民間有志の手に任せるべきものではない。政府や市が主体となって行うべき性質のものだ」という議論が強かったという[10]。

(2) 鶴見・川崎地区の浅野埋立

浅野は神奈川県にも1911年，大師河原池上新田地先127万坪の埋立を出願した。浅野は，神奈川県にとりあえずの埋立許可の願書を提出したというが，さらに翌年，鶴見埋立組合を結成し，11年の出願の隣接地206,000坪の埋立の申請もした。それまでに浅野は，1902年に地元の添田知義外8名が既に埋立許可を得ていた潮田地先の小野新田（約28万坪），同様に村野常右衛門外が許可を得ていた田島村大島渡田地先（約52万坪）の埋立権を手に入れていて，13年，大師河原地先は含まれなかったが，神奈川県から許可されたのである。

このような経緯のもと，浅野が神奈川県から許可を受けたのは，既許可のものも含めて鶴見川以東の150万坪であった（図3-3）。そして防波堤を埋立地の沖合に一文字堤にするようにとの神奈川県の指示があり，正式の許可を受けたのは15年7月であった。その設計は山形要助によって行われたが，概ね次

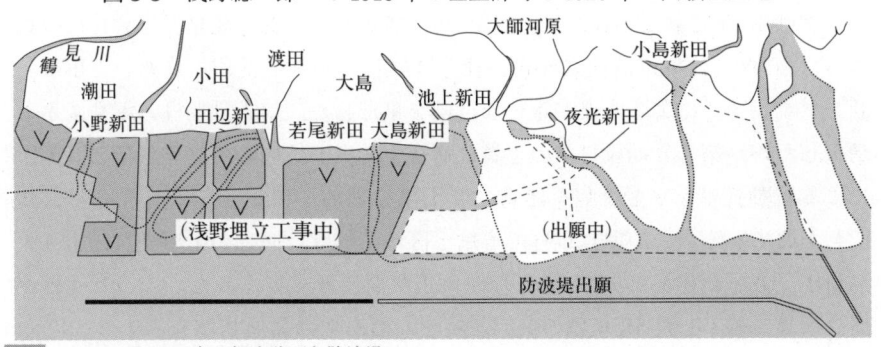

図3-3 浅野総一郎への1915年の埋立許可と1920年の出願埋立地

▽ ——— は1915年の埋立許可と防波堤。
▽ ——— は1920年出願の埋立許可と防波堤。

出典：『川崎港修築史』川崎市港湾局，1966年。

のようであった[11]。

　　設計の大要は関東地方を中心とする一大消費地を背後地とし，波浪静穏にして水陸運輸の至便な鶴見・川崎地先に総面積 4,964,350 m² (1,500,000 坪) を第一区より第九区に一区画 10 ないし 30 万坪に分け大満潮上，4 尺に埋め立てる。其の前面に延長 2260 間の防波堤を築き，総面積 1,983,480 m² (600,000 坪) の錨地を抱擁せしめ，干満面以下 30 尺に縮小して 1 万屯級船舶の入港碇泊を容易にする。又埋立地は幅 40 間，大干満面以下 9 尺の運河をもって縦横に区分し，艀船通行の便を図り，錨地に停泊する船舶と埋立地を完全に連絡せしめ，錨地に於ける繋船設備・航路標識など，必要な諸設備を完備すると共に鉄道・道路を以って背後地との連絡を計り，理想的な工業用地を建設する。

　事業の目的は臨海工業地帯の生成であることが明確に理解される。なお鶴見川，多摩川間の埋立以前の沿岸部は，特に多摩川からの流出土砂により遠浅であり砂州や葦原となっていた。この自然条件のため江戸時代から明治時代にかけて，新田開発を目的にして干拓が行われていた。現在の横浜市鶴見区，川崎の市街地のかなりの区域は干拓により造られていた。浅野の埋立は，遠浅という自然条件の下，近世の干拓地の前面に展開されたのである。

　事業は 13 年に着工されたが，翌 14 年，鶴見埋立組合を鶴見埋築会社に改称，さらに 20 年には東京湾埋立株式会社と発展して着々と進められた。工事は，サンドポンプ船による浚渫が重要な役割を果たした。第 1 号船はイギリスから購入したが，第 2 号船は日本の土質に適する浚渫技術の確立を目指し，国産による電動式ポンプ船 2 隻を建造して工事を進め，1928（昭和 3）年 6 月に竣工したのである。この埋立以外でも施工区域を拡げ，同社の工事請負により大島新田，若尾新田あわせて 22 万坪が大正年間に埋立てられた。ここで浅野が埋立事業に着手した 13 年頃の京浜臨海部での工業の発展状況をみよう。17 年 7 月下旬の『中外商業新報』に掲載された「京浜間に出現せる新工業地」によると，京浜方面での工場進出を 3 期に分けている[12]。

第Ⅲ章　戦前の地域整備の具体的展開

第1期は,「品川よりその場末を中心とせる」時代であって,この方面で大工場を建設する余地がなくなった明治40年代に,「川崎より多摩川下流沿岸を中心とする」第2期に移った。この第2期の開始にとって1つの重要なインパクトとなったのが,品川〜川崎〜神奈川を走る京浜電鉄の1905年末の開通である。

第2期に進出した代表的な工場が横浜精糖,東京電気,日米蓄音器製造会社,富士瓦斯紡績工場,鈴木製薬所,日本改良豆粕会社,川崎瓦斯会社等であった。これらは,鉄道の便とともに,多摩川下流に位置する舟運の利便を求めたのである。たとえば横浜精糖はジャワ・台湾から輸入した原料糖を横浜港経由で船で搬入し,製品は主に東海道線を使って川崎駅から東京市場へ輸送した。また日本改良豆粕会社は,原料である大豆を満州から横浜港経由で輸入した。横浜港からの移出は大型船に頼るわけにいかず,艀によって行っていた。一方,製品の国内移出は鉄道を使った。

さらに次の時代を担う化学・機械工場がこの時期,この地で展開し始めていた。それらは,ソケット,変圧器等の電気製品を製造した東京電気,外資を中心にして蓄音器,レコードを製造した日米蓄音器製造会社,東京帝国大学教授池田菊苗が製法を発見したグルタミン酸ソーダの商品化（味の素）を目指した鈴木製薬所等である。

浅野の埋立が始まったのは,多摩川沿岸下流の立地条件の良い区域がほぼ満杯になった時期である。埋立は,鶴見川・多摩川間の海岸地帯を中心に行われたが,ここでの工場の進出は「京浜間工場地の発展に関する第三期に属するもの」であった。

鶴見・川崎地区の埋立（浅野埋立）がこのように進行していくなかで,浅野は,次の準備に取りかかっていた。浅野埋立地区の東に拡がり,11年に出願していた大師河原村地先の埋立である。20年には,埋立海面の前面に浅野埋立の防波堤に続く延長5,400mの防波堤を築造し,将来は干満面下9mに浚渫して284万m^2の水面を確保しようとする追願書を個人名で提出した（**前掲図3-3**）。

浅野埋立地への企業進出（昭和初頭まで）

ここで1913（大正2）年から始まり，最終的に28年に終了した鶴見川以東150万坪（浅野埋立地）への企業の進出状況をみよう（図3-4）。ここには，浅野の埋立地周辺で小規模ながら独自に埋立を行って進出してきた企業も含まれる。たとえば日本鋼管は，独自に干拓地の用地の造成を行って，14年，操業を開始した。その後，必要となった用地を浅野の埋立地に求めていったのである。

造成された埋立地に企業は漸次，進出していったが，旭硝子（株）が浅野の鶴見埋築株式会社から工場敷地を手に入れたのは15年であり，翌年から出荷を始めた。同社は9年から尼ケ崎，続いて福岡県の戸畑に工場を建設し，窓ガラスを製造していたが，大消費地東京を目指して京浜埋立地に進出したのである。

浅野財閥系の企業としては，浅野セメントがその近傍の大町新田地先に15年から工場建設に着手し，17年完成させていたが，浅野造船所が浅野埋立地

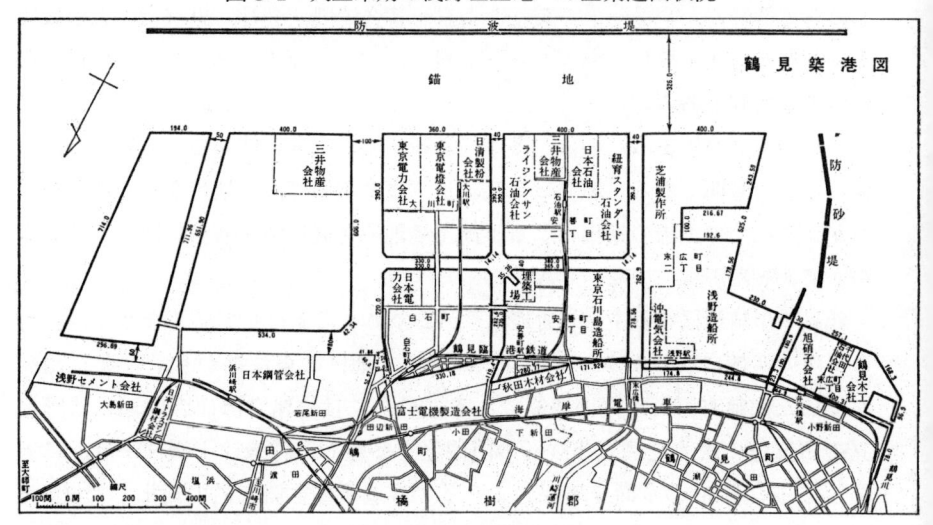

図3-4 大正末期の浅野埋立地への企業進出状況

出典：広井勇『日本築港史』丸善，1929年（縮小し若干省略した）。

に16年から工場建設を行い，17年に4つの造船台をもつ造船所を完成させた。そしてこの造船所に綱鈑を納める浅野製鉄所が設立され，工場は18年完成した。その原料である鋼塊は，官営八幡製鉄所，日本鋼管，富士製鋼から受けていた。なお富士製鋼は17年に創設され，工場は多摩川左岸を埋立て建設された。また鉄鋼関係の工場としては，15年に創設された日東製鋼が東京市月島に工場を完成させた後，17年，京浜地区に進出してきた。

　機械・電気関係の企業についてみると，造船会社石川島造船所に埋立地を売却したのは20年から21年である。株式会社芝浦製作所には21年に売却したが，23年の関東大震災後，同社は発祥の地・芝浦工場の再建を取りやめ，埋立地の工場を増強してここを本拠地とした。また富士電機製造株式会社が浅野埋立地近傍の用地を手に入れ，浅野の鶴見埋築株式会社による造成によって工場地を整備し，工場を建設したのが24年である。

　その他の企業としては，石油のタンク基地として20年，ライジングサン石油との間で契約成立，さらに日本石油，三井物産（重油部）にも造成地を売却した。また26年には日清製粉，東京電力，日本電力，東京電燈へも土地の売却を行った。

　このように重化学・機械を中心とし日本を代表する臨海工業地帯へと成長していったのである。陸上輸送手段としては，進出企業も参加して鶴見臨港株式会社が24年結成され，工場地に貨物・旅客輸送の鉄道が整備された。東海道川崎駅から浜川崎まで貨物支線が開設されていたが，路線の延長，さらに電化が図られたのである。難工事，また旅客部門に対して他の会社が反対するなど種々の課題があったが，30年に扇町から浜川崎さらに弁天橋から鶴見に到る全線の輸送を開始した。

　また埋立地の埠頭の一部は，26年に横浜開港場の一部に編入されたが，28年，三井物産埠頭では最新の荷役設備，上屋などが整備された。また大陸との連絡のため南満州鉄道株式会社へも土地が売却されるなどして，商業港としての役割も付与された。

(3) 京浜運河開削と工業用地造成

京浜運河開削計画の当初の課題

　さて，東京と横浜を結ぶ京浜運河の開削が大正年間，脚光を浴びつつあった。東京市は，東京築港調査委員会によって東京築港計画を1920（大正9）年，可決したのであるが，それは多摩川河口の北東約1里の沖合に港門を設け，多摩川河口左岸から荒川放水路河口右岸までを港域とし，大森から品川方面には外国貿易地，月島・深川方面には国内貿易地と工業用地を造成しようとするものだった。

　しかし東京港の整備は，国際貿易港横浜港に大打撃をもたらす。その対抗策として，横浜側から強く推進されたのが京浜運河である。つまり京浜運河で東京への安全な航路を確保し，東京を横浜港の背後圏の地位にそのまま置いて，横浜港の地位を不動にしようとするものであった。因みに横浜港における東京方面の取扱い荷物量は，後年の34年から38年の資料だが，横浜港輸移出入貨物の約27％，500万トン前後であった。そして隅田川河口までの約25 kmを，艀および発動機船で運んでいたのである。なお鉄道と陸路により回される貨物量は，海路によるものの約17％にすぎなかった。

　横浜・東京間の運貨についてみると，1922年11月，東京商科大学長佐野善作は東京貿易協会の講演で，ロンドン・横浜間の運貨よりも横浜・東京間の小運送費の方が高かったことに驚いたと述べている[13]。また明治20年代末だが，大型ボイラーの運搬を試算したところ，東京・上海間の運貨はマンチェスターから鉄道でリバプールまで運び，そこで舟積みして上海に送る運貨よりも3割以上も高かった。

　その理由こそ，東京へ直接大型船が航行できなかったことである。航行できない理由として，当然のことながら大型船の接岸可能な近代港湾が東京市になかったことがあげられる。このため東京府，東京市では明治10年代から熱心に東京築港を図っていたが，先述したようになかなか実現には到らなかった。

第Ⅲ章　戦前の地域整備の具体的展開　　　　　　　　　　169

もう1つの理由が，隅田川，江戸川，そして多摩川から吐き出される土砂によって，東京市の近海が浅瀬であったことである（図3-5）。土砂について横浜との関係をみると，特に羽田沖が多摩川からの流出土砂で浅瀬となり，艀にとっては難所であった。1年のうち2月と8月前後は海が荒れ，航行の中断がしばしばあって，1艀船の回漕数は年に36回を超えることがなかった。

図 **3-5**　明治10年代の東京〜横浜海岸概況図

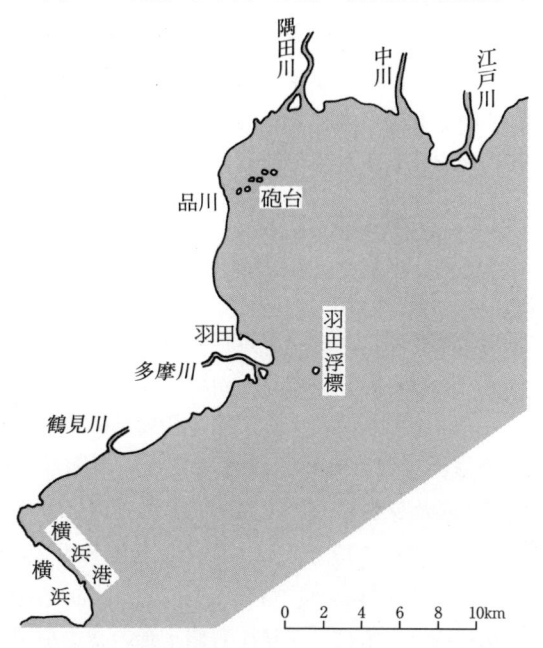

京浜運河の開削を進めていくならば，鶴見・川崎地区の浅野埋立地の前面にある防波堤で防禦された水面はその一部となる。京浜運河の構想が下敷きにあってこの水面は確保されたと考えてよいが，その東側の大師河原村沖の埋立では，脚光を浴びてきた京浜運河計画との調整が必要となったのである。またその調整には，鶴見・川崎地区埋立と同様に私企業によって行うのか，あるいは国の基幹施設として公営で行うのかという事業展開にとって根本の問題が控えていた。

京浜運河開削の経緯（明治〜大正初頭）

京浜運河開削事業は，既に1911（明治44）年，内務省港湾調査会によって岡崎治衛武外29名からなる京浜運河株式会社設立発起人に認可されていた。その前年に出願されていたのが認可されたものである。京浜運河株式会社により計画された運河は，鶴見川左岸の潮田沖を起点として海辺に沿って羽田沖に

到る総延長5,755間 (10,462 m) のもので，工事費は約100万円であった。あわせて通行可能日より33年間，使用料も徴収する権利を得ている。また運河に付帯して，公有水面20万坪の埋立を申請した。埋立は浚渫土砂の捨場も兼ねて申請したと考えられるが，将来的には工業地帯の開発を目的とする131万坪の埋立に変更して出願した。

しかし11年に認可されたにもかかわらず，不況の折から資金が集まらないなどの理由もあって着工とはならなかった。その後，数度にわたり工事期限の延長を出願した後，17年には，横浜の有力な回漕業者である宇都宮金之丞が事業を継承し，京浜運河会社を設立した。だが着工には到らず，工事期限である17年9月30日は過ぎていった。

一方，当時浅野による川崎・鶴見地区の埋立は，既に工事中であった。このため京浜運河会社は，浅野埋立地の東南端の錨地から羽田沖までを延長約9,870 m 及び敷幅182 m (100間) の運河に改め，大師河原村地先の埋立を出願した。この後，19年には大師河原村漁業組合と95万坪の区域について漁業権放棄の契約を締結し，20年5月には220 m (120間) の敷幅の運河，98万坪の埋立を行うとともに，工場・倉庫用地の造成を図る設計変更の申請を行った。なお大師河原村沖の埋立は，11年，浅野によって出願され，先述したように20年3月，延長5,400 m の防波堤築造とともに追願書が提出されていた。先願権は浅野にあったのであるが，大師河原村地先の埋立は競願となったのである。

この全面重複を調整するため斡旋に乗り出したのが，神奈川県の土木部長であった。彼は，両者が提携して計画を一本化するよう勧告した。神奈川県としては，東京築港の危惧があり，一時も早く横浜港の地位を高める京浜運河の竣工を希望していたのである。横浜港は1906 (明治39) 年から第2期拡張工事に着手，17年11月に竣工したが，その後，当時の大戦景気を反映して第3期拡張工事が課題となっていた。また横浜市には東京市区改正条例が準用されることとなり，「大横浜建設」の都市計画の検討のための横浜市改良調査委員が18年に選出された。ここで横浜港の拡充・整備と京浜運河の開削が重視されていたのである。

第Ⅲ章　戦前の地域整備の具体的展開　　　　　　　　　　　171

　横浜市の構想は，運河を開削して東京の間に直通のルートを開き，その途中にあって工業用地として発達する鶴見・川崎等を横浜港に従属させようというものである[14]。京浜運河に対する期待の大きさがわかるが，これ以降，東京港を整備しようとする東京市と対抗しながら，横浜市は熱心に運河開削事業を推進していくのである。なお横浜港第3期拡張事業は，21年に着工された。

　浅野と京浜運河会社の一本化の試みは，20年11月，浅野が京浜運河会社の株の過半数を買収して同社の社長に就任したことによって実現した。いよいよ浅野が，京浜運河開削の前面に出てきたのである。しかし，その事業認可はなかなか下りなかった。その1つの理由が漁業権の買収であった。先に95万坪について地元は京浜運河会社との間で承諾していたが，浅野の計画に従い約130万坪に区域が拡大していくと，海苔採取組合と漁業組合を中心に反対の声が強くなった。21年には，村会の決議を経て埋立反対の答申書を知事に提出した。浅野の京浜運河会社は，この承諾に長い月日を費していくことになる。

京浜運河事業の経営主体──民営か公営か

　京浜運河の認可にあたり，先述したようにもう1つの重要な課題があった。東京と横浜とを結ぶわが国における物資輸送の大動脈を建設する事業を，民間の1企業に行わせるのかという運河経営の課題である。一方では，民間主導による運河開削計画が進められていた。岡崎治衛武外の京浜運河株式会社設立発起人に，一度は運河開削が許可された。そして浅野総一郎により鶴見・川崎沖の埋立が行われ，その後，京浜運河会社社長に浅野が就任し，埋立と合わせ熱心に推進していた。

　浅野は，県当局に「お百度参り」を行っていた。関東大震災後の24年2月には，浅野は，当時の内務大臣かつ港湾協会会長であった水野錬太郎へ「京浜運河設置ニ就テ」という文書を提出した。そのなかで浅野は，国家的見地から国による早急の着工を先ず述べ，それが困難な時には自らが広く出資金を募って行うと主張し，出資金に対して国からの補助を要望したのである[15]。関東大震災に襲われた直後の国の財政では，国直轄による着工は到底望み得ない状況

があった。

　国際貿易港横浜港を自らの生命線とする横浜市でも，この運河事業について，当初，公営にするのか民営にするのか議論がなされていた[16]。たとえば「其一半は運河掘削より生ずる土壌を以て地先海岸を埋立て工業地域に提供し其収益を図り，いっぽうには当の運河よりする収益を以て支弁」，「市に関する運河を政府に於て経営し，市は僅少の納付金を負担」，「公共事業たる運河開鑿に対しては工費の一部若くは利子補給を政府に求め之れが完成を計るの途」などと議論されていた。

　しかし運河開削には膨大な費用がかかる。結局，市が選択したのは民営による事業化であった。横浜港調査委員会第3部会は，事業が巨額の経費を要することから，23年，鶴見・川崎沖の浅野埋立の西側について，横浜港調査委員会の計画案によって事業を進めることを条件に，民営とすることを決定した。また神奈川県は，同年，京浜運河の実現を促進するとの方針を発表したが，財政緊縮の折から公営ないし県営による運河開削は到底不可能であるとみて，将来，国または県が買収できる条件をつけて民間の計画に許可を与える意向を明らかにした。

　京浜運河の実現に向けて，国会でも横浜市選出の議員たちによって，23年，「京浜間の運輸交通政策確立に関する決議案」が上程され，可決された[17]。その要旨説明のなかで京浜運河のメリットとして，①羽田沖の難所の克服，②アメリカのサンフランシスコ港と横浜港の運貨と同等となっている横浜・東京間の運貨の軽減，③運河の両岸における工場用地の造成，をあげている。この建議に対し内務省は，「政府に於ても『従来此京浜間に工業敷地を得たい，工業港を設けたいと言ふ場合には大体の方針を立てて其間の運河の水路を残させる』ことにしてきたし，今後も京浜間に『完全なる艀船を通行し得る様な水路を設けると言ふ』方針には変わりがないであろう」と，適切な計画であれば港湾調査会等に諮問したうえで許可する旨を述べた。

内務省による京浜運河計画と事業認可

1924（大正13）年5月になって，内務省の港湾調査会で国による京浜運河開削が決定された。前年の23年に関東大震災に襲われ，東京港修築の見直しとともに京浜運河開削が決められたのである。関東大震災時，鉄道が麻痺状態となったため首都への物資輸送は船舶で行われたが，品川沖からは艀に頼り，その不便さが強く認識された。このため復興院が作成した復興計画案では，隅田川河口における内港の整備とともに，帝都の外港たる横浜港と連絡する京浜運河の開削が，帝都復興事業の一環として提案されていた。しかし復旧事業としては認められず，関係当局の処置に任されることになった。そして翌年の内務省調査会での決定となったのである。

この時の内務省の基本的考え方は，次のようであった[18]。

> 由来東京に港湾の設備を欠くは，其の需用に供すへき物資移動の大局より見て頗る不自然なりと雖，唇歯の間に在る京浜両都市に二大港を設置するの不得策なるは，今更贅言を要せざる所なり。是を以て横浜港は対外貿易を主眼とし，東京港は内国貿易を目的とし，前者は外港たるに対して後者を内港たらしめ，加ふるに両港連絡の設備を完成し，以て共存共栄の実両挙げしむるは，京浜両港に対する築港方針の要辮たらずんばあらず。乃ち京浜運河は両港を連絡して一体と為すべき機関にして，真に重要なる意義を有するものなり。

復興計画案と基本的には同様であって，横浜港で対外貿易を担当し，東京港は内国貿易にあたり，両港を繋ぐ連絡路として京浜運河を位置づけたのである。

なお東京港修築についてみると，1911年から始まった隅田川河口改良第2期工事は16年に終了した。この後，先述したように多摩川河口の北東約1里の沖合に港門を設置し，外国貿易を行おうという東京築港計画が，20年に策定された。この計画は，22年には内務省港湾調査会に付議される運びとなったが，神奈川県，横浜市一体となった激しい反対運動の結果，決定には到らなかった。一方，東京市は，この計画とは別に隅田川河口改良第3期工事を検討し，内務省港湾調査会の了承を得て22年度から着工した。隅田川河口改良と

いいながら航路を18尺（約5.5m）に浚渫し，芝浦地先に水深20～23尺（約6.1～7.0m）の船溜を開削して係船岸壁と貨物収容上屋を建設しようとするものだった。さらに大震災の後には，航路の水深24尺（約7.3m），導水路の建設，また船溜の面積の拡大など総工事費を680万円から1,900万円と規模を拡張した10カ年計画を策定したのである。入港できる船舶の大きさは，3,000トンから6,000トンへとほぼ2倍に設定された。

　内務省策定の京浜運河計画をみると，鶴見・川崎沖の浅野埋立から品川地先を通り，隅田川に通ずる延長約15,000m，幅員200m，水深3.5mの運河と防波堤，東京・大森地先に約90万坪，神奈川・大師河原地先に約14万坪の埋立を行い，一大工業地を造成しようとするものだった。そして内務省はこの事業を直営で行おうとし，26年度からの事業として予算要求を行ったのである。総事業費2,100万円で6カ年事業とし，埋立地の内78万坪を売却して事業費

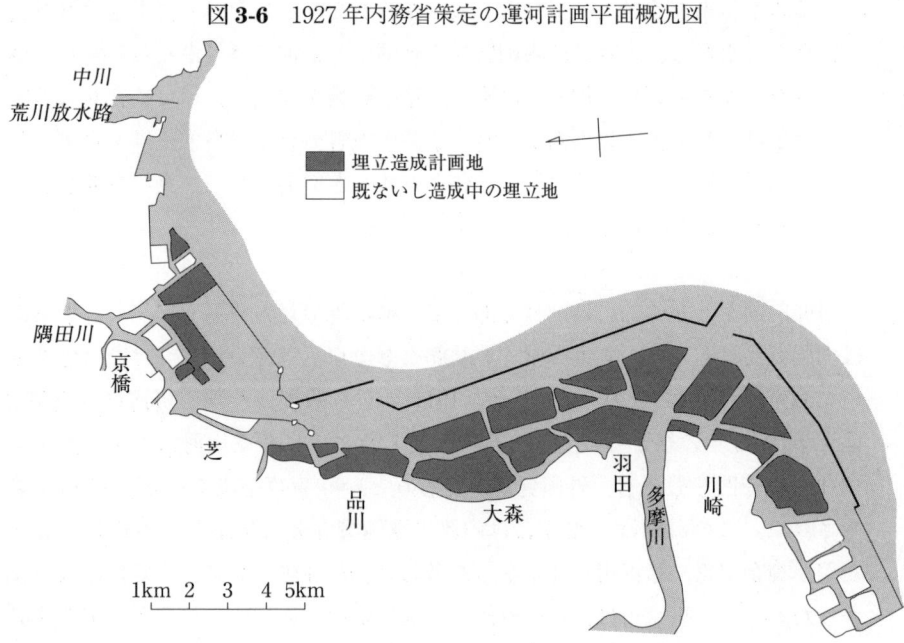

図 3-6　1927年内務省策定の運河計画平面概況図

出典：『日本港湾修築史』運輸省港湾局，1951年，をもとに作成。

にあてようとするものだった。しかし不況の折,「財政緊縮」をその方針とする大蔵省によって認めるところとはならなかった。

だが内務省は,さらに1927年,先の案を大幅に拡大し,船としてそれまで艀を対象にしていたのを変えて1万トン級の船舶が出入可能な幅員700m,水深9mの航路と約420万坪（大師地先146万坪,東京側270万坪）の埋立地造成計画を策定した（図3-6）。その規模の大きさからして,単なる運河から工業港建設へと大きく変貌したと判断してよいだろう。この計画に基づき内務省は大蔵省へ予算要求した。だが削除された。

このように,工業港建設へと計画を発展させながら,内務省は熱心に直営事業あるいは公営として進めることを主張したが,認めるところとはならなかったのである。この内務省の動向のなかで,浅野は内務省決定の2回の計画に合わせ,自らの計画をそれぞれ変更して運河開削および埋立地造成の事業免許を出願した。公営に対抗する浅野総一郎の執念がわかるが,なかなか許可されない状況に対し,浅野が次のようにぼやいたのは,この頃である[19]。

　　　京浜運河は今一生懸命やって居るが,鶴見の後の分の許可がないので困っている。二十三年前から願書を出して安田さんと一緒にやったんだ。何うしても東京を港にしなければ,大きい船が着かぬ。横浜では狭くていかぬといふので始めたのだ。鶴見だけは今一万屯の船が何隻も着いて居ます。艀と人夫が要らない,それに続いてずっと大森の方から品川へかけて港にすると云っているのだが許可が来ないから駄目だ。安田と二人で儲ける気だとか何とか云って,政府が色々文句をつけて,何うしても許可しない。此方も愛想が尽きたから打っちゃらかして居るが,今日の政党政治と云うものはまるで霧が降って居るようなものだから困るんだよ,いゝ加減晴れると又霧がかかって滅茶々々になる。

しかし深刻化していく経済不況のなか,国営化は見通しが立たず,内務省は遂に28年,運河法ではなく公有水面埋立法に基づく埋立で,浅野の事業を認める方針に転換した[20]。つまり運河法によって免許するならば,運河それ自体

が浅野の所有になる。しかし埋立法によると，運河は無料で自由に航行できる公有水面となる。これによって公有水面としての運河を確保しようとしたのである。内務省の意向を受けた神奈川県は，川崎市会に諮問した。川崎市は，漁業補償などの7つの条件が受け入れられたら埋立に異議はないと回答した。ここに民営による着工は，漁業補償が解決すれば行えるという状況になったのである。

(4) 県営による京浜運河の着工

公営・民営のメリット・デメリット

浅野による運河の着工について漁業補償が難航し，解決をみないうちに社会状況は再び変わり，公営・民営問題はまたまた鋭く対立することとなった。浅野総一郎は1930（昭和5）年に死去したが，34年，京浜運河会社は大師漁業組合等との漁業補償契約にやっとこぎつけ，同年12月，神奈川県から事業免許の伺いが内務大臣に提出された。ところが内務省は，36年12月，公営で進めるのが適当であり，工事費の一部に対して補助金を交付するとの閣議決定を行ったのである。公営決定の理由として内務省は，①事業資金と経営の確実性，②公共施設の整備及其維持管理上，③土地利用処分の合理性，④事業の誘致上，私営に比べて国営または公営が有利，と論じた。それぞれの具体的中身は次のとおりである[21]。

① 事業資金と経営の確実性

本件の如き大事業の完成は，資金の潤沢及経営の確実を根本条件とするも，私営に於いては兎角経済界変動の影響を被り易く，殊に不況時に際会するや工事の遅延を見，或は事業の廃絶を招来するの虞頗る大なり。

② 公共施設の整備及其維持管理上

京浜運河並に臨海工業地帯の造成には，大防波堤を始め水際・道路・橋梁・公共物揚場等，水陸諸般の公共内施設を完備するを要すると共に，将来に亘り良好なる維持管理をなすの必要あり。然るに私営に於いては工事費の関係

上，公共的施設を整備することは，相当困難なるのみならず，埋立地の処分完了して会社解散する等の場合に於いては，爾後公共的施設の維持管理に関しては事実上，到底全きを期し得ざる欠陥あり。

③ 土地利用処分の合理性

埋立地の利用処分は，単に眼前の利益の拘泥することなく，汎く将来に於ける産業貿易の発展に適応し，国家公共の須要に応ずる様，大局的見地に立ちて公正妥当に決定せざるべからず。然に私営に於いては，資本系統に依る束縛或は売却価格等に影響せられ，土地の利用上公正妥当を欠くに至るの処少からず。

④ 事業の誘致上

埋立地には，速かに工場を誘致して一大工業地帯を造成せざるべからず。而して之がためには，工場誘致委員会を設置し，或は諸公課を減免し売却価格を廉ならしむる等，諸般の誘致助成方策を講ずるの必要あれども，私営に於いては採用し得るもの極めて少きは言を俟たず。

一方，これに対し私営で行うのが有利との浅野側の主張の論旨は次のとおりで，自らのリスクのもとに県民に負担をかけることなく短期間に工事費も安くできる等を主張した[22]。

① 今日の川崎の工業地帯は故浅野翁の先見によって造成されたもので，大師地先はこの継続事業に属し，之のみを県営に切離す事は道義に悖る行為である。
② 民営なれば7カ年で完成するが公営では10カ年でも難しく，工事費も民営では2,200万円だが公営では3,000万円以上を要しよう。
③ 民営なれば許可と同時に着工できるが，公営では調査期間が相当かゝる。
④ 現在川崎市は工場地帯の不足を示しているが，此の好景気は何時まで続くか判らぬ，公営では不況時代が来た時の損失をどうする。
⑤ 公営となれば，川崎市民に対しては受益者負担等相当の負担を課せられるが如何する。

⑥ 県では工事費を起償によるとせらるゝならんも，県民は相当な負担を課せられる事になる。
⑦ 大師海岸の漁業は行詰まっているが，埋立民営はこの漁民救済の最善手段で175万円の補償は公営では至難でなからうか。

神奈川県営決定の経緯と背景

先述したように，内務省の基本方針は，国営ないし県営で行うことであった。1924（大正13）年の港湾調査会では，東京港の修築とあわせ国において施工すべきことが決議された。また京浜運河計画の大綱は27年の臨時港湾調査会で決定され，この後，国営の方針で幾たびか予算の要求を行っていた。しかし認めるところとはならなかった。それは23年の関東大震災もあって日本経済は長期不況に陥り，また昭和初頭には金本位制復帰を目指して緊急財政策が行われていた。国家財政上，新たに国家事業を展開し得る状況ではなかったのである。

しかし31年12月，政友会内閣の誕生とともに大蔵大臣に就任した高橋是清によって，不況脱出のため積極的な財政運営が行われ，時局匡救事業など公共事業が大々的に行われた。公共事業に対しての基本認識が，大きく変化したのである。また31年の満州事変によって15年戦争の火蓋が切られたが，それを支えるため経済の重化学工業化が進められ，景気も次第に回復していった。

さらに36年の重要産業統制法の改正など，経済の統制化が進められていった。軍需工業化を目指し，経済に対する国の直接的な関与が始まる時代背景となっていたのである。国と民間のこのような状況下で，京浜埋立地で特に重要な問題が生じていた。それは，アメリカの自動車企業フォードへの埋立地売却問題である。

フォードは1915年，横浜へ進出して日本フォード社を設立し，組立工場を完成させて自動車生産に乗り出した。日本国内そして東洋市場での需要は大きく，さらに増産を図るため工場用地の買収を計画し，34年8月，横浜市が生麦地先に造成していた埋立地10万坪の交渉を始めた。造成地の売却に悩んで

いた横浜市は，この話に大いに乗り気になったが，陸軍の介入があって諦めることとなった。陸軍は満州事変での自動車の活躍に目を見張り，自動車国産化の必要性を強く主張し，アメリカ車締出しの法制化を図っていたのである。34年には，日本フォード本社と近接していた横浜小安の埋立地に，日産自動車による量産工場の建設が着工されていた。

　横浜市との交渉に行き詰まったフォード社は，35年，鶴見川河口に拡がる東京湾埋立株式会社（鶴見埋立会社が20年に改称）の造成地に目をつけ，ここの買収に乗り出した。東京湾埋立株式会社は，日本経済の不況のため造成地の売却が順調には進まず，資金難に陥っていたため，この大型商談に飛びついた。しかし陸軍からの圧力は強く，また35年5月，商工省は省議でこの土地売買契約に反対する決定をした。しかし東京湾埋立株式会社はこれらの圧力を無視し，同年7月土地売却を行ったのである。この売却のわずか2週間後，政府は「自動車工業法要綱」を閣議決定し，アメリカ車を締め出して自動車国産化を図り，翌36年5月「自動車製造事業法」として公布した。

　当然のことながら，東京湾埋立株式会社に対する政府の反発は，激しかったと思われる。このことが京浜運河埋立事業に対して，東京湾埋立株式会社と同族経営である京浜運河会社の免許を認めず，公営で進めるという先述した内務省の基本方針の重要なきっかけとなったことは間違いないだろう。この結果，運河開削と埋立地の造成を一体的に行う京浜運河埋立事業は，神奈川県，東京府で行うことになったと推測されるのである。

　このように歴史的に民営で進められてきた運河開削・埋立事業が，軍需工業の発展とも絡む経済の統制化の推進のなかで，国庫補助も与えられて県営事業として行われることとなったのである[23]。大陸での軍事行動を背景として，国家による経済統制，経済への国家の直接介入が指向されていた。その歴史の流れのなかで，既に決定されていた民営の方針が，公営に翻ったのである。激怒した京浜運河会社の社員は，神奈川県庁に艀やトラックに分乗して押しかける集団陳情事件が発生したが，結局は県直営で施工する防波堤以外の工事について，京浜運河会社が特命施工することによって和解した。

だが公営化の背後には，このような経営手法の課題のみならず，大規模な重化学工業地帯の形成に対し，一企業の手には負えない本質的に重要な問題があったと考えている。それは，広域的な社会基盤の整備である。この整備があって初めて工業地帯として機能する状況にあったのである。

　公営で進めるという内務省の方針が示された直後の36年12月，横浜貿易協会および横浜商業会議所から神奈川県知事宛に，「京浜運河施工に関する建議」が提出され，京浜運河埋立工事と合わせ以下に示す事項が要望された[24]。
① 極力，神奈川県側工事の速成を図り，埋立地の利用を促進すること。
② 艀運河の開通を先にすること。
③ 職工住宅地を設置すること。
④ 工業用水を拡充すること。
⑤ 工業地帯に通ずる鉄道を整備すること。
⑥ 産業道路を完備すること。
⑦ 本工事と併行して鶴見川改修を実施すること。

　このように，住宅地の造成ともあわせて工業用水，鉄道，道路，河川の整備という産業基盤の確立が強く要望されたのである。このなかでも特に，この地域は用水が不足する地域であり，大正から昭和の初めにかけて多大な労苦でもって水の確保を図っていた。たとえば川崎市は地域の既存工場からの申出のもとに36年，わが国最初の公営工業用水道の建設を決定したが，水源は農業用水の転用，地下水に限られて限界があった。鉄鋼業，造船業などは多量の用水を必要とする。また工場周辺に工場労働者が居住するには，正常な上水が必要である。京浜工業地帯としての発展には，これら都市用水の確保が必要不可欠であった。この課題を解決したのが，神奈川県による相模川河水統制事業である。なお道路についてみると，東京―伊勢神宮を結ぶ国道1号線の一部をなす京浜国道が1918～25（大正7～14）年度の工事で改修されたが，さらに東京と横浜を結ぶ新（第2）京浜国道工事が1936年に着工されていた。それは横浜港の整備と一体となった産業開発を目的としていた。

(5) 都市用水の確保と相模川河水統制事業

　鶴見・川崎地区は，上水，工業用の都市用水の確保に非常に苦労した地域である。その詳細については節を変えてみていくが，都市用水の確保が京浜運河事業の公営化ときわめて深いつながりがあると考えているので，その核心部分を少し述べていきたい。鶴見川は中小河川であって既に灌漑用水に利用され，都市用水源としてはあてにできない。東京府との境を流れる多摩川は，江戸時代初めに江戸市中の飲料水となった玉川上水が開設され，東京府が取水の権利を主張していた。下流部に位置する横浜市，川崎市は水源を求めて動き回ったが，結局は神奈川県の強い影響下にある相模川に求めていったのである[25]。

　しかし相模川は，既に自然状況のままでは利用がなかなか困難であった。このためダム建設によって流況を補給することとなり，相模ダム建設となったのであるが，このダムは単なる都市用水の確保のみではなく，相模川河水統制事業として水力発電，灌漑用水等をあわせた多目的ダムとして建設された。その事業着手は，1938（昭和13）年であった。この経緯については次節で述べていくが，相模川河水統制事業が，なかでも川崎の工業用水に関連して県営京浜工業地帯造成事業と密接不可分な関係にあることについて，「相模川の河水統制説明書」は次のように述べている[26]。

　　　なかんずく川崎市工業用水のごときは，すでに着手した県営京浜工業地帯造成事業と密接不可分の関係があり，埋立地造成工場設立と併行して工業用水の供給を開始せねばならぬ状態にある。広大なる埋立地も水なくしては砂漠にも等しく，工業発展はのぞむべくもない。県は目下これら重工業地帯の動脈とも称すべき運河の開さく，産業道路の新設をいそぎ，水陸の交通を開きつつあるが，またこれに血液として工業界のちょう児たる安価豊富な水と電力を送るべく，まさに相模川開発に着手せんとするものである。

相模川河水統制事業と県営京浜工業地帯造成事業との関係について，38年1月の臨時議会での知事の提案説明でも「特に先頃御協賛を願ひました京浜工業地帯建設の事業と密接不離の関係に存することは，申上げる迄もない所であります。之を要するに，本事業は水に関する限り本県の最も重要なる施設であるばかりでなく，国家的重要性極めて顕著なるものがありまして，今にして，之が解決を為さざれば悔を将来に胎すものであると確信致して居ります」と，その関連の深いことを主張している[27]。

なお造成事業と工業用水確保が不可分な関係にあることは，これ以前にも県会で知事は主張していた。たとえば37年の臨時県会で，同年から進められている「県営の百四十五万坪の埋立地に対する給水方法というものが確立されているかどうか」の質問に対し，知事は計画をもっているから安心しろと答えている[28]。その計画とは相模川河水統制事業であった。続く同年の通常県会で知事は「京浜工業地帯の方が，今後二年又は三年位で段々埋立が出来て参りますのと，相模川の水利統制の事業が着手されましても三ヶ年位掛かりますから，どうしても此を並行して行かなければならぬ関係上，此の仕事を一日も速く具体化することを県は考へて居る訳であります」と，埋立事業と用水確保を一体的に進めねばならないことを主張していた[29]。

工業用水の確保という点で，埋立による京浜工業地帯造成と河水統制事業が神奈川県にとって一体となっていることがよくわかる。

これにより大量の用水の確保に成功したのであるが，相模川河水統制事業は内務省の支持のもと，神奈川県でもってはじめて行えるものであった。つまりわが国の河川と人々のつながりは歴史的に長く，深く，貯水池建設，分水には関係市町村，農業，漁業の関係者，水没者等，広域的かつ多岐にわたる関係者との利害調節が必要である。それは広域行政の下ではじめて実現できるものである。相模川河水統制事業を進める神奈川県が埋立造成事業を同時に進めることになったのは，用水を介して考えれば，必然とまではいわなくても，1つの当然の方向だったと判断される。それはまた，港湾・埋立行政を担当し，河水統制事業を推進する内務省の強い意向であったことは間違いない。

第Ⅲ章　戦前の地域整備の具体的展開

　内務省は大正末期から河水統制を提唱し始め予算要求したが，農林省，通信省との間で調整がつかず，認められなかった。しかし行政指導で府県による河水統制事業の実現を図り，1933年には愛知県により山口川の事業が完成し，その後，諏訪湖，江戸川等で着手されていた。内務省にとって自らの指導のもとに進める河水統制事業の実現は，長年の夢だったのである。関係省庁の間でやっと調整がつき，河水統制調査費が認められたのは，先述したように37年である。

　京浜埋立造成事業は，36年，民営に代わって県営で行う方針に大転換した。この転換は，工業用水確保に苦労した工業地帯であったので，用水確保が一体的に行い得るということが1つの重要な理由であった。つまり民営で事業を進め，事業にとって最大の支障の1つといってよい漁業補償が既に民営で解決していながら，そして神奈川県，川崎市が民営での埋立事業について，積極的に支持とはいかなくても了解していながら，内務省が官営に固執し，官営で行うことを決定した背景の重要な1つとして，河水統制事業のもと，民営では行い得ない大規模な工業用水の確保があったのである。

【注】
1) 浅野総一郎（1848～1930），富山県出身の実業家で浅野財閥の創設者。設立した企業として浅野セメント，東洋汽船，浅野造船所（のち日本鋼管に吸収合併），浅野製鉄所（のち日本鋼管に吸収合併）などがある。
2) 浅野総一郎『父の抱負』浅野文庫，1931年，237～238ページ。
3) 浅野総一郎「港湾の改良と埋立事業」『港湾』第5巻11月号，港湾協会，1929年，39～41ページ。
4) 松浦茂樹『国土の開発と河川』鹿島出版会，1989年，175～184ページ。
5) 『都市紀要二十五　市区改正と臨海築港計画』東京都，1976年，118～144ページ。
6) 『東京市史稿』港湾編第四巻，東京市役所，1925年，216～217ページ。
7) 1888（明治21）年に公布された「東京市区改正条例」に基づく委員会で，内務大臣の監督のもとに，内務省を中心に各方面から委員を集めた。

8) 前掲書5），118ページ．
9) 『東京湾埋立物語』東亜建設工業，1966年，64ページ．
10) 同上，66ページ．
11) 『川崎港修築誌』川崎市港湾局，1966年，34ページ．
12) 『横浜市史』第五巻上，横浜市，1971年，551ページ．
13) 前掲書2），229～230ページ．
14) 『横浜市史』第五巻下，横浜市，1976年，285ページは次のように述べている．
「今仮りに運河を開鑿し東京市との間に直通の途開かれんか，勢ひ其の沿道なる鶴見・川崎等は当然市に従属せしめ，其の運河の両側を工業地として発展せしむるの要あるが，然も右は相互の間に従属的関係を有せしむるの必要あるに止まり，直に市域として編入するは寧ろ考慮す可き問題たる可く，蓋し現在の市域は商工業地帯及び衛生地帯等も殆ど充分にして，問題は動力の不足補充及乃至は市区整理等の必要を感じつつあるを以てなり」．
15) 『川崎市史』川崎市役所，1968年，381～382ページは次のように述べている．
「帝都及横浜港の復興事業を促進する事となり，本運河の社会に貢献する事甚大なるものに有之候．斯くに如く京浜間に運河の開鑿は重要なるものにして，最早，議論の余地無之．一日も速かに完成せしむる事，目下の最大急務に候間，何卒政府に於て本運河至急御設置被成下度．万一政府に於て今直ちに御施工困難の御事情も有之候はゞ，政府御監督の下に民間に於て株式会社を組織し，広く出資を募り，出資金に対し年八朱の補給を仰ぎ，本運河速成候様特別の御詮議を以て，御高裁相仰き度奉懇願候．」
16) 『横浜市史』第五巻下，横浜市，1976年，299～311ページ．
17) 前掲書16），305～306ページ．
18) 「京浜運河の開削」内務省土木局港湾課 『港湾』第3巻5号，港湾協会，1925年．
19) 前掲書2），85～86ページ．
20) 運河法は1913（大正2）年，公有水面埋立法は21年に制定された．それ以前には運河については1871（明治4）年の大政官布告第648号，公有水面の埋立については1890年の官有地取扱規則で一応の規定はあった．大正年代の両方の成立は，京浜運河あるいは京浜埋立の動きと密接な関係があったのではないかと考えている．
21) 前掲書11），60ページ．

22) 根津熊次郎「天下の視聴を集めた川崎市大師地先埋立問題の全貌」『港湾』第15巻2号，港湾協会，1937年．
23) 神奈川県下の事業内容は次のようであり，国庫補助の下に37年度に着工となった（前掲書22）．

事業費総額	21,800,000 円	埋立地売却代金	36,000,000 円
工 事 費	20,809,000 円	埋立坪数	1,464,000 坪
防 波 堤	2,560,000 円	非売却坪数（公共用地等）	264,000 坪
護 岸 費	3,464,000 円	売却坪数	1,200,000 坪
埋 立 費	5,820,000 円	売却見込単位平均	30 円
浚 渫 費	1,050,000 円		
船舶機械費	2,168,000 円		
付帯工事費	3,160,000 円		
雑　　　費	1,813,000 円		
監督雑費	991,000 円		

事業収支参考

事業費（監督雑費を含む）は21,800,000円とし10カ年間に完了．

土地売却代は坪30円として毎年60,000坪宛20カ年間に1,200,000坪を売却し此売却代36,000,000円．

国庫補助金は1,003,000円．初年より8カ年までは毎年112,000円，9年目は107,000円．

起債は年4分5厘4カ年据置15カ年償還

24) 『神奈川県企業庁史』神奈川県企業庁，1936年，756ページ．
25) 松浦茂樹『明治の国土開発史』鹿島出版会，1992年，144〜161ページ．
26) 「相模川の河水統制説明書」前掲書24），377〜378ページ．
27) 『神奈川県会史　第6巻』神奈川県議会事務局編集，神奈川県議会，1969年，559ページ．具体的には次のようの述べている．

「要するに工業用水でありますから，非常に安く其の水が必要な土地迄行くことが必要でありまして，其の必要な工場地帯に引きまする経済的価値が非常に安くあがると云ふことが一番必要なことであると思ひます．それともう一つは，其所に行きます水量が保障されると云ふ，此の二つが一番大事なことであると思ひます．其の点に付しましては，吾々は工場地帯方面に心配の無いやうな実

は計画を有して居りますので，どうか御安心を願ひたいと思ひます」。
28) 同上，483 ページ。
29) 同上，527 ページ。

【参考文献】

浅野総一郎『父の抱負』浅野文庫，1931 年。
『神奈川県企業庁史』神奈川県企業庁，1963 年。
『川崎港修築誌』川崎市港湾局，1966 年。
『川崎市史』川崎市役所，1968 年。
『横浜市史』第五巻上，横浜市，1971 年。
島崎武雄『関東地方港湾開発史論』(東京大学博士論文)，1975 年。
『横浜市史』第五巻中，横浜市，1976 年。
『横浜市史『第五巻下，横浜市，1976 年。
『東京湾埋立物語』東亜建設工業株式会社，1989 年。

第Ⅲ章　戦前の地域整備の具体的展開

2　相模川河水統制事業

(1) 相模原河水統制事業の成立

　前節では，埋立造成と一体となった京浜運河開削が神奈川県営事業として行われることとなったのは，相模川河水統制事業による都市用水の確保が重要な役割を果したことを述べた。神奈川県によるこの河水統制事業は，1938（昭和13）年1月の臨時県会で議決された後，38年度から事業に着手された（図3-7）。その目的は $5.55\,\mathrm{m^3/s}$ の川崎市工業用水の開発とともに，出力最大45,000kwの発電，$5.55\,\mathrm{m^3/s}$ の横浜市水道，$5.55\,\mathrm{m^3/s}$ の相模原開田開発用水の確保である。

図3-7　相模河川水統制事業の概況図

事業の内容をみると，津久井郡興瀬町地先に高さ 57 m のコンクリートダム（相模ダム）を建設し，それによる有効貯水量 4,280 万 m^3 の貯水池によって流況を調整し，横浜，川崎の都市用水と相模原開田開発用水を産み出す。またダムから導水し，落差を利用して発電するが，この水は相模ダムの下流に建設された高さ 25.3 m の津久井ダムによる津久井調節池によって調節される。ここから再び導水されて都市用水，開田開発用水になるとともに，一部は本川に還元されて下流の既存用水に充当されるのである。本川に還元される時に再び発電されるが，この発電用水つまり下流に充当されるべき最小の流量は 15.35 m^3/s である（図 3-8）。

さてこのような内容の相模川河水統制事業であるが，神奈川県で河水統制（当初は水利統制と呼ばれていた）を目的とする調査費が県会で認められたのは，1935（昭和 10）年度予算である。担当部局である土木部では，「相模川水利開発調査費」として 5 万余円を要求していたが，財務部からの反対があり，3,000 円に縮小されて 34 年の県会に提出された。この時の県会での知事説明，さらに調査費が少なすぎるから増額せよと県会議長から知事宛に提出された意見書をみると[1]，34 年当時，開発すべき水利と考えられていたのは相模原開田であり，発電，県営の上水道であった。これらの方面からの水利開発が構想せられ，それらを総合して河水統制が推進されていたのである。

35 年度の予算は，結局は 3,000 円の調査費のみであって，その調査は机上

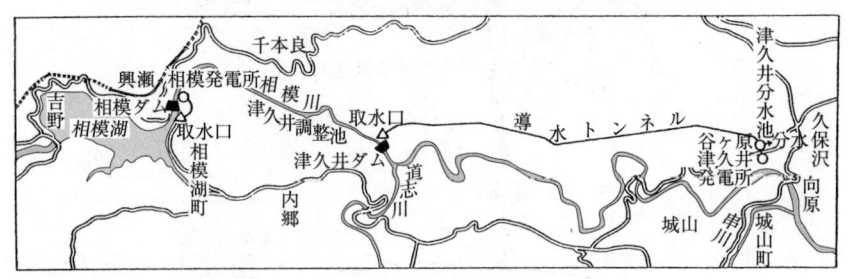

図 3-8 相模河川水統制事業計画一般平面図

出典：『神奈川県企業庁史』神奈川県企業庁，1963 年。

第Ⅲ章　戦前の地域整備の具体的展開　　　　　　　　　　　189

の発電計画の検討が中心であった。翌36年度の予算としては，当初，調査費として6万円を要求する計画であったが，部内で削減され，県会に上程可決されたのは2万円であった。前年度より調査費が多くないとはいえ増大したのは，相模原開田を推進する地元の熱意であった。

　ところで35年頃から川崎への送水も検討されたらしい。当時の『横浜貿易新報』の記事の見出しによると，「県の生命線大相模川を護る水利統制を樹立，川崎工業地帯を新たに包含，総工費九百万円で」(35.7.27)，「県市協調して相模川水利統制，ハマ市は暫定水道計画で，きのう県の諒解を求む」(35.7.31)，「相模川の水争奪，内務省が統制，県市東京迄も水をねらふので根本的方針を樹立」(35.8.13)と，当時の状況がふれられている[2]。しかしこの当時の川崎への送水は，大規模な工業用水とは考えられない。36年の県会で県当局は，「相模川の水利統制は御案内の通り，相模川の水を利用しまして之を灌漑用水或は横浜市の水道，其の他発電，こういうような目的の為に計画を進めている次第であります」と述べている[3]。川崎への工業用水は未だ主張されていないのである。

　なお35年8月13日の記事に見る「東京も相模川の水をねらう」とは，東京市が大正末期から検討し，27年に策定した第2水道計画による相模川からの分水である。上水が逼迫してきた東京市は，相模川も有力水源と位置づけ，大規模な調査を行って31年には神奈川県に取水を申し入れていた。その計画は，現在の相模湖地点と津久井調整池地点に貯水池を設けて取水しようとするものであった。これに対し神奈川県は留保したのだが，相模川に対する自らの計画を確立しておくことが早急な課題となっていたのである。

　このように，河水統制事業は，当初，相模原開田，発電，横浜も含めた上水道を目的として，計画が図られていった。しかし36年12月9日付で，京浜運河開削と一体となった工業地帯の造成を県営で行うようにとの内務省土木局長から公文書を通知され，状況は一変した。神奈川県は同年12月17日，県会に追加提案し，12月19日の可決でもって37年度から工事10カ年での県営による造成事業を決定したのである。そしてここに，この地域の工業用水の確保が，

工業開発の成否を決定する重要な課題となったのである。

37年8月の臨時県会では，早くも，工業用水の供給は大丈夫かとの質問がなされた。それに対する知事の答弁は，「相模川の水利統制計画は未だ所謂計画中のものでありまして，一応県として土木部の試案のようなものは有つて居ります」と述べ[4]，相模川の水利統制計画（38年の第1臨時県会から河水統制計画と呼称変更）があるので安心しろと答えたのである。

相模川河水統制事業に対して，県営の京浜埋立造成が実に重要なウェイトを占めるようになった。この経緯のなかで，37年1月に事業計画をとりまとめて内務省に提出し，37年度に入ると県は中野土木出張所に「相模川水利開発事務所」を設置し，内務省土木試験所の地質専門家の指導による調査を始めた。さらに5月には「相模原開発事務所」を設置して，本格的な調査に乗り出していったのである。前節で詳説したように，相模川河水統制事業と京浜運河開削・工業用地造成は，一体の事業であったのである。

次に県営による埋立事業が決定する以前に相模川河水統制計画を推進してきた相模原開田，横浜市上水道，発電についてみていくなかで，事業の歴史的発展について述べていきたい。

(2) 相模原の開田開発と河水統制事業

相模原台地の開田

南北30 km，東西6 kmのローム層台地で，水の便がなく畑・桑地としてしか利用できなかった相模原台地は，近世以前から灌漑用水を導水しての水田開発が語られていた。用水源としては相模川であったが，ポンプのない時代に導水してくるには，上流から延々と約20 km引っ張ってこなくてはならない。その成功は物理的になかなか容易ではなく，着手するには到らなかった。

明治に入ってからも，1868（明治元）年から77年頃にかけての大島村組頭斉藤重郎らの計画，83年の榎本武揚，奈良原繁らの計画があるが，実行には到っていない。大正に入ると，県により12,700円の予算でもって調査が行わ

れ，実地踏査が行われた．相模川からの導水方法として，①ポンプによる，②堰上げて水位を上げる，③上流数里の地点から自然流下させる，の3案が提案されたが，いずれも数万円の巨額の費用が必要なので，地方事業としては困難と結論づけられた．1916（大正5）年の県会で知事により報告されているが，事業規模は取水量880個（約24.5 m³/s），開田面積4,400町歩，総工費の706万円であって，到底採算に合わないとの結論であった．

昭和に入り，1931（昭和6）年の満州事変以来，食糧増産が叫ばれるようになった．この情勢のなかで，県当局による相模原開田が再び浮上し，また地元では，経済恐慌により糸価が暴落し主要産業であった養蚕に脅威を感じていたので開田を強く要望した．33年，県は相模川より引水して小開田を行うという実現性の高い計画を検討し，農林省にその期成を働きかけることとなった．また34年4月，関係町村長が中心となって「相模原開田開発同盟会」が結成され，促進運動が展開されることとなったのである．

ここで注目すべきことは，地元町村による期成同盟会の名が「開田開発」と「開田」のみでなく「開発」が加わっていることである．このことについて趣意書に代わる陳情書でみると[5]，「近時農村問題，就中農村に於ける経済難打開に対する世論高潮の時に当り，該地域の一部を開田して土地の利用を増進し以て農産の増殖を計る」と，開田を目的としているが，それのみならず次のように述べている．

> 加ふるに，本事業の実施に伴ひ之に導水して畑地の旱害を緩和し，更に近年同地方に進展しつゝある林間都市，其他付近住民の飲用水並雑用水として之を利用せしむるは，将来大都市郊外の農業地としての基礎を確立せしむる上に於て，本地域開発の根本策にして，所謂一石二鳥の良策なりと謂ふべし．

つまり用水の確保は，開田に加え畑作の旱魃に対処するとともに，近年増大しつつある都市住民の飲料水，雑用水にするというのである．この当時，相模原台地で相模原軍都計画が進展していたが，これへの水の手当ても合わせて要

望していたのである。相模原開発が，大正時代と質を異にしていたのがこれによりわかるし，相模原河水統制事業にも大きく影響していく。また期成同盟会は相模川の上水道，発電開発について，他地域で熱心な動きがあることも十分に承知していた。このため県に対して，横浜市の水道，発電を合わせた河水統制を要望し，陳情したのである[6]。

神奈川県下のこのような動きのなかで，農林省でも1934年，実施測量等の綿密な調査が行われ，「相模原土地利用計画書」がまとめられた。これによる利水開発は，上水（横浜水道），発電と一体となった河水統制であり，これらの利水開発によって開田事業が収益的に成立するというものであった[7]。なお開田用水は $10.45 \mathrm{m}^3/\mathrm{s}$ であって，2,150町歩の開田を考え，その開田地としては発電との関係のため高位区域は見送られた。

一方，県議会では，収益的に開田が成立するかどうか疑問が投げかけられた。34年の県会で，相模原開田のみが目的であったら相模川水利開発調査費は必要ないとの意見が述べられている。それは経済性からの評価である。これに対し知事は「相模原の開田，治水，水利を併せた調査であって，開田は赤字にはならぬと思っている」と，多目的の開発調査であると答えた[8]。しかし開田が経済的に成り立つかどうか，陸軍士官学校の相模原への移転が決まったこともあって，県は不安をもっていた。河水統制事業を決定した38年の臨時県会で，相模原開田が負担金に耐える受益があるのかとの質問に対して，これまでの経緯もあるので断固として推進していくと，知事は次のように答弁している[9]。

　　相模原開田開発はどの程度に出来るか，利益はどれ程あるのか，ということは考えてみる必要がある。しかし，あまり論議して経済的価値の薄い事業となれば水は他へ回してもいいではないかという意見も出てくる。私としては，沿革上，県政上の諸事情からしてどう理屈があろうとも捨てまいと庇護してきたのだから，その点了承願いたい。また二百箇の水は相模原の開田開発の用途として使うことであれば当然，全部，相模原に向けるつもりである。

第Ⅲ章　戦前の地域整備の具体的展開　　　　　　　　　193

　さらに，相模原の状況が近年，非常に変化しており，それをも考慮して水の配分は決めていきたいと主張した[10]。

　このように，開田は地元からの要望がありながらも，その収益性について当初から不安がもたれていたのである。その背景の１つには，陸軍士官学校の移転を中核とする都市化の動きがあり，このため地価が高騰して営農に対する熱意が薄れてきていることもあった。しかしとにかく，相模原の開発の動きが不明確ななかで，都市化の発展にも対処しようとしたものであった。相模原河水統制計画と一体となって，37年5月から40年3月にかけて進められた県による相模原開田計画によると[11]，「近年交通機関の発達に伴い，桑園の住宅化，軍事諸設備の開設，工場の設置等逐日隆勢となり，農用以外の水の需用頓に加わりつつある」との認識のもと，水量 $5.00 \, m^3/s$ で 1,000 町歩を開田，$0.6 \, m^3/s$ を相模原上水道に当てようとする計画となった（図3-9）。

相模原台地の軍都計画

　相模原では，昭和10年代になって他の大規模開発が進められた。先述した軍都計画である。先にみたように1934年に結成された「相模原開田開発期成同盟会」の趣意書でも，開田のための用水とともに「林間都市其他付近住民の飲料水並雑用水」を得ることを目的としていた。この地は陸軍によって注目され，陸軍士官学校，陸軍造兵廠，東京工廠相模兵器製造所，陸軍兵器学校などの各種陸軍施設が進出してきたのである。

　この地への進出が，何年頃正式に決められたのかは定かではないが，36年には陸軍士官学校の用地取得が始まり，37年から39年にかけて次々に移転してきた。これに伴い，特に兵器製造所の関連企業が続々と進出してくることが予想された。このため関連町村は都市計画法下での円滑な都市整備を図り，将来計画策定のための調査費について県は39年度予算に計上した。その時の提案説明で，知事は次のように述べている[12]。

　　　相模原一帯は近年交通機関の発達に伴い，又各種の軍事施設の設置及民
　　間諸工場の施設を見ますので，近き将来に於て相当大なる発展を予想せ

図 3-9 畑地灌漑事業概況図

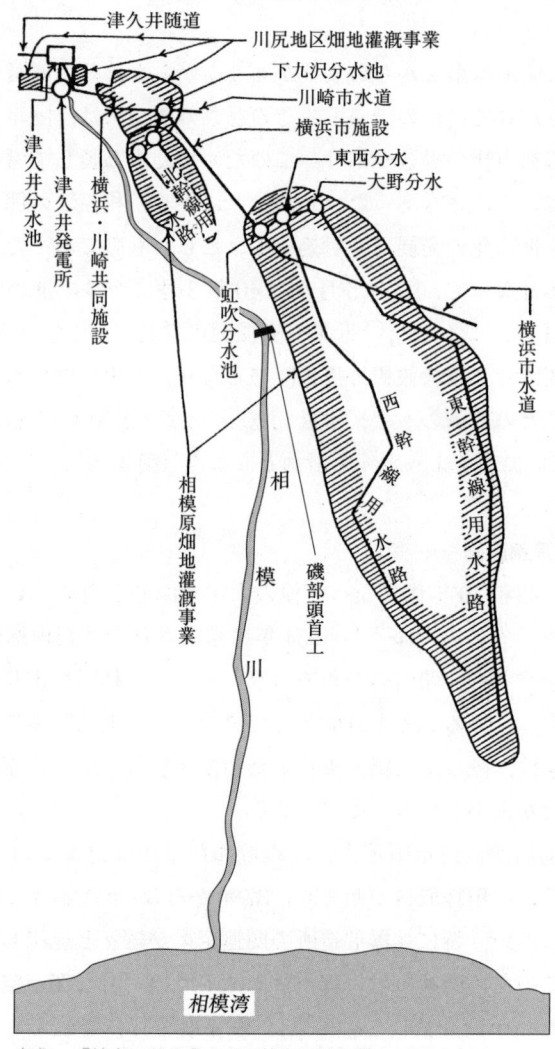

(図中ラベル)
- 津久井随道
- 川尻地区畑地灌漑事業
- 下九沢分水池
- 川崎市水道
- 横浜市施設
- 東西分水
- 大野分水
- 津久井分水池
- 津久井発電所
- 横浜・川崎共同施設
- 北幹線用水路
- 虹吹分水池
- 相模原畑地灌漑事業
- 横浜市水道
- 西幹線用水路
- 東幹線用水路
- 磯部頭首工
- 相模川
- 相模湾

出典：『神奈川県企業庁史』神奈川県企業庁，1963年。

らるべき状態にありますため，諸般の実情を調査致しまして同地方の発展に備うべき将来の計画を樹てんとするものであります。

そして39年の臨時県会で，相模兵器製造所を中心とした約500万坪の地域に，県営による都市建設区画整理事業が7カ年継続事業として施行されることが決められたのである。想定された人口は10万人以上であって，1940年に起工式が行われたが，区画整理を行う理由としては「統制アル振興工業都市」建設が目的で，都市建設上，憂慮に堪えざるものとして交通，衛生，保安，防空があげられている。

なかでも飲料水，工業用水の都市用水の確保は，まさに死活的な課題である。特にこの地は，ローム層の台地上に展開していて，従来から飲料水の確保にも苦労していた。このため「相模原の水利開発問題は同地開発の第1条件である」[13]との認識のもと，区画整理事業に遅れること3カ月にして，神奈川県は県会に相模原都市建設上水道事業を要求した。上水道事業は，相模原都市計画区画整理事業と一体不可分と考えていたのである。そして40年3月，上水道布設事業が着手された。県営相模原水道である。

この県営相模原水道の水源となったのが，相模川河水統制事業の相模原開田用水 $5.55 m^3/s$ の一部であった。開田用水以外に開発用として位置づけられていた用水は，兵器廠を中心とした新興工業都市の発展に利用されたのである。なお地元の開発推進団体であった「相模原開田開発期成同盟会」は，「相模原開発同盟会」に改称された。当初の目的であった開田がその名称からなくなり，都市開発にその鉾先を大きく向けたのである。つまり相模川河水統制事業は，歴史的に追い求められた開田のみではなく，新たな土地利用である都市建設にも対処していったのである。

(3) 横浜水道と河水統制事業（図3-10）

創設水道から第2回水道拡張工事

相模川を水源とする横浜水道が，神奈川県事業として1887（明治20）年に竣工した。計画・工事を指導した技術者はイギリス人パーマーであって，その計画規模は7万人の給水人口，1日120万ガロン（5,720 m³/日）の供給である。この後，市町村制の改正により横浜市が89年に誕生したが，翌年，水道の経営については市町村営の原則が定められた水道条例が公布され，横浜水道は90年4月に神奈川県から横浜市へ引き継がれた。

横浜市は，横浜水道に対する政府からの貸付金の償還に苦労したが，給水量についても90年には総人口は12万人を数え，給水人口は計画規模を超える8万人となった。このため送水量は1日6,800 m³ を超えた。さらに翌91年には，1日の最大配水量が1万 m³/日と計画を大きく超えてしまった。このため横浜市は早急な拡張工事を迫られたのである。

この時，横浜市が樹てた拡張計画は，これまでの蒸気ポンプ施設による相模

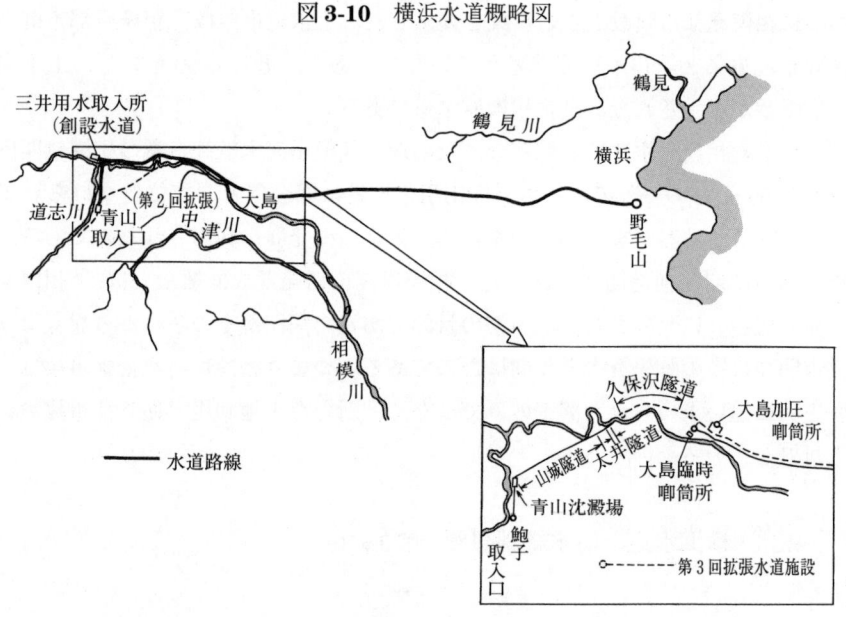

図 3-10　横浜水道概略図

出典：『神奈川県企業庁史』神奈川県企業庁，1963年。

第Ⅲ章　戦前の地域整備の具体的展開　　　　　　　　　197

川本川からの取水を止め，支川・道志川から自然取水するものだった。さらに既存のトンネル内での漏水防止工事，途中での貯水池の新設，濾過池は野毛山にある既存のものに隣接しての増設などの計画内容であった。しかし内務省から現地に派遣された石黒五十二，バルトンの調査により，急速に発展する横浜にとって余りにも消極的な計画であるとして，政府から約72万円にのぼる新たな計画が通達された。

　しかし創設水道の貸付金の償還に苦労する横浜市にとって，その負担は余りにも大きかった。また日清戦争の影響もあり，本格的な拡張工事に着手したのは98年であった。その間，応急工事として94年，トンネル漏水修理工事，97年，取水口の道志川への変更工事（取水地点は，石黒，バルトンによって提案された青山取入所）などを行って，彌縫的に対処していた。しかし年々給水状況は悪化し，給水制限や断水という事態にもなって本格的な対応が強く望まれたのである。

　1898年，国からの国庫補助金を得るのに成功した横浜市は，第1回拡張工事に着手した。その計画概要は，計画給水人口30万人，計画1日導水量600万ガロン（27,240㎥/日），計画配水量540万ガロン（24,520㎥/日）であった。導水管を新たに布設するとともに，濾過池，貯水池等が増設・新設されて1901（明治34）年に完成をみたのである。水源については，1897年に変更した道志川取水をそのまま利用した。

　長年の課題にやっとのことで対応した横浜市であるが，第1回拡張事業が竣工した1901年には人口は299,000人に達し，早くも給水目標人口30万人は目前であった。このためすぐに第2回拡張工事の準備に入った。

　ここで重要な課題となったのは，水源をどこに置くかである。従来の道志川の青山取入所は限界があり，取水量を増やすには何らかの対策が必要であった。また青山取入所からは，道志川右岸さらに相模川左岸に沿う断崖絶壁に手を加えて路線を建設したが，豪雨出水時，たびたび崩壊によって鉄管が破壊され，断水に陥るという弱点を抱えていた。この水源確保と従来路線の弱点解消のため，新たなトンネル路線の開削，揚水ポンプの設置，水源を相模川本川あるい

は中津川への変更などが検討された。

　中津川への変更については，市長による現地調査も行われた。取水口地点と想定されたのは半原である。だが，その下流で500 haに及ぶ水田の灌漑用水として利用されていること，製糸業，穀類業の合計324台の水車が取水口付近の下流にあること，相模川横断のために長大な架橋工事を必要とすること，さらに，当時海軍が横須賀軍港の軍用水道水源池として中津川に注目していたこともあって放棄された。その結果として道志川から増量取水することになり，新たな取水口は上流1 kmさかのぼり，岩石を開削し，制水門を取り付けて設置された。また水源付近の水道路線として4.36 kmのトンネル（城山トンネル）を掘削し，この後，相模川をわたり，再び665 mのトンネルを開削した。

　計画規模をみると，目標給水人口80万人，1人1日使用水量25ガロン（114 ℓ/日）とし計画1日導水量2,000万ガロン（90,120 m^3/日）で，毎秒1.03 m^{3}を取水するものであった。この取水量は，青山地点で既往10数年の調査に基づく最低の水位であった時期の流量3.67 m^3/sに対し，29％に相当した。

　この拡張工事では，新たな浄水場の設置，沈澱池，貯水池，濾過場の新・増設等の工事が行われた。このため予算額は700万円という当時としては実に大規模なものとして，1910年に着工された。因みに当時の横浜市の予算をみると，07年度で一般会計170万円，特別会計等をあわせて総額280万円程度であった。工事は約5カ年を要し，15年に完成したが，これにより給水能力は，それまでの1日24,520 m^{3}から89,000 m^{3}へと大幅に増大し，余裕もできた。このため保土ヶ谷町，富士ガス紡績会社保土ヶ谷工場，保土ヶ谷化学工業株式会社などへの市外給水を行ったのである。

　しかし，給水普及率の増大，文化水準の向上等による1人当りの給水量が増大し，21年には1日最大給水量が10万m^{3}にも達して水道拡張が再び検討されることとなった。だがこの直後，横浜市は死者・行方不明約23,000人に及ぶ関東大震災を受け，水道施設も大被害を受けてその復旧に追われることとなったのである。

　関東大震災後，一時的に減少した人口もやがて回復して増加に転じた。横浜

市は大正の末期から市域の拡張を図り，27年までに鶴見町，保土ヶ谷町，他の隣接9カ町村を合併した。また明治の終わりから工場の誘致を図ったが，震災の復興のため改めて工業開発に力をそそぎ，子安・生麦地先の海面約60万坪（200万m^2）の埋立てによる臨海工業地帯の造成を計画した。そのためには，工業用水の確保が必要であった。

　このことからも給水量の著しい増加が予想され，横浜市は大正末年から第3回拡張工事の検討を進めていた。そして1927年，人口105万人，1人1日最大給水量としては工場用水を含めて209ℓの計画を策定したのである。この計画策定のなかで，新たな水源が検討されたが，その対象となったのが多摩川，芦ノ湖，道志川増加，相模川本川であった。道志川は，なお取水の余裕があり有力と位置づけられていたのである。

　横浜市は，向ヶ原左岸での相模川表流水取水が最良との結論を出し，27年に神奈川県に説明して了承を求めた。一方県は，葉山，鎌倉，逗子などの湘南地方一帯の広域的県営水道を検討中であって，横浜市に対し水源についての県市共同施行の提案を行った。ここに水源に関して県市合同施行案が浮上してきたのである。この後，県市合同水源案が調査・検討されていくが，横浜市は工事費削減のために給水人口90万人，1人1日最大給水量209ℓ，所要取水量2.177 m^3/sの規模を縮小した計画に変更した。取水源としては道志川での既存の取水量1.033 m^3/sを増大させるもので，取水口も川尻村谷ヶ原に移し，ポンプでの用水の計画とした。さらにこの後，計画規模を見直し，49年における給水人口75万人，1人1日最大給水量9.0立方尺（250.5ℓ）の計画とした。

　県市合同水源案は，その後検討が進められ，1928年に県・市の間で「県市合同案並市単独案ニ関スル覚書」が結ばれた[14]。それによると，県市合同案，横浜市単独案の比較が行われ，単独案での道志川からの取水は1.94 m^3/s（70個，1個とは毎秒1立方尺）まで可能などとの重要な点が指摘されている。また特に，合同案が灌漑問題の解決に利益があるとの比較があり，興味深い。相模川は流域面積に比べて灌漑面積は小さく，横浜市が取水していても十分余裕のある河川であったが，遂に灌漑との調整が課題となってきたのである。

ここで相模川の農業用水についてみると，この当時，下流平地部の左岸の用排水整備が重要な課題となっていた。地元の熱心な運動によって，29年から相模川左岸用排水改良事業の実施が県議会で可決された。その後，国からの補助をめぐって紆余曲折があったが，32年から工事に着手されたのである（図3-11）。その取水口は，相模川が下流平地部に出たところに位置する磯部頭首工である。このため，その上流での横浜市の取水は，下流部灌漑用水と全く調整なしとするわけにはいかないものであった。その調整を図るのには，長い年月を要するのが一般的である。しかし横浜市のみでなく県が前面に出てくれたら，調整は著しくスムーズにいくだろう。そこに横浜市は大きなメリットを見出したと思われ，合同案を推進するのである。

なお相模川左岸用排水改良事業は2,200町歩を灌漑するもので，相模川からの計画取水量は約 6.96 m³/s（250個）であった。この取水量は，当時の相模川の水量約 19.48 m³/s（700個）の1/3であるので，取水しても漁業には大して影響はないと判断されていた[15]。(『横浜貿易新報』1936年6月26日記事)。この当時，相模川では用水源としての水量はかなりあるが，漁業が1つの制約条件になっていることがわかる。なお左岸用排水改良事業は，40年竣工した。

横浜市は，このような下流灌漑用水との調整問題もあって県市合同水源案を推進し，1929年には県知事，市長との間で覚書を交わし[16]，共同水源が実現されるかにみえた。29年8月

図3-11 昭和15年完工の相模川左岸土地改良区

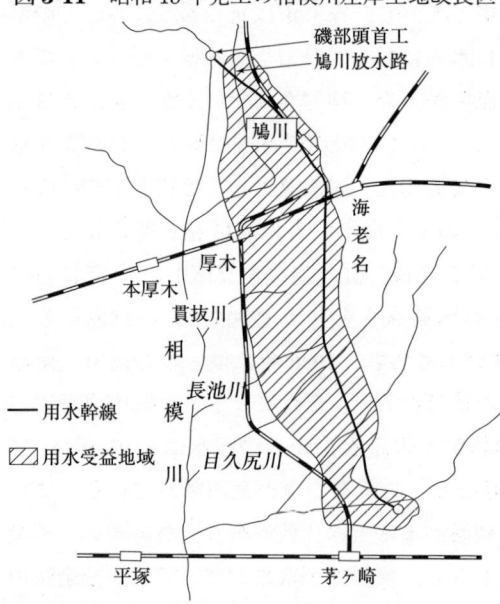

出典：『神奈川県企業庁史』神奈川県企業庁，1963年。

に市参事会に提案された横浜市の計画書をみると，津久井郡左岸千木良村，右岸内郷村地内に溢流式重力ダムを造り，水位を8m上昇させて取水するものであった。つまり大型のダムを造るのだが，それは貯留施設ではなく，水位の堰上げを目的とする構造物である。取水能力は将来の余裕を考慮し，横浜市 $2.782 m^3/s$，神奈川県 $1.391 m^3/s$ の合計 $4.173 m^3/s$ を計画した。なお横浜市の給水計画人口75万人に対する新取水量は，総所要水量 $2.174 m^3/s$ のうち既設設備 $1.031 m^3/s$ を差し引いた $1.143 m^3/s$ であった。これとの比較からみて，堰上げ施設による取水量の大きいことがわかる。

さて横浜市の第3回拡張事業は水源工事と導水関係工事等に分けられ，導水関係工事等は第1期工事として30年から着手された。水源工事は，大規模なもので長期間を要すとして第2期工事に回されたのであるが，それが完成する間の暫定水源として，相模川左岸に大島の臨時揚水設備が30年に着工された。34年の必要水量を確保するものとして，$0.564 m^3/s$ を揚水するものであった。

このように第3回拡張事業の水源は，県市合同の施設として計画され，これに基づいて横浜市は事業着手していた。ところが神奈川県は，31年の12月県会に湘南地域を給水区域とし，水源を寒川村地内の相模川下流の伏流水とする県営水道案を提出したのである。これまで横浜市と進めてきた上流山間部での取水を放棄するものであったが，県会はこれを可決し，32年度から工事に着手された。

神奈川県が，市との共同水源をこのように放棄した基本的な理由は取水地点寒川が湘南地域に近いため導水関係の工事費が安いこと，また伏流水取水であるため取水工事費が安いという経済性であったと思われる。上流山間部での取水による工事概算額は1,200万円，一方，寒川での伏流水源案での当所計画工事費は520万円であった。また寒川地点は，それより下流には農業用水の取水はなく，灌漑との水利調整は行わなくてもよいという利点をもっている。

この時期に神奈川県が寒川取水での県営水道に着手した背景には，民営会社である湘南水道株式会社の拡張計画がある。31年，株式会社はそれまで給水していた藤沢町の一部等の給水人口11,000余人に加え，鎌倉，平塚等にも給

水する拡張計画を県に申請した。これに対し県は、会社案の水源地（鎌倉郡村岡村）が水量的に不十分だとして相模川での取水を提示した。しかし民間会社は資金的に着手できないとして拒否したため、この民間会社を買収して事業を進める県営水道事業に乗り出したのである。

一方、県市共同水源事業を失ってしまった横浜市は、共同水源案のやや下流で単独で取水する設計に変更して、33年、内務大臣宛の認可申請を県に提出した。申請の理由書の中で市は次のように述べている[17]。

> 水源工事は、当時神奈川県に於て計画中なりしを以て一時中止し、第一期工事と分離施行することとせり。然るに県は、其の水源を下流寒川村に変更し、実施の認可を得、已に着手せるを以て、自ら県市合同施行は不可能なるに至りたるか故に、茲に市は総工費288万円を以て本工事を単独施行せむとするものなり。

神奈川県の約束不履行への強い不満が感じられる。取水量は、1973（昭和48）年を対象年として、既設道志川取水量 $1.152 m^3/s$ を差し引いて $2.783 m^3/s$ を申請した[18]。73年の給水人口は100万人、1人1日最大給水量は340ℓであった。

しかし内務省への認可申請書は、神奈川県で差し止められた。先述したように、神奈川県ではこの当時、相模川の水による相模原開田の問題が浮上していたのである。1933年7月には、県から耕地課長が相模原に来て関係町村長と協議し、また農林省から調査官が同年派遣されて予備調査が始まった。地元でもこの動きに呼応し、計画の実現を県に働きかけ、翌年の4月には相模原開田期成同盟会が結成された。相模川の水源をもとにした地域開発が本格的に動き出したのである。34年7月には、期成同盟会の会長他20余名が県知事、内務・土木両部長を歴訪し、津久井郡千木良村に大ダムを設け、県営相模原開田および上水道敷設、横浜市第3回水道拡張計画の水源とし、さらに落差を利用して県営水力発電所を設置するための相模川水利統制調査費の予算計上を陳情していた。相模川からの横浜市水道の導水は、この動きのなかに巻き込まれて

いったのである。

ところで単独施行として横浜市が申請した取水量 2.783 m³/s は，下流の利水状況から相模川にとってそれほど大きいものでない。ただし先述した 32 年から工事の始まった相模川左岸用排水改良事業の状況からみて，漁業関係者からの反発が予想される。事実，横浜市単独施行案が申請されると，沿岸の漁業者からは反対が表明された。この漁業関係者との調整が残るが，相模川の利水状況からみて横浜市水道の引水は十分，可能なものであった。

神奈川県は，横浜市水道に対する当面の応急策として道志川の既設青山水源と大島臨時ポンプ場の拡張を認めた。このため横浜市は計画を改め，1935 年に申請をし直し，41 年にこの工事を完成させた。ただこの道志川取水の拡張に対し，漁業関係者から強硬な反対が表明され，県も斡旋に乗り出してやっと 36 年に解決したのである。

この後，横浜市は，37 年に鶴見・神奈川の臨海工業地帯 62 万坪の埋立を完成させ，その工業用水の確保が新たな課題となっていた。

(4) 発電開発と河水統制事業

発電は，京浜埋立造成地の工業に対しての動力源として期待されていた。1929（昭和 4）年に発生した世界大恐慌及び翌年の金解禁によって大打撃を受けた日本経済も，31 年に勃発した満州事変を契機とする軍需景気等により立ち直りを見せ，33 年頃から工場地帯は電力不足に陥っていた。このため県営で工業地帯造成を進める神奈川県にとって，電力問題の解決は 1 つの課題であった。一方，相模川は「三大都市に近接し，需要の点において，輸送距離において，さらに交通の便において，本邦まれに見る」水力発電に有利な地点であった[19]。

しかし発電は，必ずしも県営で行う必要はない。臨海埋立地に進出していた企業も，自ら電力供給を始めたものもあった。たとえば富士瓦斯紡績は，静岡県鮎沢川に明治年間の終わりに発電所を完成させていたが，大正年間には神奈

川県下酒匂川で発電所を建設し，川崎地区へ送電した。また浅野総一郎も17年には，酒匂川水系河内川で発電所を完成させていた。

　昭和初期当時，電力はいわゆる5大電力の時代であった。関東地方はほぼ東京電燈よって供給されていたが，横浜を中心に発達した横浜電気会社が，4対3と有利な比率で東京電燈に合併されたのは21年であった。また富士水電，帝国電燈，東京電力も25年から28年にかけて合併されていた。一方，関西を誕生の地とする日本電力も，27,28年に小田原電鉄電力部，相武電力を合併して神奈川県下で電気供給を行っていた。このため神奈川県下で，さらに京浜工業地帯の周辺で発電しなくても，高電圧の送電線で広くつながっているため他地域で発電したものを送電すればよかった。

　しかも35年代以降になると，国により電力国家統制が推進され，国の方針として地方自治体による電気事業は困難になっていた。つまり36年10月には電力国家管理の通信省案が閣議決定されたが，それに先立ち通信大臣は同年5月の第69回特別議会で，「地方自治体の電気事業公営に関しては，収益の目標となるものは今後，いっさい認めない」と発言していた[20]。

　電力国家管理については第Ⅱ章で述べてきたが，閣議決定されたこの通信省案は，広田内閣総辞職により国会に提出されることはなかった。また電力業界からの反対もあって，電力国家管理の動きは一時下火となったが，37年，近衛内閣が登場すると，再び熱心に推進された。37年10月，臨時電力調査会が設置され，同年11月，民間電力出身の委員の反対を押し切って電力国家管理要綱が同調査会で採択された。そして翌年12月には，その答申案を骨子として逓信省案を作成し，38年1月には臨時閣議で政府案を決定し，電力管理法案他3法案を議会に提出したのである。この法案が成立すれば，県による発電事業は困難と懸念された。

　電力国家管理に対する国のこの動きのなかで，神奈川県の相模川河水統制事業は進められたのである。電力管理法案の立法化の動きが決定的となった37年12月，神奈川県知事は相模川河水統制事業の着手を決定し，神奈川県は実行に動き出したのであるが，後に神奈川県知事は次のように述べている[21]。

第Ⅲ章　戦前の地域整備の具体的展開　　　　205

　　あたかも当時統制の初期時代で，電力開発も合同一本の発送電会社に統
　制するという気運がおこり，電力管理法なるものが逓信省によって立案せ
　られつつあったのです。それがだんだん具体化して，いよいよ近く開かれ
　る国会には政府案として提出せられ，これが通過の暁には，わが神奈川県
　の計画している相模川河水統制事業もこの法律によって手足をしばら
　れ，二度と日の目を見ることができない運命にたちいることが明らかにな
　りました。昭和十三年十二月通常県会をやりながらこの情勢を知って，
　じっとしておられぬ気持ちでした。十二月十日通常県会がおわるやいなや，
　わたしは土木部の首脳者を集めて申しわたしました。

　すなわち神奈川県は，相模川河水統制事業にどうでも電力事業を入れねばな
らなかったのである。つまりこの計画は，電力事業を取り入れることによって
初めて成立する事業であった。このため電力国家管理を推進する逓信省に対し
て熱心に事業の説明が行われ，内務省の援護もあって，逓信省が事業を認可す
るとの態度をとるに到ったのは37年の年末ぎりぎりであった。そして翌1月
18日付で逓信省電気局長より神奈川県知事に通知が出され，県営発電事業が
認可されたのである[22]。
　これを受け神奈川県は，8日間の会期で臨時県会を開き，38年1月27日に
当時の県予算の2倍強に当たる大事業が付帯条件付無修正で可決したのである。
なお電力国家管理法案が国会に上程されたのは，その2日前の1月25日であ
り3月26日に成立した。
　ではなぜ神奈川県は，相模川河水統制事業に県営発電の参加を是非とも必要
としたのだろうか。それは，財政・経済面からの理由と思われる。発電事業は，
経済の好不況によって浮沈が激しく，不況期には供給過剰となって経営は苦し
くなり，大恐慌期には電力企業は国有論を唱えるほどであった。しかし33年
頃からは慢性的な電力不足となり，電力事業は利益を間違いなくもたらすもの
であった。この利益が，県にとって財政面からの大きな魅力であったのである。
また共同で施行するダム事業の費用負担において，電力側が多くを負担できる。

その結果,他の事業の負担が少なくてすみ,単独ならば採算的に苦しい部門の事業化ができたのである。たとえば県知事は1938年1月の臨時県会で次のように述べ,この事業が県財政の立て直しに必要であることを強調している[23]。

> 今日の非常時局に各種の生産力の拡充,ことに軍需工業その他の強化を必要とするとき,工業用水あるいは電力の供給を豊富にすることはきわめて肝要なことであり,かつ,県財政の立て直し,県将来の振興などあらゆる見地からみて,本事業の重要性は認められる。

なお県営発電による収益を県財政に繰り入れて有力な財源とする考えは,大正中頃以降,わが国の経済が好況を呈して電気が不足し,発電事業が有利となった時期に何度か県議会で議論されていた。また神奈川県は,1923年から3カ年,芦ノ湖利用調査を行った。これは実現には到らなかったが,27年には県会で知事宛の意見書が議決され,県による発電,水道の実施を求めた。

発電事業が,この当時,有利な事業であることは,当然のことながら国も十分認識していた。逓信省は発電事業を認可するにあたって,発電事業の費用の分担について妥当な限度で決めるべきことはもちろん,他の事業のために発電事業の分担が過大にならないように厳しく注意した。一方,この河水統制事業に対して神奈川県は治水からの国庫補助金を要求したが,大蔵省は発電事業によって利益が生じるので,その同一の事業に対しては補助はできないとの方針のため,国庫補助は実現しなかったのである。

(5) 相模川河水統制事業の着工

河水統制事業の費用分担

1938年2月,神奈川県臨時県会は本事業を可決し,相模川河水統制事業は着工となった。総工事費は**表3-1**のように2,680万円であった。堰堤費,2つの発電所の建設費,取水堰費,逆調節池,分水池の建設を内容とし,分水した後の都市用水及び相模原開田開発費は含まない。事業の費用振り分けについ

表3-1 相模川河水統制総事業費
(単位:円)

種目	名称	金額
工業費		26,020,000
	堰堤費	6,610,000
	取水,導水,分水費	9,149,000
	発電工事費	9,741,000
	付帯工事費	450,000
	建物費	70,000
監督雑費		680,000
予備費		100,000
計		26,800,000

出典:『相模川河水統制事業史』神奈川県,1952年。

表3-2 相模川河水統制事業費の費用振分
(単位:円)

総事業費	26,800,000
内訳	
水力発電事業負担	22,525,000
相模川開田開発事業	855,000
横浜市	1,710,000
川崎市	1,710,000

出典:安田正鷹『水利権・河水統制事業』好文館,1940年。

てみると,計画時点においては表3-2のような分担であったと推定される[24]。水量比に応じた配分が原則であったが,水の経済的価値を加味し,開田に要する水は,他と比較して1/2の効果しかもっていないので1/2と評価し,その分は発電が負担したのである。

総工事費のなかには,発電のための工事費も含まれているが,実に84%を水力発電が分担することになったのである。5.55 m^3/s 取水する横浜市の負担は,171万円であったが,この額は,先述した2.783 m^3/s 取水するための横浜市単独の堰堤工事費288万円に比べてはるかに安いことがわかる。都市用水事業にとって実に有利だったのである。

農業用水についてみると,当初の水源費は,相模原の都市開発負担も含めて855,000円と算出された。先述したように相模原開田は歴史的にみて重要な1つの課題であった。しかし過去の1914(大正3)年から2年間にわたる県による相模原開田調査では,取水量約24.5 m^3/s (880個),開田面積4,400町歩,総工費706万円では到底,採算がとれないという結論に達していた。33年頃から再び相模原開田が課題となり,県耕地課,農林省で調査が始まった。農林省調査による「相模原土地利用計画」では,大正年間の県による調査を踏まえ,開田,発電,横浜水道の総合計画の下で初めて相模川の資源開発が成功し,ま

た開田が採算に合うと結論づけていた。具体的には他の利水との調整を行い，開田用水として2,150町歩をまかない得る10.45㎥/sとし，取水のための分担金を100万円と見積もった。そしてこの額は，大正年間の総工費706万円の計画のなかの水源費555万円と比べてずっと小さかったので採算に合うとしたのである。

しかし先述したように，それでも果たして大丈夫なのかとの疑問が県会で出されていた。統制事業の当初から，開田事業に対し計画どおり進められるかどうか疑義がもたれていたのである。

下流との調整

下流の農業用水との関係をみてみよう。発電に利用後の相模川への放流量は最小15.35㎥/sであった。この量は「相模川の渇水量と略々一致」するといい，相模ダム地点の渇水量で定められたことが指摘されているが[25]，1939年の通常県会で渇水期に下流に悪影響はないのかとの質問に対し，横山土木部長は概ね次のように答えている[26]。

発電使用後の相模川への放流量550個（約15.35㎥/s）に，下流の支川からの合流量220個（約6.1㎥/s）を加えて770個（約21.4㎥/s）の流量が最渇水期でも流れる。下流の灌漑用水量は，余裕をみても480個（約13.4㎥/s）であるので，その下流に290個（約8.0㎥/s）が流れて全く心配ない。またこの灌漑用水480個のうち420個は相模川に還元する。

相模川下流の農業用水について，新沢嘉芽統著『相模川の水利調整と課題』[27]でみると，灌漑大取水堰として相模川が山間部を離れたところに磯部頭首工があるが，これから下流の灌漑面積は約4,800 haである。このうち左岸は2,191 haであって，31年に着工され，46年に完成した相模川用水の許可水利権は6.85㎥/sであった。一方，西部用水は灌漑面積2,556 ha，許可水利権量は5.00㎥/sであって，49年に着工，59年に完成した。磯部頭首工より上流の灌漑面積は321 haであるので，相模ダム下流で約5,000 haの灌漑面積をもっている。灌漑のため減水深20 mm/日が必要であるとして換算すると，

11.6 m³/s の必要流量となる。また西部用水が完成したのは59年であるので，この灌漑面積を差し引くと6.6 m³/s が必要となる。これよりみて，下流最小放流量 15.35 m³/s で灌漑用水は十分満たされることが理解される。

事実，河水統制事業に強硬な反対を示したのは漁業組合であった。相模川は，鮎の名所としても有名であり，激しい反対運動が展開されたのである。この反対に対して40年に補償協議が整ったが，農業灌漑側からはそれほど強い反対は生じなかった。最小流量として 15.35 m³/s が確保されているので，水量的に十分妥当であったからであろう。

このように，既存の関係者との調整を進めながら，現地に建設事務所を開設したのは1938年12月である。また当然のことながら生活基盤を失う136家屋の水没者からの強い反対にあったが，40年中に解決をみた。用地補償の解決にあたり国としての重要事業であることを示威するため，小磯国昭，荒木貞夫等の陸海軍の将校たちが太刀を下げて現地を練り歩いたという[28]。

着工と事業の進展

工事は，資材の調達，応召などの労力不足に苦労しながら，第2次世界大戦中も続行された。当初の圧力隧道方式を自然流下方式に変更するなど，技術的な困難にもぶつかりながら進められ，43年12月中に津久井第1号発電機の運転にこぎつけた。軍需産業の電力不足のため，逓信省から工事繰り上げ命令が出されていたのに応えたのである。その後，職員の奮闘により発電工事を中心に進められたが，ついに45年6月，工事は中止となった。戦後，46年には工事は再開し，ダム，発電全工事が完成したのは49年であった。

一方，分水についてみると，横浜，川崎への導水工事は1940年に着手されたが中止となり，戦後再開された後，横浜へは49年に通水した。川崎への分水が開始されたのは52年である。

さらに69年になって，灌漑事業への負担方式に大きな変更をみた。県営事業として行ってきた北幹線水路と専用導水隧道に対しての地元負担金及び将来の維持管理費に要する経費について，県企業庁の電気事業会計で負担すること

になったのである。また相模原開発土地改良区がこれまで負担した経費および同改良区が有していた借入金についても，神奈川県企業庁が負担することになった。その代わり畑地灌漑のための給水について，1m^3当り70銭の納付金を収めることになったのである。

このように，相模原の耕地開発の基幹部分の建設費，維持管理費は県企業庁が肩代わりすることになった。神奈川県にとって，都市化に伴い農地が減少するかたわら，一方では都市用水が急増し，水の利用を合理的に行わなければならない。県企業庁の負担によって，神奈川県は水利用の自由度を得たのである。

【注】
1) 県会議長からの意見書は次のように述べている。
「本県の富源たる相模川の水利を利用して発電並びに上水道事業をおこし，もって県の将来の歳入の増収をはかるとともに，相模原の開発を期するは，地方の福利を増進するゆえんにして，もっとも機宜に適したる企図なりと認められる。しかるに，明年度予算に計上せられたる相模川水利開発調査費はきわめて少額にして，とうてい調査の迅速なる完成を期するあたわず，ゆえに県はさらにいっそう予算の増額をはかり，もってこれが調査を促進し，事業の実現に善処せられんことをのぞむ」『神奈川県企業庁史』神奈川県企業庁，1963年，379ページ。
2) 『相模原市史』第4巻　相模原市，1971年，386～387ページ。
3) 『神奈川県会史』第6巻　神奈川県議会事務局編集，神奈川県議会，1969年，428ページ。
4) 同上，483ページ。
5) 前掲書2)，383ページ。
6) 具体的には次のように述べられている。
「相模川水利，上津久井郡千木良村字赤馬地内相模川に大ダムを設け，大野貯水池を築造して，県営相模原開田および上水道敷設，横浜市第三期水道拡大計画の水源とし，その落差を利用して津久井郡川尻村久保沢・向原地内に県営水力発電所を設置することは最も肝要につき，これが促進のため速やかに相模川水利統制調査費を計上し，徹底的水利調査を行われたい」。前掲書2)，384ページ。

第Ⅲ章　戦前の地域整備の具体的展開　　　　　　　　　　　　　211

7)　前掲書3), 388 ページ。
8)　同上, 386 ページ。
9)　前掲書2), 567 ページ。
10)　同上, 563 ページ。
11)　前掲書3), 369 ページ。
12)　同上, 608 ページ。
13)　同上, 620 ページ。
14)　『横浜水道百年の歩み』横浜市水道局, 1987 年, 262 ページ。

県市合同案並市単独案ニ関スル覚書（昭和三年六月二十七日水道局庁舎ニ於テ県市会合ノ際決定）

① 道志川ノ現在ノ流量ハ桂川ニ及バズト雖モ, 市単独案ニヨル取水量七〇個マテハ之ヲ取水スルコトヲ得。
② 桂川ハ下水ノ放流多キヲ以テ原水ノ汚濁セラルル点道志川ヨリ大ナリ。
③ 道志川ハ市営水源涵養林ヲ有スルヲ以テ水源涵養上優位置ヲ占ム。
④ 県市合同案ハ灌漑問題ノ解決ニ便益ヲ有ス。
⑤ 工事費, 維持費, 浄水費等両案何レモ大差ナキモノトス。
⑥ 桂川ハソノ上流ニ銅山アルヲ以テ水質ヲ不良ナラシムル憂アリ。
⑦ 県市合同案ハ経営上将来ニ繁雑ナル関係ヲ残ス欠点ヲ有ス。
⑧ 県市合同案ハ需給ノカンケイヲ調節シ得ル得点ヲ有ス。

15)　前掲書2), 377 ページ。
16)　前掲書14), 264 ページ。

覚え書きは次のようなものである。

水道共同経営ニ関スル覚書

― 神奈川県知事ト横浜市長トハ相模川ヨリ毎秒一五〇立方尺（1 立方尺 ≒ 0.0278 m³）ノ流量ヲ取水スヘキ水道計画ニ伴フ, 自神奈川県津久井郡千木良村至神奈川県高座郡田名村間ノ水道工事ヲ県（又ハ市町村組合）市共同事業トシテ左記条項ニ依リ経営スル方針ノ下ニ該計画ヲ実現スルコトニカムルコト。

― 昭和5年末日迄ニ前項計画ニ伴フ予算ヲ県（又ハ市町村組合）市各該当議決機関ニ付議スルコトヲ得サルトキ, 又ハ付議スルモ通過スルニ至ラサルトキハ覚書ハ効力ヲ失フモノトス。

― 前項ノ場合ニ於テハ市ハ単独ニテ計画ヲ立ツルモノトス。

17) 前掲書 14), 293 ページ。
18) 既設道志川取水量は 1934 年の大島送水井の完成により 1.031 m³/s から 1.152 m³/s に増強されていた。前掲書 14), 291 ページ。
19) 「相模川の河水統制」説明書による。
20) 栗原東洋編『現代日本産業発達史Ⅲ　電力』現代日本産業発達史研究会, 1964 年, 293 ページ。
21) 『神奈川県企業庁史』神奈川県企業庁, 1963 年。
22) 同上, 384 ページ。

通知された「相模川河水統制計画に関する内意」は次のようなものであった。

相模川河水統制計画に関する内意

1　既許可発電水力事業に対する影響については, あらかじめ十分なる協議をとげおかるること。
2　発電力は, なるべく大送電系統を有する電気事業者に対し, 発電地点において卸売をなすこととし, いわゆる配電事業の形式を採らざること。
3　発電以外の目的への利用を有利ならしめんがために, 発電力の性質低下をきたすがごときことなきよう注意せらるること。
4　堰堤, 取水, 導水等の工事費, 維持費, 経営費等の発電事業における分担は, 妥当なる限度においてこれを決せらるべきはもちろんのことにして, 多種事業のために発電事業の分担過大を生ずるがごときことなきよう注意せらるること。

23) 前掲書 3), 562, 567〜568 ページ。
24) 安田正鷹『水利権・河水統制編』好文館, 1940 年, 284 ページ。『相模川河水統制事業史』前出 18 ページ, から推定した。ただしこの振り分けは, あくまでも計画時点のものである。
25) 安田正鷹『河水統制事業』常磐書房, 1938 年, 129 ページ。
26) 前掲書 3), 684 ページ。

なお 39 年は全国的に大渇水の年であったが, 土木部長は「本年は曾て昭和六年にありましたような十五立方米と云うようなものは本年はないのであります」と述べ, 発電後の最小放水量 15.35 m³/s は, 31 年の流況であったことを示している。

27) 新沢嘉芽統『水利の開発と調整　下巻』時潮社, 1980 年。
28) 宮村忠『相模川物語』神奈川新聞社, 1990 年, 78 ページ。

【参考文献】

『相模川河水統制事業史』神奈川県，1952年。
『神奈川県企業庁史』神奈川県企業庁，1963年。
『神奈川県会史』第6巻，神奈川県議会事務局編集，神奈川県議会，1969年。
『相模原市史』第3巻，相模原市，1969年。
『相模原市史』第4巻，相模原市，1971年。
『横浜市水道百年の歩み』横浜市水道局，1987年。

3 川崎の発展と都市用水の確保

(1) 自然条件と概要

　この地域は，流域面積 235 km² の鶴見川と 1,240 km² の多摩川の間の臨海部に位置している（図 3-12）。その地形条件からして，地下水には恵まれていない。だが近傍に，水量的に余裕のある河川がなかったため，進出してきた工場は，当初，この地下水に頼った。たとえば浅野造船所は，地下水を水源として自家用水道を敷設しはじめた。造船所の用水を賄うとともに，その余剰水を周辺の工場，住宅に分水しはじめた。1919（大正 8）年のことである。また 16 年，鶴見川の河口部の埋立地に建設された旭硝子は，敷地内に井戸を試掘したが塩分があって使用に適さず，3 km 先の内陸部から導水した。水源は，地下水と思われる。しかし臨海部ということもあって，地下水の使用可能量は限られ，工場が増加するとともに地下水位が低下し，取水不可能な状態に陥る井戸が続出した。

図 3-12　横浜・川崎周辺の河川概況図

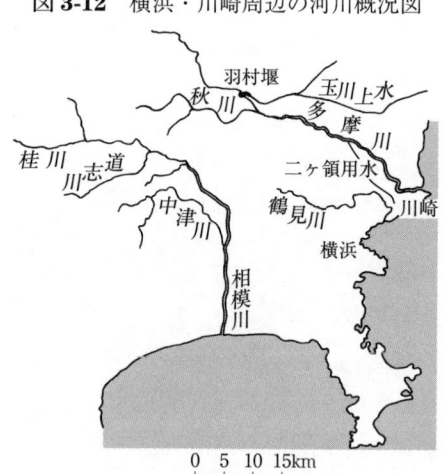

　この地域は，このように水にはけっして恵まれていず，その確保に大変苦労した地域である。『川崎誌考』はその状況について「殊に会社なり工場なりの高級サラリーマンに至っては，鮒か目高のように用水堀の水を飲まなければならぬ非衛生的の川崎に住居を移すのは，殆ど，死地に就くの思ひあらしめた」と述べている[1]。

　この対策として，特に工場の稼働

のため不可欠である工業用水確保のため，浅野総一郎が発起人となって，19年，私設水道会社の設立許可を申請し，21年に許可された。当初の計画によると，鶴見・田島の2町，これに隣接する海岸埋立地を供給区域とし，給水人口54,000人で1日16万立方（13,900 m³）尺（4,450 m³/日，1人1日最大給水量4立方〈22,300 m³/日〉尺，1立方尺は約0.0278 m³），これに1日の工場用水予想量50万立方尺に余裕を加えて，1日80万立方尺が計画給水量であった。水源は多摩川で，河口から約3里（約12 km）の上流地点である神奈川県橘樹郡中原村大字上丸子地内丸子ノ渡しの伏流水を取水するものであった。しかし調査の結果，砂礫の堆積層が薄かったため，対岸の約6丁（約640 m）上流に取水塔を設置して表流水を取水し，鉄管で川を横断して右岸に導水する計画となった。その後，沈殿・濾過した後，ポンプで増圧して配水池に送り，供給区域に配水しようとするものだった。

　この計画を実施するため，浅野総一郎を総代にして橘樹水道株式会社が1927年に設立された。会社設立が遅れたのは，経済不況や関東大震災の影響などのためだが，この間に田島町と鶴見町のかなりの区域が計画から抜け，給水区域は鶴見町のうち安善町と末広町に限定されることとなった。区域がこのように狭まったのは，鶴見町が町営水道を計画し，その事業認可を得たことと，田島町が川崎市と上水組合を設立したためである。その後，田島町は川崎市に吸収合併されることとなるのだが，それは上水道が重要な機縁となったと評してよい。

　橘樹水道は，その給水先をほとんど工場とし，29年から営業を開始した。しかし水の需要は増大し，橘樹水道では供給は追いつかず，横浜水道から供給を仰ぐこととなった。橘樹水道では新鑿井戸によって水源増強を図ったが，横浜市内の水道一元構想をもつ県からは認可されず，37年横浜市に買収されたのである。なお橘樹水道は，横浜の工業用水道の原点と評されている[2]。

　一方，川崎方面では，安定した工業用水を求めて日本鋼管，昭和肥料（現・昭和電工），東京湾埋立の3社が，36年「川崎工業用水組合」を組織し，工業用水道の建設を図った。その後，紆余曲折を経て，同年，川崎市が市営として

建設，運営することとなった。わが国最初の公営による工業用水道である。多摩川に接している川崎市でも，多摩川の最下流部に位置しているため，都市用水の確保には苦労していたのである。なお川崎市は田島町，中原町など次々と合併して市域を拡大していくが，この動きは都市用水確保と密接に関係していた。

(2) 川崎市と都市用水（昭和初期まで）

川崎では，地下水の水質が不良で飲用に適する井戸が少なかったため，稲毛・川崎二ヶ領用水をその水源として利用していた。二ヶ領用水は，慶長年間（1596～1614年）に15年の年月を費やして開削された灌漑用水である。多摩川右岸の管地区から導水し，灌漑区域は現在の横浜市鶴見区までも含む多摩川右岸下流部で，川崎全域ほとんどがその区域であった。1609（慶長14）年，幹線工事が完了した直後に検地を受けたが，このときの灌漑面積は1,876町歩，100年後の1717（享保2）年には2,007町歩に達していた。

取入口は，当初は上河原口だけであったが，ここだけでは用水が不足したため，その完成から約20年後の1629（寛永6）年，4km下流の位置に宿河原口を設置した。なおこの両取入口の間に，二ヶ領用水と同時期に整備された左岸（東京側）の六郷用水の取入口があった。

この二ヶ領用水堀の水が川崎では飲用にも利用され，先にみたように「鮒か目高のように用水堀の水を飲まなければならない」と表現されたのである。また，この用水を汲んで売る水屋も登場し，1921（大正10）年の水道布設まで販売していた。当初は汲んだ水をそのままの状態で売っていたが，明治の中頃からは4斗の樽で濾過して販売した。

この用水堀の利用について，都市側は費用負担を全くせずに無料で利用していたというのではない。たとえば10年，二ヶ領用水組合が用水路にある久地分水樋について，それまでの木造りから一部コンクリート花崗岩造りにした際，横浜精糖会社，京浜電気鉄道株式会社などは費用総額9,300円に対し，460円

第Ⅲ章　戦前の地域整備の具体的展開　　　　　217

の寄付を行っている。

創設水道

　川崎市の前進である川崎町によって最初の水道布設計画が策定されたのは，1912年で，12月，神奈川県に認可の申請を行った。しかし県は，川崎町は財政的にまだ不十分だとして申請を受けず，実現をみるには到らなかった。この後，川崎町では熱心に水道布設の実現に努力するが，16年には専門家和田忠治を招いて計画設計を委嘱した。立案された計画は，翌17年，町会の議決を経て県に申請され，19年認可された。この当時，県知事から水道布設の急務的なことが勧告されていたことから判断すると，13年に申請が認められなかったのは，計画が十分煮つめられていなかったのが1つの重要な理由と考えられる。認可された計画の内容は以下のようであった。

給水区域	川崎町一円
計画給水人口	4万人
1人1日最大配水量	3立方尺（83ℓ）
1日最大配水量	12万立方尺（3,320 m³）

　10年後の将来人口は，既往の人口増加率から推定して約23,000人，1人1日最大配水量を3立方尺（83ℓ）とし，これに工場の使用水量1日5万立方尺（1,390 m³/日）を加えて，1日最大配水量12万立方尺（3,320 m³/日）を算出したのである。計画給水人口は4万人となっているが，この数字は1日最大配水量を1人1日最大配水量で除したものである。このように水道計画の中に，工場の使用水量もカウントされていた。

　水源は，中原村宮内地内の多摩川表流水に求めた（図3-13）。宮内に沈殿池を設置して（濾過方法は緩速濾過池による）浄水場は戸手に計画した。工事は1919年から21年にかけて完成し，同年7月より通水を開始した。事業費は当初55万円の予算であったが，第1次世界大戦の影響を受け，物価が上昇するなどして最終費用は97万円であった。このうちの25万円は，川崎の5大会社といわれた東京芝浦電気，富士瓦斯紡績，明治精糖，京浜急行，味の素等の諸会社から無利子債の借入れで行った。川崎町に進出してきた企業は，このような方法で水道建設に協力したのである。

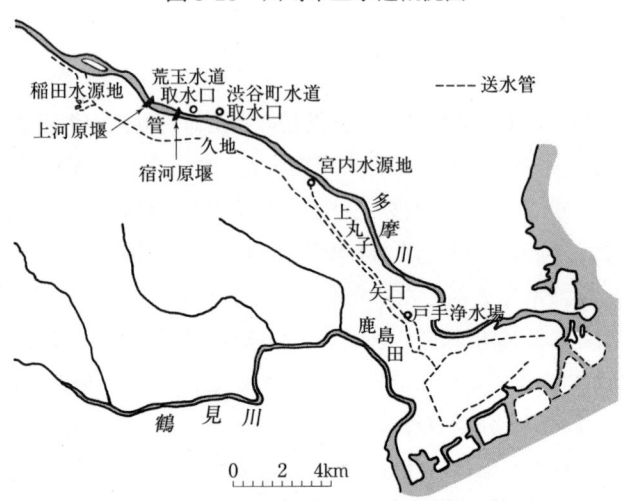

図 3-13　川崎市上水道概況図

出典：『神奈川県企業庁史』神奈川県企業庁，1963 年。

第 1 期水道拡張事業

このようにして布設された創設水道であるが，24 年には早くも計画が見直された。そして 1 日最大配水量 30 万立方尺（8,340 m³/日）の計画が立案され，25 年から事業に着手することになった。第 1 期拡張事業である。この背景には人口増加率が従来に比べて著しく上昇し，21 年末には 24,302 人に達していたこと，また工場の使用水量も予想以上に増大したことがあげられる。24 年には大師町，御幸村と合併して川崎市となったが，両地区への給水が合併の条件の 1 つであった。このため早急な給水能力の増大が強く期待されたのである。

第 1 期拡張事業の計画規模は以下に示す。

給水区域	川崎市一円
計画給水人口	6 万人
1 人 1 日最大配水量	5 立方尺（139 ℓ）
1 日最大配水量	30 万立方尺（8,340 m³）

計画給水人口は 6 万人だが，1929 年末の川崎市の推定総人口 75,000 人に地区普及率 80% を見込んで算出したものである。

計画配水量は1人1日最大配水量を創設水道と同様に3立方尺（83.4ℓ）とし，6万人に対して18万立方尺（5,020 m³/日）を総配水量とした。これに工場使用水量12万立方尺（3,320 m³/日）を加えて，1日最大配水量30万立方尺（8,340 m³/日）を算出したのである。1人1日最大配水量の計画規模5立方尺には，工場用水も含まれている。なお工場使用量は，創設水道の計画と比べて1,930 m³/日増大している。

水源は，創設水道の水源をそのまま使用した。つまり宮内地点にあった既存の取水ポンプ2台のうち，1台を能力アップしたものに取り替えて対応した。沈殿池，緩速濾過池は増設したが，それとともに沈殿池は沈殿時間を当初の24時間から16時間に，濾過速度は当初の8尺/日から12尺/日にして効率を上げて対応した。

第2期水道拡張事業

ところで1924年に3町村が合併して川崎市となったが，その南に隣接し埋立地の増設等によって工場の著しい進出がみられる田島町は，時期尚早として合併しなかった（**表3-3**）。しかし水道布設の要望は急速に高まり，川崎市・

表3-3 川崎市域の変遷状況 (単位：km²)

編入年月日	編入町村名	編入した面積	総面積
1924. 7. 1	橘樹郡川崎町，御幸村及び大師町を廃し市制施行	22.23	22.23
27. 4. 1	橘樹郡田島町を編入	10.11	32.34
33. 8. 1	橘樹郡中原町を編入	11.86	44.20
37. 4. 1	橘樹郡高津町及び日吉村の一部を編入	12.97	57.17
37. 6. 1	橘樹郡橘村を編入	6.35	63.52
38. 10. 1	橘樹郡稲田町，向丘村，宮前村及び生田町を編入	47.40	110.92
39. 4. 1	都築郡柿生村及び岡上村を編入	17.15	128.07
41. 12. 10	大師河原地先埋立地及び大師河原字夜光を編入	1.39	129.46
53. 1. 20	大師河原地先埋立地を編入	1.79	131.25
53. 11. 10	大川町及び大師河原地先埋立地を編入	0.01	131.26
57. 7. 10	千鳥町大師河原水江町及び扇町地先埋立地を編入	0.00	131.26
58. 10. 20	水江町地先を編入	0.02	131.28

出典：『川崎市水道史』川崎水道局，1960年。

田島町上水道組合が設置されて、田島町にも配水管を布設して給水することになった。この時の田島町の給水計画は次のとおりである。

給水区域	田島町一円
計画給水人口	12,750人
1人1日最大配水量	3立方尺（83.4ℓ）
1日最大配水量	38,250立方尺（1,063 m³）

給水人口1万2,750人は、1928年末の推定人口約22,500人に50％の給水率を見込んで算出したものである。これに1人1日最大配水量3立方尺（83.4ℓ）を乗じて、1日最大配水量38,250立方尺（1,063 m³/日）を算出した。ここでの計画には工場用水は一切含まれていない。またこの給水に伴う水源の補強は行われず、現有設備の余剰水の一部を給水しようとする計画であった。なお田島町が川崎市に吸収合併されたのは、27年である。

このように第1期拡張事業の後、田島町にも給水されることになり、また田島町との合併に重要な条件が上水道の早急な拡張整備であったので、川崎市は新たな水源を求めて調査を始めた。それは、下平間での多摩川堤内地の地下水の調査であり、下沼部地先での伏流水の調査であった。地下水、伏流水を水源に求めたのは、河川の汚染等の水質の問題にも対処しようとしたのである。

27年、下沼部地先の堤外地の伏流水を水源とし、1日50万立方尺（13,900 m³/日）を増強して給水しようとする計画が、川崎市会で議決されて認可が申請された。だがこの当時、川崎市も給水区域に含む大規模な県営水道を神奈川県が計画中であったため、神奈川県で一時保留となった。しかし早急に水需要に対処せねばならないという川崎市の主張で、川崎市は県営水道の計画給水区域外となった。川崎市では水源としては二ヶ領用水を利用する案が主張され、計画の見直しが行われることとなった。二ヶ領用水は、27年から神奈川県によって多摩川右岸土地改良事業の調査が行われたが、この一環として川崎市への分水が浮上したのである。これについては後に詳述する。

このようなこともあって29年、新たな計画が川崎市議会で議決され、30年から事業に着手された。しかしこの事業は、水供給が逼迫しているための暫定緊急的な位置づけであって、本格的な拡張事業はその後に行うことになった。

第Ⅲ章　戦前の地域整備の具体的展開

計画の規模は以下のとおりである。

給水区域	川崎市一円
計画給水人口	10万人
1人1日最大配水量	6立方尺（166.7ℓ）
1日最大配水量	60万立方尺（16,670 m³）

計画給水人口は，1934年の推定人口127,888人から算出したもので，工場用水等も含んだ1人1日最大配水量を6立方尺（166.7ℓ）とし，1日最大給水量60万立方尺（16,670 m³/日）を求めたのである。水源は既設の多摩川宮内取水口の上流に求め，それまでの表流水取水を廃止して全量を堤外地で伏流水を取水することとした。既存の取水口を廃止したのは，24年の洪水で寄州が生じて本流が対岸に移ったこと，また砂利採取によって河床の低下が生じて取水が困難となったためである。この計画によって最大配水量が2倍となったため，濾過池，配水池が増設された。

第3期水道拡張事業

この第2期拡張事業は暫定緊急的なものであり，その完成をみた31年から次期拡張事業の水源調査が開始された。多摩川本川では，当時，砂利採取を主因とする河床低下，及び砂州の移動によって既存の取水口での伏流水取水に支障が生じ，既存の量以上の取水は困難な状況であったのである[3]。

調査では，多摩川本川と二ヶ領用水が対象となった。だが多摩川本川は，「人力及機械による砂利採取随所に起り，表面水は常に汚濁され，河床は又侵害されつつあり。多量の水を集水する設備も新設するに困難なる状況にあり」として不可とされた。一方，二ヶ領用水も「人家稠密の個所を貫流する結果常に汚濁され，人口の増加に伴ひ益々その傾向大ならんとするを以て，水量は豊富なるも水源として共に不可なるを認め」られると，水質の点より困難であると否定された。そして「前記橘樹郡稲田町管地先同用水上河原取水口上流に於て，同取入口保護地区内河床に集水埋管を布設して取水するをもっとも得策と認める」と，二ヶ領用水の取入口直上流で多摩川の伏流水を取水するのが妥当である，と結論づけたのである。

しかしここでの取水は，二ヶ領用水の取水量にもろに影響する。つまり二ヶ

領用水側の了解が得られなければ，取水は不可能である。このため川崎市と二ヶ領普通水利組合との間で，しばしば協議が行われた。この協議は，また27年から神奈川県によって調査が進められていた多摩川右岸土地改良事業との関連でも行われた。水利組合は改良事業によって1/3ほどの余剰水が生じるので，それを譲渡して得た金で土地改良の地元負担分にあてようとしたのである[4]。

土地改良事業の開始は後年となり，この事業との関連では分水とはならなかった。だが川崎市は，32年8月，水利組合と取水のための分水協定を結んだ[5]。これにより，取水は多摩川からではなく二ヶ領用水からの分水と位置づけられたのである。

分水協定でみるように，川崎市水道への分水量を1日最大33,360 m^3 と抑えたうえで，二ヶ領用水の久地分水樋の改造，上河原取入堰の改造の工事用金額と，2つの取入堰の年々の維持管理費の1/2を川崎市が寄付することとなった。すなわち，二ヶ領用水施設の改良費全額と維持管理費の1部を負担する代わりに分水が認められたのである。なお二ヶ領普通水利組合の管理者は，26年，橘樹郡の廃止に伴って川崎市長となっていた。川崎市長を媒介として，二ヶ領用水と水道が直接的につながっていたのである。

しかし上河原堰上流での伏流水取水による水道への分水は，宿河原堰下流で取水していた東京市水道から強い反対が表明された。下流での自らの取水に悪影響が生じるとの理由からであるが，神奈川県の協力，内務省の斡旋もあって34年1月，東京側の了解を得た。なお宿河原堰下流の東京市水道とは，元の渋谷町水道（砧下浄水場），荒玉水道町村組合（砧上浄水場）であり，32年，市域拡張によって東京市の経営するところとなっていた。

第3期拡張事業の計画概要は次のとおりである。

計画給水人口は，48年末の推定人口211,526人に普及率95%を乗じて20万人とした。そして工場用水等も含めて1人1日最大配水量250 ℓ とし，1日最大配水量として5万 m^3/日増大しており，これ

給水区域	川崎市一円
計画給水人口	20万人
1人1日最大配水量	250 ℓ
1日最大配水量	5万 m^3

第Ⅲ章　戦前の地域整備の具体的展開　　　　　　　　　223

を二ヶ領用水からの分水とした。なおこの時，最終目標計画として63年末の川崎市の飽和人口を30万人とし，普及率95％，1人1日最大配水量を250ℓ，1日最大配水量9万m^3/日としていた。新たな配水池，浄水場などの施設の用地は，これを見込んで手当したのである。事業は34年から工事に着手され，39年に完了した。

(3) 多摩川水利をめぐる東京との紛争

多摩川水利をめぐり，東京との間で激しく生じた水利紛争についてみよう（図3-14）。これにより，多摩川から神奈川県下への都市用水導入が，どのような制約条件下にあるのかが理解される。

多摩川は，水利の開発過程から水利用にとってけっして余裕のある河川ではなかった。その特徴は，上流羽村地点で江戸・東京への水道として玉川上水が取水され，下流部に大灌漑用水として右岸に二ヶ領用水，左岸に六郷用水が取水されていたことである。二ヶ領用水，六郷用水とも，1609（慶長14）年のほ

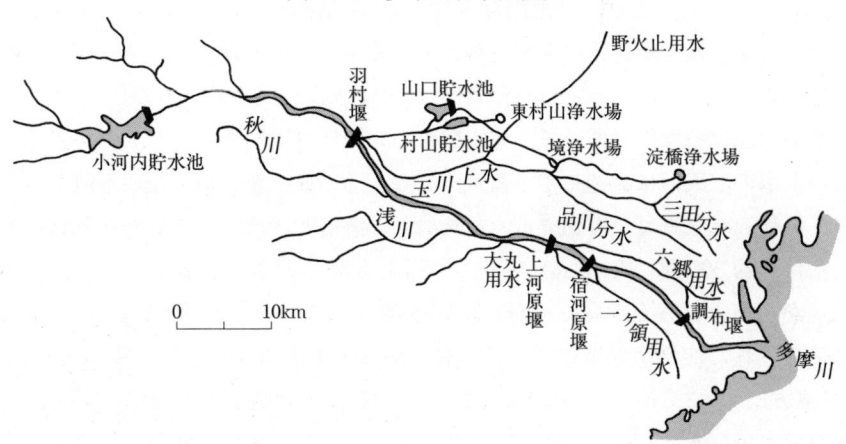

図3-14　多摩川利水概況図

出典：華山謙「多摩川の水利—その史的展開」新沢嘉芽統『水利の開発と調整』時潮社，1980，をもとに作成。

ぼ同じ時期に開発されていた。そして二ヶ領用水の灌漑区域にはけっして十分な水量が常にあるのではなく，旱魃の時には被害が生じていた。

近世において，玉川上水と二ヶ領用水との間で取り立てて水利紛争は生じなかった。それは羽村と二ヶ領用水の取水堰との間に直線にして約9里（約36 km）の距離があり，その間に秋川，浅川などの有力な支川が合流していたこと，玉川上水の取水量はそれほど大きくなく，また羽村取水堰が扇状地上にあるうえに，蛇かご，木工沈床で基礎が築かれていたこともあって，伏流水，漏水がかなりあったことからと評されている[6]。

近代の東京水道事業

近代になって，東京はその発展・整備との関連で水道事業に強い関心をもっていた。1890（明治23）年に内務大臣の認可がおり，93年に工事に着手して東京市水道事業が始められ，1911年に全工事を完成させた。改良（創設）水道であり，従来の玉川上水を利用したものである。計画給水人口は150万人で，1日最大800万立方尺（約22万 m^3/日）の給水能力をもっていた。しかし12年には給水人口144万人にもかかわらず，1日最大給水量が約870万立方尺（約24万 m^3/日）となり，計画の見直しと水源拡張調査が行われた。調査は東京帝国大学教授中島鋭治に委嘱され，その結果，村山貯水池の築造を含む計画が採用されて13年から事業が行われた。第1水道拡張事業である。

その水源は多摩川であって，取水口も旧来と同様羽村であった。だが旧来の玉川上水の取入口は改造して予備水門とし，その直上流に新たな取水門をつくり，毎秒600立方尺（約16.7 m^3/s）取水する構造とした。ここで取り入れられた水は，約300間（約540 m）下流で玉川上水路に分水されるとともに，この地点から最大毎秒600立方尺が村山貯水池へ送水される[7]。改良（創設）事業で築造された淀橋浄水場には，村山貯水池への導水のうち一部（通水能力毎秒125立方尺〈約3.5 m^3/s〉）が貯水池から送水される計画であったが，実際には他の浄水場（境浄水場）の能力が強化されて，ここで浄化された。このため淀橋浄水場は，従来通り玉川上水路を通って原水が送られた。この事業により玉

第Ⅲ章　戦前の地域整備の具体的展開　　　　　　　　　　225

川上水路の通常の水量はかなり低下することになったが，水位上昇のための角落し堰を造ったり，コンクリート造角落しの水門に改造したりして，玉川上水路からの既存の農業用水の取水に対処していた。

　この事業により，羽村からの取水量は増大した。その増大量は，上水道による標準給水量からみて，以前の改良（創設）水道での毎秒100立方尺（約2.8 m³/s）が，毎秒200立方尺（約5.6 m³/s）となったので，少なくとも毎秒100立方尺と評されている[8]。また従来の玉川上水への導水量は，水路断面から最大毎秒450立方尺（約12.5 m³/s）と考えられているが，第1水道拡張事業によって平均毎秒125立方尺（給水量100立方尺に25%のロスを見込んだもの），最大時に毎秒600立方尺ほど増加して取水する計画と評されている[8]。

　この取水量増大に対して下流からの抵抗は，特に即座には表面化していなかった。しかし悪影響が下流に生じていたのは間違いない。それは，第2水道拡張計画時に噴出した。第1水道拡張事業は1912年政府の許可を得，第1期（13～23年度），第2期（27～36年度）として工事が進められた。

　一方，東京市は，この工事が完成する前に第2水道拡張計画に取りかかった。実績使用量が大幅に上回り，深刻な水不足の懸念と，また給水区域の拡大からである。東京市は，大東京計画区域（現在の23区）全域の水道の組織化を目的として，新たな水道計画に取り組んだのである。目標とした増加給水量は，1日425,400 m³（約4.9 m³/s）であった。

　この計画の水源としては，利根川，江戸川，相模川，荒川，多摩川が検討の対象とされたが，結局は多摩川上流部に大貯水池を造り，流量調節を行って羽村からの取水量を増大させる計画となった。小河内ダムの築造を中心とする計画であるが，この時までに羽村地点における自然の流況での安定流量はほぼ取水され，これ以上の取水には貯水池による流況調整が必要になったことが理解できる。しかしこの計画に対して，下流二ヶ領用水から厳しい反対が表明されたのである。このことは，東京市の関係者にとって全く予期していないことだったと評されている[9]。

東京・神奈川県間の水利紛争

　1933年10月,多摩川からの新たな取水について,東京府知事は東京市長から河川法による許可の申請を受け,神奈川県知事,山梨県知事に照会を行った。神奈川県は多摩川の水利に対して強い不満をもっていたため回答しなかったが,督促がきたため二ヶ領普通水利組合に照会を行った。これに対し組合は,羽村からの取水の増水に対して強い反発を示したのである[10]。

　二ヶ領用水は,次のことを東京市に主張した。二ヶ領用水の取水量は9.722 m^3/s であり,その取水施設を東京市によって整備すること。羽村堰の改造は強く反対。羽村からの取水量を灌漑期に限って12.33 m^3/s となるよう改造すること。二ヶ領用水取水の安定的確保のため,羽村堰下流の二ヶ領用水組合の取水口の間にある用水堰の改造は絶対にしないこと,等。

　また二ヶ領用水は,陳情書を農林大臣宛に提出した。これまでの東京市の羽村からの取水も含めて東京市へ強く反発したのである[11]。

　上流で取水する東京市と下流に位置する二ヶ領用水は,このようにして全面的な対立となったのである。さらにそれぞれの背後には,東京府,神奈川県があって,府県間の厳しい対立となった。この対立の状況は,華山謙氏の研究(『多摩川の水利—その史的展開』科学技術庁資源局,1965年)で詳細に論じられているので詳しくは述べないが,2年3カ月に及ぶ交渉が続けられた。その対立点を整理すると,羽村からの東京市の既往の取水量,羽村下流での多摩川自流量の評価,それと関連しての羽村堰からの必要放流量,羽村堰から下流の必要灌漑水量である。

　東京市,神奈川県から幾度も提案がなされたが,交渉はなかなかスムーズには展開しなかった。東京市と神奈川県の交渉が50数回,東京府と神奈川県の交渉が6回,内務省が仲裁に入っての知事間の交渉が3回行われた。そして最終的には,灌漑期に2 m^3/s ほど羽村堰から下流に溢流させるとともに,下流の用水路の改修費等として東京市が230万円支出し,そのうちの2/3は神奈川県下の用水路とするという条件で,36年3月,申し合わせが成立したのである[12]。

このように，改修費名目でお金が支払われたが，華山氏は二ヶ領用水組合あるいは神奈川県の本当の狙いは，この資金の確保ではなかったかと評している。27年，神奈川県によって多摩川右岸土地改良事業の調査が着手され，矢上川等の中小河川および二ヶ領用水の改修が計画された。だが，国庫補助を差し引いても，県・地元に多大な費用の負担となる。このため土地改良事業の概算工事費300万円のうち，5割である地元負担分を東京からの提供資金で賄おうとしたと判断している。

もっともな評価と考えられる。しかし神奈川県は，土地改良事業の負担のみではなく，工業の発展のため多摩川から川崎地域に対して安定的な水量確保を強く願っていたことが，県から提供された意見書から理解できる。つまり多摩川からの安定的な都市用水の確保も，神奈川県，川崎にとって重要な課題であったのである。因みに川崎市の工業用水について意見書は，次のように述べている[13]。

> 川崎市は，工業都市として益々発展の途上にあり。而して同市の工業用水は，既に大なる不足を告げつつあるの状況にして，右水量は今後之を水道用水に仰かさるへからさるも，現在水道は之を充たすへき余裕を存せす。随て羽村堰よりの溢流水量の減少は，同市の発展を阻害するのみならす，其他河川漁業及近海に於る海苔の漁業権を侵害する虞著しきものと認む。

このように東京との間で多摩川水利に関して厳しい紛争があった。だが結果として神奈川県側は，多摩川からの新たな水源確保を望むことはできなかったのである。

(4) 川崎の発展と都市用水（戦前）

川崎市は，第3期水道拡張事業の計画が市議会で議決された1932（昭和7）年以降，隣接の村を次々と合併し，市域は4倍弱の128.75 km^2 となった。このため拡大した区域でも，水道管の増設工事が進められていった。この結果，

そして旧市内での人口の増加もあって，39年末には人口26万人を超えた。また大陸での戦乱に刺激されて重化学工業が臨海部を中心に発展し，会社・工場の新増設が顕著となり，わが国の工業にとって一層重要な地位を占めるようになっていった。

暫定的水道拡張事業

本章第1節で述べたように，民間の京浜運河会社に代わり，1937年度から神奈川県営による京浜工業地帯造成事業が150万坪の工場地造成を目指して10ヵ年計画で着手されていた。既にこの地には，浅野によって進められていた民有の造成地を中心にして100万坪以上の土地があり，工業化が進められつつあった。この工場地帯の水の供給が重要な課題となった。また，上水道は既に38年夏には1日最大配水量65,800 m^3 となって，第3期拡張事業の計画を越えていた。このため早急な対応が必要であったのである。

この状況で川崎市が飛びついたのが，神奈川県によって進められていた相模川からの分水であった。川崎市は，東京との紛争でもわかるように多摩川からの増量は到底困難であったため，隣接している多摩川水系から流域外の相模川水系へ，その水源を転換しようとしたのである。神奈川県の事業は，発電，相模原の開田開発等をも目的とした河水統制事業計画として進められていたが，その協議を受けた川崎市全員協議会は，38年，次のことを決定し，相模川からの分水は絶対に必要だと主張した[14]。

> 協議決定事項　　相模川水利統制に伴う分水の件
> 本市として相模川の水利権を確保することは，絶対に必要にして，これに要する必要経費の負担はやむを得ない。設計その他技術的問題に関しては，当局において慎重調査のうえ実施せられたい。

しかし相模川からの分水は，大規模な事業であって幾多の年月を要する。このため川崎市は，第4期拡張事業と平行して緊急的に次のような規模でもって40年から暫定的拡張事業を開始した。

第Ⅲ章　戦前の地域整備の具体的展開　　　　　229

給水区域	川崎市一円
計画給水人口	255,000人
1人1日最大配水量	366ℓ
1日最大配水量	95,000 m³

計画給水人口は，43年の推定人口338,940人に普及率75.4%を乗じて255,000人，1人1日最大配水量を366ℓとして，1日最大配水量955,000 m³とする計画であった。第3期拡張事業に比べ，1日最大配水量にして45,000 m³増大させたものだが，その水源は上河原堰より少し上流の多摩川に沿う管地区の堤内地の地下水であった。多摩川の堤防から約100m離れて5つの鑿井を設置し，これに合わせて緩速濾過池などが増設されたのである。

市営工業用水道事業

ここで工業用水の布設の経緯についてみよう。川崎市の水道計画のなかに工場での使用が含まれているのは，先述したところである。また各工場が掘削した井戸からの取水も地下水位が低下し，取水に困難が生じる井戸が続出した。この状況下で，特に工業用水を多量に使用する日本鋼管，昭和肥料さらに造成埋立地の経営・管理を行っていた東京湾埋立の3社が，工業用水対策の調査に35年，乗り出した。最も重要なことは水源をどこにするのかであるが，もはや多摩川に求めることはできず，川崎市中原町地内，および橘樹郡日吉村地内の地下水に求めることにした。そして1日54,000 m³取水する総工事費90万円の計画を1936年，樹立したのである（図3-15）。

さて1932年当時，全国の工業用水道は117数えられ，その水源は表流水51，伏流水12，地下水54であった[15]。これらは個別の工場によって整備したものだが，33年，新潟市で市長を組合長として14社が組合を結成し，給水量1日79,000 m³，事業費53万円の組合工業用水道が計画された。そして翌34年，工事に着手し，37年に完成した。この例にならって，川崎でも先の3社は，36年7月，川崎市長を組合長とする川崎工業用水組合の設立を構想した。しかしこの申し出に対し川崎市は，3社との協議の末に市営の工業用水道設置を決めたのである。組合経営よりも市営のメリットとして，次の点があげられて

図 3-15 創設工業用水道要覧図

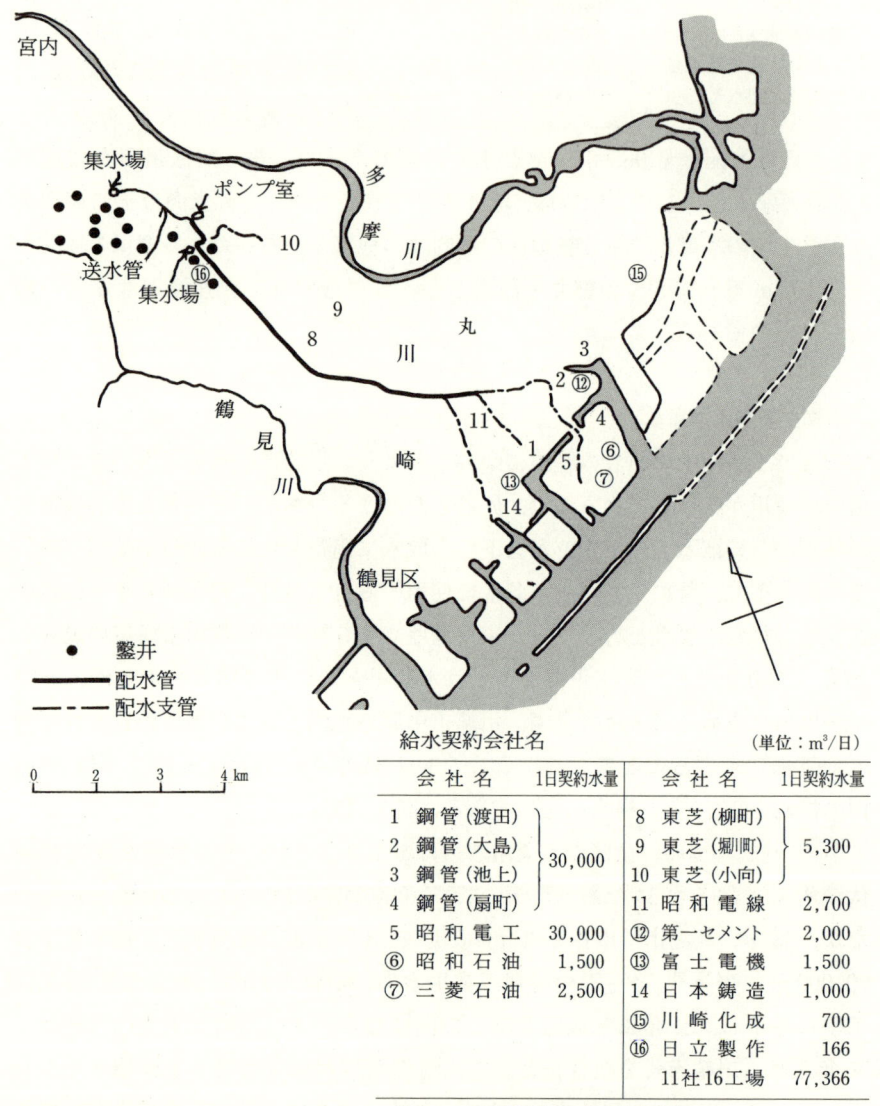

- ● 鑿井
- —— 配水管
- —‧— 配水支管

給水契約会社名　　　　　　　　　　（単位：m³/日）

会社名	1日契約水量	会社名	1日契約水量
1 鋼管（渡田）	⎫	8 東芝（柳町）	⎫
2 鋼管（大島）	⎬ 30,000	9 東芝（堀川町）	⎬ 5,300
3 鋼管（池上）	⎟	10 東芝（小向）	⎭
4 鋼管（扇町）	⎭	11 昭和電線	2,700
5 昭和電工	30,000	⑫ 第一セメント	2,000
⑥ 昭和石油	1,500	⑬ 富士電機	1,500
⑦ 三菱石油	2,500	14 日本鋳造	1,000
		⑮ 川崎化成	700
		⑯ 日立製作	166
		11社16工場	77,366

注：スージは創設当初の給水対象工場
　　丸囲みスージは創設以後の給水対象工場

出典：『川崎市水道史』川崎市水道局，1966年。

- 当時休止中の宮内水源を使用することができる。
- 将来，中小河川である矢上川，渋川の河川あるいは二ヶ領用水の余剰水等を使用するにも利点がある。
- その他工事の施行にあたり，道路の使用，土地の買収などにも便宜がある。

市営での工業用水道設置に対して，市会でも金刺議員が次のように述べているように，積極的に後押しをした[17]。

> 工場誘致と市政との建前から，工業用水は関係各所と強調して市がこれに向かって実行するのが当然であるように考える。
> 市会はむしろ積極的に市営の工業用水道を決議して，理事者に対して市会の意志を発表したいくらいに思っております。

川崎市長は，市営の工業用水道設置の方針を決め，条例設置許可申請書を36年神奈川県知事に送った[18]。なおこの川崎市工業用水道が，先述したように公共団体が経営する工業用水道の最初のものであった。

事業は36年に着手された。給水量は，先の民間3社の計画した54,000 m^3/日に，二ヶ領用水の余剰水，既設の上水道宮内水源地からの取水により27,000 m^3/日を加えて81,000 m^3/日となった。二ヶ領用水からの余剰水は，神奈川県営多摩川右岸土地改良事業の進捗に伴って生み出されたもので，二ヶ領用水の取り入れ堰，幹線水路についての年々の維持工事費の3割を工業用水道側が負担する等の条件で分水されたのである[19]。

事業は，39年に完了したが，総事業費は約125万円であった。このうち93万6,000円（当初予定は90万円）は，民営による建設を計画した3社からの寄付金によった。ここにわが国初めての公営の工業用水道が完成したのである。

このように民間主導ではなく，川崎市の経営で行うとした直接のきっかけは，京浜運河事業，それに伴う埋立事業の公営決定であったと考えている。運河・埋立事業を公営で行うのであるから，工業用水も公営でというのが筋である。国庫補助金を交付して京浜運河事業等を公営で行うとの閣議決定をみたのは，

36年11月であった。

　だが，この地域の厳しい水利秩序から考えると，用水事業を民間で進めるのには非常に大きな制約があり，これが市営の本質的な理由と思われる。安定的な水源を得るのには，民間主導では極めて困難だったのである。たとえば二ヶ領用水からの分水は，用水組合との水利調整が必要であるが，その管理者は川崎市長であった。市営で進めるのが最もスムーズにいくだろう。因みに用水組合を設立して行った新潟は，大河川・信濃川が流れて水量的には余裕があり，川崎市とは条件を大きく異としていたのである。

　さて1937年の日中戦争の開始により，大陸で本格的な軍事活動が始まった。この結果，軍需景気の拡大によって工業用水の需要が増大し，創設工業用水道の完成早々，これだけでは不足することになった。またこの後も，多量の給水申し込みが殺到したのである。既に38年，県営相模川河水統制事業が県議会で議決され，実施の運びとなっていたが，この事業による相模川からの導水は長い年月を要するので緊急には間に合わない。このため上丸子地先で多摩川の表流水を700ℓ/s秒取水する計画をたて，39年市会の議決を得た。だが内務省が多摩川下流部の河岸を深く浚渫したので塩分の含有率が増大し，水質的に不適当となった。そこで川崎市が着目したのが，二ヶ領用水からのさらなる分水であった。

　ところで39年の取り決めで，二ヶ領用水の取水堰，幹線水路の年々の維持工事費の3割を川崎市が負担することになっていたが，川崎市議会は41年7月，二ヶ領用水の権利・財産について川崎市への移管の議決を行った。これに基づき同年8月1日，二ヶ領用水は川崎市に移管されたのである。41年度からの2カ年の継続事業として用水取入口の堰堤工事を施行することになっていたが，川崎市は，この施行とあわせて大小用水路の改修と統合を行い，余剰水1日81,000 m^3 を生み出そうとした。その財源の多くは，受益会社からの寄付金で賄う計画であった。しかし戦争中には完了せず，川崎市自体が空爆に襲われて工事は中止となった。なお二ヶ領用水普通水利組合は，44年，解散した。

第Ⅲ章　戦前の地域整備の具体的展開　　　　　　　　　233

相模川河水統制と第4期水道拡張事業

　以上のように，川崎市は多摩川からの取水について，歴史的に水利権を有していた二ヶ領用水を中心に目いっぱい努力したのであるが，上流の水源地は東京都であり，東京の厳しい水利紛争もあってこれ以上の取水は極めて困難であった。上流部には山梨県下の流域があるとはいえ，農業用水の既得水利権も小さかった相模川に，上水，工業用水とも目が向いていくのは当然だろう。川崎市の都市用水も目的とした相模川の開発は，相模川河水統制事業としてダムによる貯水池築造を中心に，1938年度に着工となったのである。

　さらに，相模川河水統制事業と関係に深い第4期水道拡張事業についてみよう。1940（昭和15）年，市会の議決を得た当初の計画では，上水道，工業用水道それぞれ単独で拡張計画をたて，導水路以下の工事を個別に行おうとするものだった。第1次事業として，相模川から上水 $0.83\,\mathrm{m^3/s}$，工業用水 $2.50\,\mathrm{m^3/s}$ のあわせて $3.33\,\mathrm{m^3/s}$ を分水するものだった。しかし翌41年，計画は変更され，上水・工業用水を統合し，上水道第4期拡張事業となったのである。

　その理由としては，既存の上水道で62％が工場で使用されており，また創設工業用水道も原水の汚濁，水圧の不足のため受水後，浄化あるいは加圧等を行っている。原水を供給しても各工場で処理するならば，上水として給水する方が経済的にも有利であること，また戦時下において多量の資材・労力を要するのは財政的にも困難である等の理由による。

　第4期拡張事業の原計画は次のとおりである。

給水区域	川崎市一円
計画給水人口	461,150 人
1人1日最大配水量	826.4 ℓ
1日最大配水量	381,179 $\mathrm{m^3}$

計画給水人口は，1955年の推定人口575,448人に普及率80.14％を乗じ，1人1日最大配水量を243.5 ℓ として1日最大配水量112,354 $\mathrm{m^3}$ を算出した。これに工場用1日最大配水量 268,725 $\mathrm{m^3}$ を加えて，1日当り所要最大配水量 381,079 $\mathrm{m^3}$ とした。このうち既得として95,000 $\mathrm{m^3}$/日を保持しているので，288,000 $\mathrm{m^3}$（3.33 $\mathrm{m^3/s}$）を相模川から導水する計画であった。

(5) わが国最初の工業用水実態調査

　京浜工業地帯の形成にとって工業用水の確保が特に重要であることをみてきたが，工業用水は重化学工業の発展に伴って全国的にも重要な課題となり，1938（昭和13）年，内務省土木局により河水統制調査の一環として全国的に工業用水道実態調査が行われた。わが国最初の工業用水実態調査である。

　実際の調査では，各府県が工場に対して行った。その対象となった工場をみると，人絹，パルプ，捺染，晒工場等の使用水量が多量な工場については敷地1,000坪以上，特に使用水量が多く工業用水調査上参考となるべき工場については敷地100坪以上，その他一般工場については敷地1万坪以上のものである。

　当時の工業用水の意義について，この調査を中心となって推進した内務技師矢野勝正は当時の工業用水の使用状況，また必要性から次のように述べている[20]。

　　輓近，工業用水の使用量は生産力の拡充国策につれ，或は軍需工業の急激なる勃興に依り工業の隆盛をもたらし，極めて顕著なる激増振を示すに至った。仍て工業用水給水計画事業は，其の量的並質的見地，或は軍事的見地から之を従来の上水道施設から分離し，別個の施設として計画される必要状態となってきた。

　　工業用水は，工業の発達隆盛に依って其の給水施設を必要とすると同時に，工業地造成計画として適当なる地区に工業用水を供給するの施設を為す事に依って工場を誘致し，工業を隆盛せしめる一要素となるべきもので，国家産業の開発進展，国力拡充により極めて意義深きものである。

　昭和初期，わが国は世界大恐慌にも見舞われ不況のどん底にあった。しかし1931年の満州事変以降，重化学・機械工業が中心の軍需産業が著しく伸び，これとともに都市人口が増大した。さらに37年7月の日中戦争勃発により，

臨海工業地帯を中心に生産力の一層の拡充が求められた。工業生産さらに国防の拡充にとって，工業用水の確保は極めて重要な課題であり，このため，これまでのような上水道施設からの供給ではなく，工業用水施設の計画が必要と主張されたのである。

なお当時の工業用水道施設について36年の川崎市営の工業用水道工事着手以降についてみると，山口県が錦川河水統制事業のなかで水源開発し，徳山，向道・川上の工業用水の確保を図り，38年に工事着手した。また遠賀川を水源とする北九州工業地帯の工業用水事業のため福岡県が，36年に県議会の議決を得て39年に着工していた。

ところで工業地帯開発にとって，工業用水は他の生産要素との比較のうえでどれほどの役割を有していたのだろうか。工業用水がいくら豊富であっても土地，交通運輸，動力，さらに人的資源が不足していたら開発はおぼつかない。この課題に対し矢野は，次の①〜⑦の順序で必要な条件をあげている。これは矢野個人の考えではなく，当時の認識とみて差し支えないだろう。ここで豊富で低廉にして良質な工業用水の確保を3番目にあげ，その有意義性を主張するのである。

① 敷地の豊富安価なる事
② 交通運輸施設（道路，鉄道，港湾）の完備
③ 工業用水の豊富低廉良質なる事
④ 動力資源の低廉豊富なる事
⑤ 天災地変の少なき事
⑥ 工場廃水の容易且完全に放流し得る事
⑦ 人的資源の豊富にある事

工業用水の確保は，工業地域にとって実に重要な課題であることがわかる。

用水調査は，次の21府県によって1938年に行われた。秋田，福島，東京，神奈川，富山，福井，岐阜，愛知，静岡，滋賀，京都，三重，大阪，兵庫，岡山，広島，山口，香川，愛媛，宮崎，福岡である。

この調査の大きな目的は，今後，各地で進められる予定の工業地域開発に

とって必要な工業用水量を算出することであり，結果は68ページからなる「工業用水調査書」にまとめられた。1941年3月，内務省土木局によって刊行されたが[21]，その表紙に「注意」として，「本冊子の内容は機密に属するを以て取扱上特に御留意相成度」と記述されている。産業活動と密接に結びつく工業用水は機密に属したのであって，軍部の指導のもと，大陸で激しい日中戦争を展開している当時の緊張が忍ばれる。「工業用水調査書」の内容を少しみていこう。

工業の分類は，商工省告示に基づき次の12であった。紡織，染色，金属，機械器具，兵器及兵器部品，窯業，化学，製材及木製品，印刷及製本，食料品，電気及瓦斯，その他。

水源は，地表水（河水，湖水，海水），地下水（井戸水，湧水，伏流水）と上水道に分類される。工場数2,355を整理したのが下表であるが，地下水利用が半数以上を占めている。

水源別工場状況

分　　類	工場数	百分率(%)
1. 地表水を水源とするもの	622	26.4
2. 地下水を水源とするもの	1,354	57.5
3. 上水道を水源とするもの	379	16.1
計	2,355	100.0

さらに工場敷地の大きさと平均使用水量，工場敷地と従業員数，工場敷地と年生産高，平均用水量と年生産高の関係が整理され，それぞれ原単位が求められた。その方法は，「学術的の理論計算より之を求めることは困難」との認識のもと，既往の利用状況から統計的に処理したものであった。この方法は，今日でも基本的に同様である。

また工業用水の用途別としては，次の4つに整理された。飲料消火用水，原動力用水（汽缶補給用水，水車用水），製品処理用水（製品中に入り込むもの，原料製品の洗浄用水，冷却用水，操作処理用水等），雑用水（浴場，炊事，掃除用水等）。

第Ⅲ章　戦前の地域整備の具体的展開

【注】
1) 『川崎誌考』石井文庫, 1927年, 555～556ページ。
2) 『横浜水道百年の歩み』横浜市水道局, 1987年, 445ページ。
3) 『川崎市水道史』川崎市水道局, 1966年, 49～50ページ。
4) 華山謙『多摩川の水利——その史的瞬間』科学技術庁資源局, 1965年, 154ページ。
5) 分水協定の内容は以下のとおりである。
   1 川崎市上水道ノ取水最大量ハ十四個（一昼夜ニ付33,660立方米）以内トス。
   2 分水ノ際, 久地分量樋ノ改造ヲ為ス其費用ハ, 川崎市ヨリ寄付スルモノトス。
   3 分水ノ際, 上河原取入口ノ改造ヲ為ス其ノ工事費ハ, 川崎市ヨリ寄付スルモノトス。
   4 年々ノ上河原及宿河原堰ノ工事費ヲ合計シテ其二分ノ一ハ, 川崎市ヨリ寄付スルモノトス。
   5 第1項ノ取水量ヲ超過スル場合ハ, 更ニ協議ノ上更改スルモノトス。
   6 関係町村ニ於テ上水道計画ヲ為ス場合, 川崎市ニ分水ヲ要求シタルトキハ川崎市ハ出来得ル限リ便宜ヲ与フルモノトス。
   前掲書4)。
6) 同上, 25ページ。
7) 村山貯水池は, 後に変更されて山口貯水池が加わった。
8) 前掲書4), 36ページ。
9) 同上, 47ページ。
10) 同上, 58～59ページ。
11) 陳情書は次のとおりである。

陳　情　書

　農民ノヒヘイ困憊ハ周知ノ事実ニシテ, 万一作物不作又ハ負担金ノ過重ヲ来ス場合ニ於テハ, 納税義務ハ愚カ家族扶養義務ノ履行スラモ困難トナル実情ニ有之候（中略）斯カル時ニ東京市水道拡張ヲ原案通リ施行セラレ候時ニ, 農作物ノ減収ハ火ヲ睹ルヨリ明カナレハ, 関係農民ノ生活ハ実ニ察セラレ候。
　東京市ニ於カレテハ, 下流農民ハ毛頭念頭ニナシト申スモ過言ニ無之, 其ノ実例ヲ申セハ
　(1) 大正十二年完成ノ水道大拡張事業ノ際, 毎秒二〇〇個ノ大水量ヲ取水スルノ件及同取入口ヲ毎秒八〇〇個ニ拡張セラルルニモ, 下流農民関係方面

(2) 年々出水ニ当リ羽村堰開扉ヲ無造作ニセラレ,一時ニ三尺及至五尺ノ増水即チ人造津波ヲナシ沿線住民ノ生命財産ヲ脅カスニ付,斯ル事ナキ様注意セシニ不拘誠意ヲ示ササル儀ニ候。

更ニ過去ノ水道取水量毎秒三一〇個ノ処,大正十四年ニ於テ今回大拡張ニヨリ取水セラルヘキ最大水量(五〇四個)ヲ取水セラレタル実績ヲ見ル時ハ,毎秒五〇四個ノ計画モ其ノ実毎秒八二〇個取水スルモノト推定スルニ難カラス候。

従ツテ,東京市水道案実施致サルル暁ニハ,用水関係ノ農作物年収平均二百万円ニ対スル減収1割ト見テモ,年ニ二十万円ノ損失ト相成リ,十二万住民ノ忍ヒ得サル事ハ当然ノ理ニ御座候。

右ノ次ニ付,関係農民ノ窮地御賢察賜リ,農業上必要ノ水量ヲ確保出来得ル様特ニ御配慮相願度此段及陳情候也。

　　　昭和九年一月十七日

前掲書 4), 60~61 ページ。

12) 申し合わせの内容は以下のとおりである。

　　　　　　申　　合

東京市ノ起業ニ係ル第二水道拡張ノ為多摩川上流ニ於ケル貯水池製造工事ニ関シ東京及神奈川県ノ両府県知事ハ左記事項ノ履行ヲ協定スルモノトス

1. 貯水池完成ノ上,東京市ハ毎年五月二十日ヨリ九月二十日ニ至ル間,羽村堰ヨリ毎秒 2 立方米ヲ常時溢流セシムルモノトス。但シ両府県知事ノ協定ニ依リ,右溢流水量ノ全部又ハ一部ヲ貯溜シ,下流ノ需要ニ応ジ右貯溜量ノ限度ニ於テ適宜之ヲ溢流セシムルコトヲ得。

2. 東京市ヨリ両府県関係用水路ノ改修費等トシテ,金二百三十万円ヲ支出セシムルモノトス。但右金額ノ内三分ノ二ハ神奈川県,三分ノ一ハ東京府ノ分トス。

3. 上記各項実施ノ細目,其ノ他本件ニ附帯スル事項ハ,両府県知事ニ於テ協定処理シ,新ニ東京市ニ対シ負担ヲ加ヘサルモノトス。　　　　　　以上

前掲書 4), 110 ページ。

13) 同上, 104~105 ページ。
14) 同上, 72 ページ。
15) 『日本土木史—大正元年~昭和15年』土木学会, 1965 年, 875~895 ページ。

16) 前掲書3），205ページ．
17) 同上，205ページ．
18) 申請書の内容は次のとおりである．

川崎市工業用水道使用条例設定許可申請書

　本市ハ，輓近本邦ニ於ケル代表的会社工場等多数建設セラレ，産業ノ発展洵ニ目覚シク，工業都市トシテ前途洋々タルモノアリ．而シテ之等会社工場ニ於テ消費スル工業用水モ亦多量ニシテ，之レカ取水方法ニ関シテハ各独自ノ施設ヲ為シ，取水シツツアル現状ナリト雖モ，最近之等施設ニ拠ル取水量充分ナラズ，困窮ノ状態ニ陥リツヽアル実情ニ鑑ミ，之レカ緩和対策トシテ裏ニ民間等ニ於テ工業用水道ノ建設ヲ目論見ラレタルモ，結局公営ヲ以テ経営スルヲ妥当ナリト認メラレ，茲ニ本市営ニテ建設ヲ実現スルコトヽナレリ．

　以上ノ次第ニテ，右工業用水道建設ノ暁ハ，自然之レカ給水ニ関シ使用条例ノ必要相生ジ候ニ付，別紙ノ通市会ノ議決ヲ経候条御詮議ノ上，御許可相成度此及申請候也．

　　昭和十一年十一月二十日

川崎市長　芝辻一郎

　神奈川県知事　半井　清殿
　　前掲書3），210〜211ページ．
19)　その条件とは次のようなものである．
　　本組合鹿島田分岐点より，川崎市工業用水に分岐の為左記条件を以て川崎市よりの協議に応ずるものとす
　　　　昭和十四年二月三日　提出同日原案可決

稲毛川崎二ヶ領普通水利組合
管理者　川崎市長　芝辻一郎

1　灌漑期間中は，灌漑用水及び雑用水に支障なき範囲内における余剰水を分水すること．
2　非灌漑期間中は，下流組合に支障なき範囲内において余剰水を分水する．
3　取水のため特に五の堰又は鹿島田分岐取水口下流に加工せざること．
4　取水口の開閉は，組合管理者の管理とすること．
5　取水口及び水路は，改修復又は公共事業の為不時断水することも其の損害賠償の責を負わざること．
6　一日の取水量は日時報告すること．

7　年々の中野島及宿河原の各堰並に内濠工事費を合計して，其の十分の三は，川崎市より寄付するものとする。

　　　但し，国費及び県費補助ありたる場合は，其の補助額を控除したる残額の十分の三とす。

　　前掲書3），208～209ページ。
20）矢野勝正「工業用水に就て」『水利と土木』第11巻第2号，1938年。
21）調査書の目次は，次のように構成されている。
　　一、調査の概要
　　二、水源別工場数及び其の百分率
　　三、工場敷地と平均使用水量の関係
　　四、工場敷地と従業員の関係
　　五、工場敷地と年生産高の関係
　　六、平均使用水量と年生産高の関係
　　七、工業用水の用途別使用水量
　　八、化学工業に於ける使用水量，従業員，生産高の関係
　　九、使用水量の季節的変化
　　十、化学工業に於ける使用水量の時間的変化の一例
　　十一、工業用水の水質に就て
　　十二、工場廃液及び廃液処理に就て
　　十三、工業用水使用料金に就て
　　十四、結言

【参考文献】

『東京都水道史』東京都水道局，1952年。
華山謙『多摩川の水利―その史的展開』科学技術庁資源局，1965年。
『川崎市水道史』川崎市水道局，1966年。
『日本土木史　昭和16年～昭和40年』土木学会，1973年。

4 都市広島・岡山の治水整備

(1) 広島市の発展と基盤整備

都市広島の発展と水害の激化

大正末期から政治,商業を中心とした都市としての発展が,広島デルタにみられた。その状況は,1898(明治31)年と1925(大正14)年の土地利用の比較でよくわかる。太田川は広島市内で7派に分かれるが,近世の城下町を守るよう築堤されていた。一方,それ以外の地域は遊水地として位置づけられていた。その遊水地に,市街地が拡大していったのである(図3-16)。この結果,それほどの被害を生じなかった湛水が激しい水害へと転換していった。また橋梁の欠壊による交通の支障が,都市的機能の麻痺として社会問題となった。

当然のことながら,これ以前にも出水はたびたびあった。1874(明治7)年,84年,1900年,02年,05年とほとんど,4,5年目ごとに出水をみている。しかしこれらの出水では,広島中心部が大きな害を受けることはなかった。市街地に対して遊水地の役割を受けもたせられた地域に浸水していたが,その被害は広島地域全体からみてもそう深刻なものではないと意識されていたのである。これが,昭和の初めまで治水事業に着手しなかった大きな理由である。

しかし土地利用の都市的利用の拡大により,水害の形態が質的に著しく変化し,政治・商業都市広島に大きな脅威を与えるようになった。大正末期からのこの社会変化を背景にして,1928(昭和3)年の水害の後に改修期成同盟会が結成され,ここを中心にして直轄施行を求める改修運動が続いた。太田川改修が,重要な地域社会の課題となったのである。

だが太田川改修の目的は,ただ単に拡大する水害の除去という防御的なものだけではなかった。政治・商業都市広島のさらに大きな飛躍への願望をその背後にもっていたのである。それは,河口での広島商業港建設と近代的な都市計

図 3-16 1925（大正 14）年の広島平野地形概況図

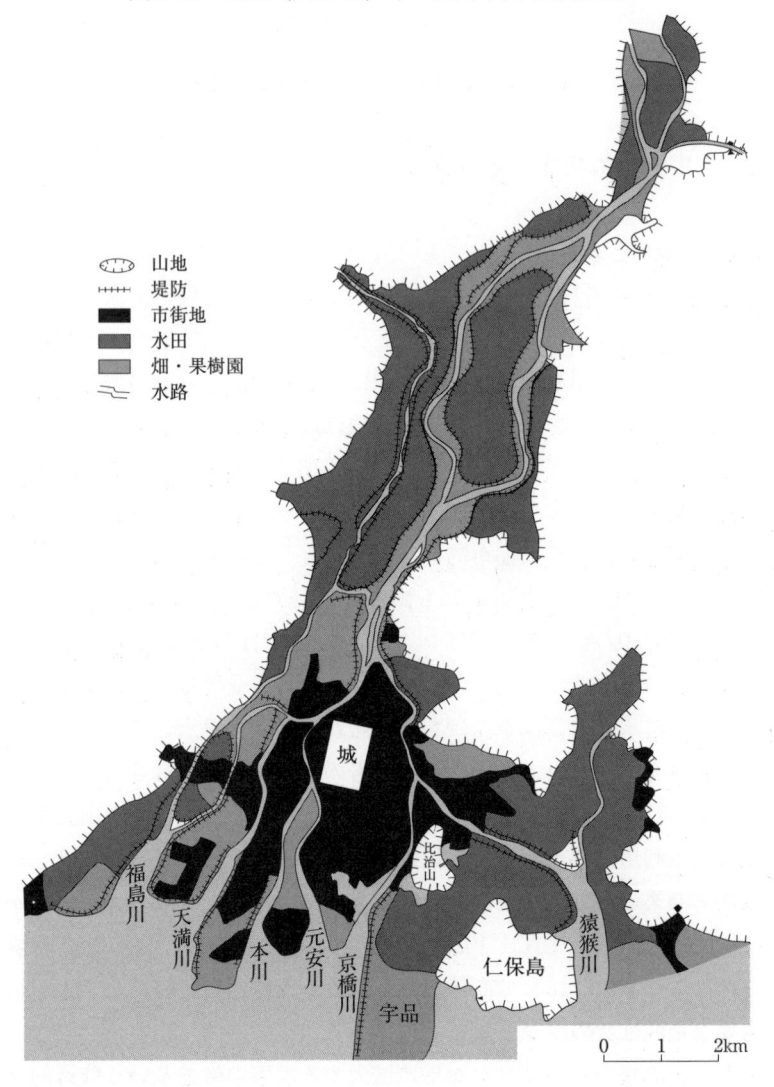

画である。

　都市計画と太田川とのかかわりについてみると，改修要望の決議書「改修即行の必要に迫れる広島県太田川」[1]のなかで「広島市百年大計たる都市計画事業は目下着々進捗中に属すれども，街路の新設・拡張・橋梁の架設・水道の新設等，河川改修事業と密接不離の関係を有するもの少からざるのみならず，廃川敷地の処分，埋立地の利用等により，道路，公園，工場用地，荷揚場，倉庫等，直接に利害を伴う施設，事業又枚挙に遑なし」と述べている。太田川の改修と都市整備が一体のもので，街路・水道の新設，橋梁の整備などの都市整備にとって，太田川改修は，その前提だったのである。

　なお広島で都市計画法が適用されたのは1923年であるが，昭和に入ってから都市計画事業が実施され始めていた。代表的な都市計画事業である街路整備事業は，29年度から本格的に着手された。この時期，都市計画事業を進めるにあたり，河川との一体的処理が課題であったのである。

近代の港湾事業と太田川

　太田川の下流部は，近世，瀬戸内舟運に対して城下町広島をつなぐ運河的役割を担うとともに，船着場を提供していた。太田川に沿って舟宿等の施設が建ち並んでいたのである。しかし開国による西洋近代文明の導入により水上輸送機関も大型化し，それまでの太田川沿岸を中心にした施設では，もはや対処し得なくなった。元来，河口部の舟運路の維持に対して，太田川は自然条件上，大きな支障をもっていた。それは航路の土砂堆積である。

　この問題は，上流山地からの土砂流出に根本的な理由があった。潮の満ち引きにも制約されて土砂は河口部に堆積し，州掘りが盛んに行われ，多大な労力でもって舟運路は維持されていたのである。江戸時代中頃に上流山地の砂鉄採取が禁止されたのも，舟運路維持と密接な関連があった。またこのような土砂問題以外にも，舟運にとって出水による影響は大きかった。出水のたびに，舟運は不安的な状況に陥っていたのである。

　近代の広島商業港は，1890（明治23）年千田知事の尽力による宇品築港から

始まる。宇品港は，京橋川と猿猴川の間の瀬戸内海に面して62万坪の宇品新開地とともに造られたが，その位置からして太田川の影響はほとんどない。しかしこの港は完成時には地元の意図から大きくはずれ，国家にとっての大陸への足がかり，軍港として重要な役割を担った。たとえば日清戦争では大本営が広島に設置され，宇品港から兵員・物資が送られたのである。一般荷物を扱うのは宇品港のわずか一部で，さらに寄港できたのは日本国籍の船のみであって外国籍の船の使用は認められなかった。このため商業の発展にとっては大きな隘路となり，大正年代から新たな商業港建設の要望となったのである。

　当時，宇品港に入港した物資の多くは艀船に積み替えられ，市内に搬入されていた。しかし水深が浅いため，干満に強く影響されて1回の荷役に2日も3日も要する時があった。また市内中心地には元安川，本川を遡上せねばならないが，そのため大きく迂回せねばならず，秋冬の季節には強い西風にあい積荷の損害をみることがたびたびあった。このため艀船に対しては，海上保険の効力外とされていた。なお宇品港における物資取扱量をみると，大陸での戦いが拡大し物資の動きが激増していた36（昭和11）年には，「出入，貨物統計260万トン（うち160万トンは本川，元安川，京橋川沿いで取り扱う）」となっていた[2]。市内を貫流する7派川の役割は大きかったのである。大正末期に計画された広島商業港の完成後の貨物荷役能力は，普通52万トン，陸上設備完成後100万トン程度とされていた。これと比較しても36年の取扱量は，大きいことがわかる。宇品港はとうに限界に達していたのである。

　港湾不備の結果として，たとえば，当時，北九州からの石炭の移入について工業が発展していないこともあって需要が少なく，宇品港には小型の帆船で移入していた。このため若松から1週間ないし10日を要していた。その距離は220kmしかないが，トン当りの運貨は平均1円83銭かかっていた。さらに宇品から艀船を利用して満潮を待って運び込まなければならない。一方，1,000km離れている横浜にはわずか2～3日で到着し，トン当りの運貨は平均1円67銭である。

　新たな商・工業の発展のため，港湾機能の整備が強く期待されていたのであ

る。それは海に面した港湾と，そことスムーズな連結をする市内派川の運河化を図るものだった。

広島県では，大正10年代終わりから新広島港の修築計画の検討に入った。計画は，1930（昭和5）年，既存の宇品港の西側の京橋川，元安川の下流部に商業港計画として樹立された（図3-17）。防波堤とともに，太田川からの流出土砂の流入を防ぐための防砂堤の設置，さらに市内派川との連絡のため通路を造る計画であった。また港内の浚渫により6,000トン級の船舶の出入りを目的としていた。

商業港の修築工事は，宇品港が広島港と改称された翌年の33年1月，第2種重要港湾と指定された後，同年6月から内務省直轄事業として開始された。しかしこの工事は，前年の32年度から内務省の直轄工事として取り上げられた太田川改修工事と密接な関連をもたざるを得なかった。1890年完成の宇品

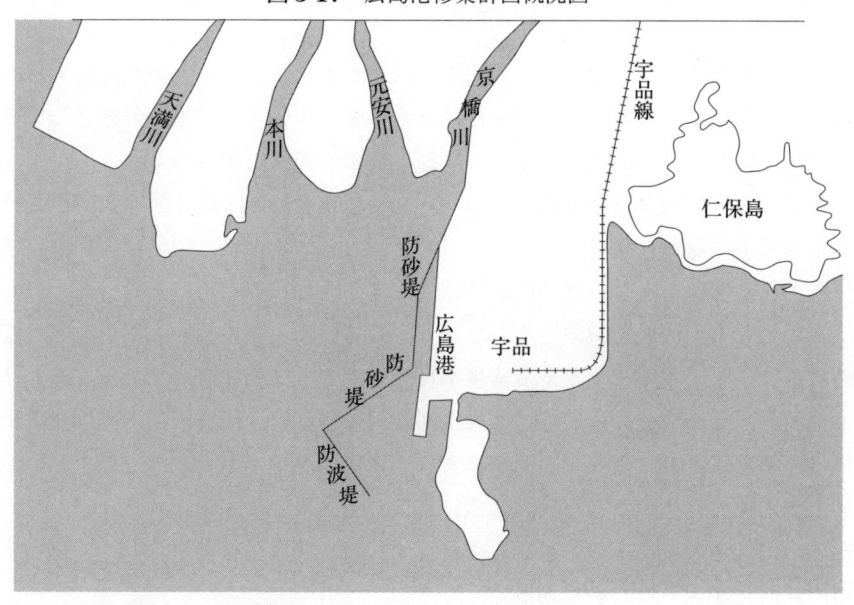

図3-17 広島港修築計画概況図

港の位置は，太田川と関係の薄い地域であったが，今回は派川の京橋川，元安川の下流部に位置していた。また市内派川の運河化が港湾計画として取り込まれていた。

太田川改修期成同盟会が正式に発足したのは，先程もみたように1928年6月の出水直後である。しかしこの同盟会は，併せて広島商業港修築の実現も目的としていた。つまり太田川改修と広島商業港築造が一体のものと，地元ではとらえられているのである。改修要望の決議書でみると，改修事業の必要性は次のように述べられている。

> 之が改修の成否，遅速は，単に前期の如き水害を未然に防止するに止まらず，目下計画中の県営広島港修築事業をはじめ，広島市都市計画事業ならびに運河計画等大広島建設のため県市民の翅望して已まざる幾多重要施設の成否に至大の関係を有し，其の改修に依りて具現さるべき効果・利益の大なる蓋し筆舌の及所に非ず。

改修要望書では，このように太田川治水が水害を除去するという防御的目的のみならず，今後の地域計画の土台になることを主張する。地域計画として取り上げているのは，広島港修築，広島都市計画，運河計画である。

太田川改修と港湾計画との関連について，「(商業港)修築計画は太田川改修洪水回避川の新設に俟つもの少なからず，即ち港域の拡張，運河の開削等に密接重大なる関係を有し，此の両問題は恰も車の両輪に等しく，其の一部を失わば其の他も為に機能を減殺さるべし」と，具体的に主張する。太田川改修と港湾計画は，車の両輪にたとえて密接不可分のものと主張するのである。あわせて運河計画との関連については「洪水回避川の開削と，既存河川の整理浚渫に依る運河化に依り，市内の諸派川に常に一定度以上の水量と水深を保たしめ船舶の出入運河化に依り，市内の諸派に常に一定度以上の水量と水深を保たしめ船舶の出入運航に便ならしめざるべからず」と，商業港築港と合わせて市内派川の運河化が図られたのである。

この両者は別々のものではなく一体化したもので，地域外との輸送を海に面

した商業港が受けもち，市内の輸送を運河化された市内派川が受けもったのである。市内派川の運河化とその安定のためにも，太田川洪水との分離は自然条件上欠くことのできないことであった。

太田川放水路の開削

　広島デルタ上の河川改修は，このように都市としての発展をもととして拡大する水害への対処と都市整備，商業港建設，そして市内派川の運河化である。この改修によって今後の一大発展を求めたのである。そのために採用された方式が放水路建設である。放水路によって市内派川への土砂の流出を遮断し，放水路からの土砂は水深のある沖合に出すことによって漂砂となるのを防ぐのである。

　放水路法線は広島中心部を迂回し，西側の山手川，福島川沿いに図られた。デルタ上を流下していた7つの分派川のうち，西側の山沿いに位置していた山手川，福島川が整備されて放水路となったのである。この両川は，近代改修以前にも広島市街地にとって既に放水路の役割を果たしていたが，近代的な堰が設置されて整備が進められたのである。

臨海工業開発と太田川

　1933（昭和8）年以降，広島商業港の建設は進められた。だが35年初めにこの建設をも包み込み，それよりはるかにスケールの大きい大計画が樹立されて40年から実施に移された。修築中の広島商業港に接続して西の草津に至る広島工業港計画である。

　この工業港計画は，ただ単に港を設けるというものではなく，その背後に130万坪の広大な埋立地を造り，大規模な工業開発を行おうとする地域総合開発計画であった[3]。この計画は，日本経済の軍事化とともに進行した工業の発展と軌を同じくするものである。工事は戦争中に完成せず戦後に引き継がれたが，現在の広島の工業開発，都市計画に大きく寄与したものである。現在の広島の骨格にもなっている事業といってよい。なお，広島工業港計画の有利さと

して次の①から⑤をあげている。
① 埋立地として計画している太田川河口は，波静かで沖合の地点まで遠浅である。

　土質は，太田川から流出した花崗岩のマサよりなっている砂質である。それ以上の沖合は水深がはるかに大きく，10数mとなっている。

　自然条件である海岸線がこのように優れているため，具体的には次のことが有利である。内海であるので波静かで，泊地としては格好の条件を有している。太田川から流出した土砂により，干潟あるいは遠浅となっていて埋立には非常に有利である。その先は水深が大で，港湾に有利である。また砂質であるので，埋め立ての乾燥，基礎工事が容易である。

② 工業用水が豊富である。

　太田川の水量は豊富で「常時，五，六百個（1日約688万石）内外を下らぬ」。特別の貯水池を設けなくても，水質清浄な用水が十分手に入る。

③ 動力の供給が容易である。
　（イ）　電力…太田川水力の開発により豊富な電力が供給可能である。
　（ロ）　石炭…北九州，山口の石炭を利用することができる。これらの地方は，工場用地の適地がない。殊に用水不足のため，工場経営が困難である。さらに広島地域は大陸（満州・北支那）からの輸入も，位置的に有利である。

④ 工事費が安価である。

　波静かな地形条件のため，堅固な防波堤の築造を要しない。また石材，砂等の工事材料が豊富であって，工事費が安価である。

⑤ 天災が少ない。

　地震の被害を受けたことがない。台風に対しても，その経路となったことがなく，（九州の山地，あるいは四国山脈の壁により）安全である。

　自然条件からみた以上の主張より，総合開発に対し太田川の位置の高いことがよくわかる。それは埋立地を太田川の流出土砂によって生成された干潟に求

めていること，工業用水，電力を太田川に期待していることに集約される。太田川との関連以外の重要な要因としては，石炭の入手が容易であるという点のみといってよい。工業計画に太田川が寄与した大きさは計り知れないのである。太田川あっての工業計画といっても過言ではない。

また太田川から流出した土砂が重要な役割を果たしていることは，広島の歴史的発展が太田川の堆積土砂の干拓により開発されていったことと同じで，その延長線上である。まさに母なる河・太田川である。なお①～⑤にあげた自然条件以外の広島での工業開発の有利さ，すなわち歴史的に形成されてきた社会条件としては，次のものをあげている。

⑥　優秀なる職工労働者の供給が可能である。
⑦　軍都・広島であるので軍需工場に適している。
⑧　住宅関係も有利である。
　　工業港地帯に隣接して広大なる住宅予定地がある。
⑨　教育，衛生，その他の施設も具備している。

(2) 岡山市の発展と基盤整備

岡山の発展と旭川

岡山市街地を貫流する旭川で，1930（昭和5）年に改修工事に着手された（図3-18）。その事業の目的として，治水とともに舟運機能の整備が掲げられた。岡山市では23年，都市計画法が適用され，都市整備が重要な課題であった。そのなかで市内を貫流する旭川の舟運機能が重視され，その運河化が主張されたのである（写真3-1)[4]。

都市計画は当時の岡山市域にとどまらず，社会・経済的に密接で，将来の岡山の発展に

図 3-18　旭川概況図

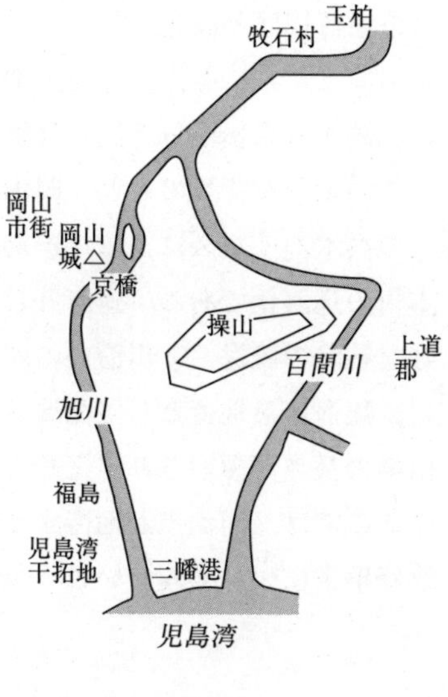

写真 3-1　岡山市街と旭川

出典：「岡山河川工事事務所事業概要」。

欠くことのできない隣接地域も計画区域に組み入れられた。旭川左右岸に沿って，河口の三蟠や福浜まで区域に含まれている。旭川の存在を十分考慮したものだったと思われる。

　地区の画定では，現状を基本にして全体を7区に分類し，旭川に沿った地域は市場荷揚区と設定された。当時の都市計画の主体は街路網の計画であったが，岡山ではこれに関連して旭川架橋計画に大きな関心が集まった。当時，中心街に位置する京橋から下流には橋はなく，この架橋の期待が大きかったのである。

　このような背景のもと，岡山市側が旭川改修計画案に期待したのは，百間川への洪水バイパスによる「市街地の治水安全度の向上」という治水上の目的と，本川の運河化である。運河として整備し，①舟運の改良による瀬戸内海との良好な航路の確保，②川沿いの埋め立てによる土地造成，により，旭川周辺を新たに臨海産業地帯として発展させようとするものであった。さらにこれにより橋梁の長さが短縮されて工費の節約となる。

　ここでは，岡山市が期待する旭川下流部の舟運・港湾機能を中心にしてこの改修事業についてみていこう[5]。

第Ⅲ章　戦前の地域整備の具体的展開　　　　　　　　　　251

近代の旭川舟運

　岡山市の中心街は，河口から約8kmの内陸にあり，近世，河港である京橋港が交通の拠点となり，これに合わせて街や街道が連なっていた。またその河口には三蟠港があって外港の役割を果たしていた（図3-19）。

　しかし幕末の混乱，明治維新による制度変化に伴う社会不安から「山林取締の制」も乱れ，かつ出水も重なり，旭川では近世末期から河床が急に埋没していった。旭川下流では明治20年頃には，場所によっては江戸期に比べ2〜3mの河床上昇していたとの認識もあり，京橋港の港湾機能は低下していった。

　だが旭川河口に位置する三蟠港は，岡山市の外港として大いな発展をみた。瀬戸内海を広島，大阪へとつなぐ航路，対岸四国航路，瀬戸内諸島航路の寄港

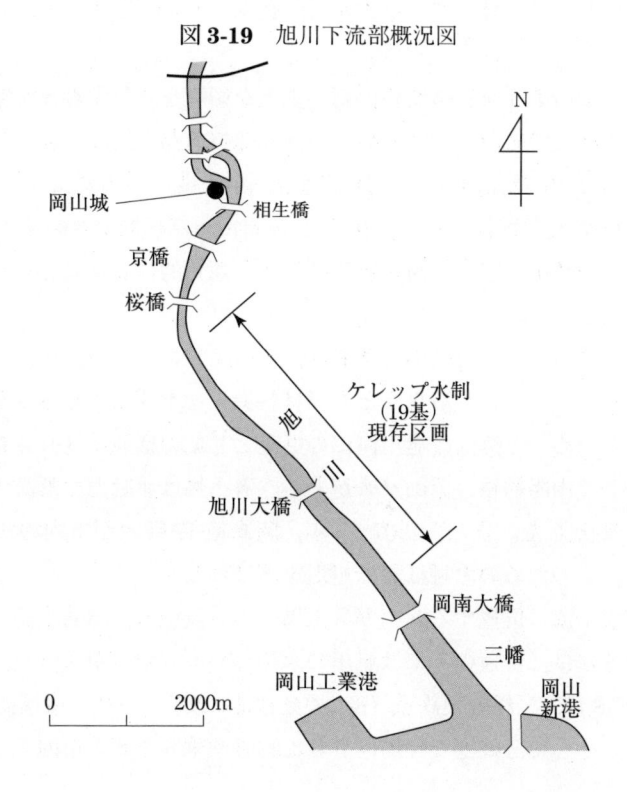

図3-19　旭川下流部概況図

地として蒸気船・機帆船が入出港した。1885（明治18）年8月には，明治天皇が陸軍大演習のとき，三蟠港から小蒸気艇で上陸した。当時，三蟠港において本格的に浚渫が行われた記録はみられないが，岡山県下最大の港として倉庫・公共施設等が多く設置されていたことが，絵図等から推測される。

　この後，1903年には讃岐鉄道の高松開通により，山陽鉄道が経営する山陽汽船によって三蟠～高松間の定期航路が開始された。海上37 kmの2時間を含め，岡山～高松間の所要時間は4～6時間であった。京橋～三蟠間は浅吃水汽船・旭丸（24トン・設計水深45 cm）が用いられたが，乗客や貨物を乗せると吃水は60 cmとなり，さらに河床が年々浅くなったため，中心街である京橋までは，満潮時や増水期しかまともに運行できなかった。このため舟運可能区間に臨時の船着場を設けて，そこから陸路を人力車等で運送する有様であった。

　ところが，このような三蟠港の役割に重大な影響を及ぼす事業が完成した。岡山と宇野を鉄道で結び，宇野と高松の間に連絡航路を開設しようとするものである。鉄道は10（明治43）年6月開通し，宇野港は岡山県営事業として09年7月まで修築工事が行われて，10年6月岡山～高松間が3時間で結ばれたのである。この結果，京橋～高松航路は時間・運賃的にも存続意義がなくなって廃止された。

　四国との連絡口という三蟠港の機能は，このように宇野港に代えられることになったのである。しかし石炭などの原材料搬入を水運に求める産業が旭川河畔に立地したため，三蟠港は旭川河口の外港としての機能が見直された。主な立地企業として山陽紡績，岡山ガスがある。各工場は原動力や製品の材料として石炭を必要とした。また，1907～8年，陸軍第17師団が市内の法界院に造営されたが，このための木材は船で旭川を運ばれた。

　だが，京橋下流に位置する岡山ガス工場への石炭搬入，鐘紡工場への物資輸送の便を図るには，舟運のみでは旭川の水深等の不安定さがあった。これを見越して15年8月，三蟠軽便鉄道（後に三蟠鉄道に改称）三蟠～桜橋間（65 km）が開通した。そして三蟠港で陸揚げされた物資や乗客を岡山市内まで輸送し，

大正時代は概ね好営業成績を続けたのである。さらに23年2月には桜橋～国清寺 (1.6 km) を延長し，岡山電気軌道（路面電車）と接続し，岡山駅まで連絡できるようになったのである。

一方，旭川舟運について，25年から始まった浚渫船によるコンクリート用の砂利採取，また児島湾干拓工事の影響による満潮の増大などによって京橋以南の水深が増大していた。大正末から昭和初め以降，ポンポン船（巡航船）程度ならば京橋まで行けるようになったのである。これが三蟠鉄道に影響を与えた。

ポンポン船の運賃は三蟠鉄道より安価であったので，次第に旅客が移っていった。これに追い討ちをかけるように，昭和不況および自動車交通の発達により鉄道の営業成績は次第に不振となっていった。たまたま，31年から岡山市都市計画道路事業旭東線（現在・県道岡山～宇野線）の事業が始まり，国清寺～網浜間が道路用地として買収されることになり，31年6月で三蟠鉄道は営業を停止した。その後，直ちに三蟠自動車（株）が設立され，市内内山下～三蟠間を2台のバスが定期運行した。そして三蟠鉄道廃止後の岡山ガスの石炭搬入等は，再び舟運に切り替わった。

このように昭和初頭，三蟠港から市内への輸送ルートとして再び旭川舟運が機能をもちつつあったのである。

旭川改修計画

旭川の改修工事は，県・市等の大々的な陳情活動もあり，1925（大正14）年，第51帝国議会の議決を経て26年から着手された。旭川の改修開始がこの時期になったのは，治水上の緊急性とともに07年に着手された近隣の高梁川の改修がようやく26年で終了したことも要因としては大きい。

旭川の治水上の重要な課題としては，近世，放水路として整備された百間川の取り扱いがある。この放水路に対し，上・下流部の間で利害が真向から反した。

旭川下流に位置する岡山市にとって，その上流で百間川に洪水すべてを負担

させることは，その利害から当然の主張である。しかし百間川周辺（上道郡）からは，旭川（下流部）にすべての洪水を負担させよとの要求が生じるのも当然である。旭川下流部と百間川への洪水負担をどのようにさせるかは，旭川治水計画にとって基本的な課題であった。

1926年の改修計画案は，百間川を締め切って放水路の役割を廃止し，旭川本川で5,000 m^3/s全量を処理するものであった。この流量は1898（明治26）年洪水の最大流量5,000 m^3/sを150～250間（約270～640 m）の川幅で流下させ，特に河口から8 kmの京橋までの区間は「低水路規正（河道整備）」を行うものであった。

この計画案の特徴の1つに，旭川の「舟運への配慮」がある。1926年度『直轄工事年報』（旭川）には「河口より上流岡山市内京橋に至る約8 km間は低水路を規正し，之に浚渫を施し，舟運の便を計り，尚，堤外地には掘削を行い以て所要の河積を興ふるものとす」と，舟運のための整備も目的であったことが記述されている。

また，もう1つの特徴として「百間川の廃川」がある。百間川は元々農地のところへ洪水時のみ水が流れるよう造られたもので，江戸期の藩体制下では加損米等の補償手段（行政統制・納税方式）を講じ得たが，明治の中央政府体制下では取りうる独自の補償手段は難しくなった。1901年4月，旭川に河川法が適用され，百間川も一旦は河川法が適用されることになったが，03年に準用河川扱いとされ，河川区域の指定はなされなかった。

百間川は，常時の流水のない洪水時のみの河川である。流入部は一応連続堤であったが，途中は無堤か低い盛土があるだけで，堤内にも広範囲に溢水する。この状況では，私権を認めない河川区域指定は無理と評価されたのだろう。このため今さら，さらに放水路としての整備は非常な困難が伴うと判断されたと考えられる。なお，1892，93年の洪水の復旧工事の際に，百間川の流入部の一の荒手や二の荒手の越流堤が高くされたり幅が縮められ，洪水が百間川へ越流しにくくされていたとの岡山市側の主張がある[6]。

また技術的側面として，百間川は本川より約1.2 km長いことも放水路とし

ては不利と評価されたと推測される。さらに本川浚渫により舟運機能の確保を図れば河道の疎通能力は増大し，洪水を負担させることができる。技術的には一挙両得である。このような理由から百間川の洪水分担は零となり，すべて旭川本川が負担することとなったと判断される。しかし，この計画案に対して岡山市側の反対も大きかった。反対の筆頭に立ったのは岡山商工会議所であった。

内務省（大阪土木出張所）は，予算採択の1925（大正15）年以降，29年まで工事に着手せず，地元事情を踏まえての対応策を探った。27年より30年にかけて，表3-4に示すような比較検討を行い，地元への説明を行った。県議会は政党間の争いもあって同意はなかなか得られなかったが，30年8月から変更計画（表3-4の第7案）に基づき，用地買収を必要としない部分から着工したのである。

変更計画により，計画高水流量5,000 m³/sのうち中流部の遊水地で700 m³/s調節し，旭川本川下流は3,300 m³/s，百間川は1,000 m³/s負担することとなった。内務省は，百間川は従来，年1回の割合で洪水流入するものが，改修後は5年に1回に減ずるものと主張した。

計画についてみると，岡山市街は概ね計画高水位以上にあるので新たに築堤せず，計画高水位以上余裕がない部分は道路を高めて高水位以上50 cmとする。鶴見橋下流の狭窄部は後楽園裏に敷高低水位上50 cm，幅70 mの新水路

表3-4 内務省による計画比較案

計 画 案	計 画 内 容	工費(万円)
第1案(原案)	旭川へ5000 m³/s 流下	1,280
2	百間川へ5000 m³/s 流下	1,170
3	旭川へ2000 m³/s，百間川へ3000 m³/s 流下	940
4	竜の口矢津崎を切り開き百間川へ米田にて連絡するもの	2,360
5	調節地案・玉柏に堰堤を造り旭川への最大流量を2200 m³/sに調節するもの	945
6	調節地案・眞石子に堰堤を造り旭川への最大流量2200 m³/sに調節するもの	800
7 (変更案)	旭川へ3300 m³/s，百間川へ1000 m³/s 流下，牧石村3調節地にて700 m³/s 調節	800

を設けて対応する。京橋より下流の中島は，河川敷を整理することにより計画高水の疎通を図る。京橋より下流の低水路については，舟運確保のため，河口を幅150 m，京橋付近を幅70 mの低水路規正と中等潮位以下3.5～2.0 mに浚渫を行う。京橋から河口への堤防法線は，原案より若干狭くするというものである。

　地元調整が一応つき，また時局匡救事業に取り上げられ，予算が本格的に計上されて本改修工事の起工式が行われたのは33年11月であった。しかしその翌年9月，旭川は室戸台風により1893年出水を上回る大洪水に見舞われて計画は再度，見直され，新たな計画となったのである。

　新計画についてみると，この時，最大流量は6,000 m^3/sを記録したため，計画高水流量はこれまでの5,000 m^3/sから6,000 m^3/sに引き上げられた。これを中流部の大原・中原の遊水地において250 m^3/sずつ500 m^3/sを調節して5,500 m^3/sとして，百間川へは2,000 m^3/s分流させ，3,500 m^3/sを旭川本川に流下させるものとした。

　さらに本川の百間川分派点から後楽園付近までは，20 m拡幅する。岡山城付近の大曲部は流下能力が小さいため，後楽園裏側の分水路を20 m拡幅して川幅90 mとして相生橋上流で合流させるものである。

河道整備と舟運機能

　本川下流部では，洪水疎通と舟運機能確保のために河道整備（低水路規正）が行われた。計画では，河口より京橋に至る約8 kmは河口150 m～京橋70 mの低水路幅で規正し，水深は中等潮位以下3.5～2 mとし，浚渫を実施するとともに，左岸河口～平井および右岸福島に水制を施すものである。また，京橋付近の護岸は当時珍しかったコンクリート矢板護岸が用いられた。河道側に垂直に打たれ，京橋～二日市区間には荷揚場や2カ所の船着場が設けられたのである。矢板護岸前面は，計画河床～平均潮位の水深を約2 m確保した。これらの築造により，京橋から河口に至る約8 kmが港湾区域となったのである。

　舟運にかかわる工事は，改修計画議論のなかで地元が熱心に主張していたこ

ともあって，他の工事に先行して実施された。30年から37年の間のほぼ8年間に工事は集中し，当時の高能力の浚渫船を使用し，先行して完成が図られた。浚渫工は8年間に200万 m³ におよび，計画の約95％に達している。

また三蟠地区の浚渫の進行に合わせて，左岸において34年，平井地区で15基，36年三蟠地区で9基のケレップ水制工事に着手した。このうち，平井地区の4基は貯木場水面用のものであったが，ほぼ37年までに完成している。なお水制とは流水を制御するため河岸から河身に設置する工作物で，ケレップ水制は明治初年，オランダ人技術者によって導入された（**写真3-2**）。

これらの工事進捗と相まって，京橋からの内海航路の発着が復活するようになった。33年10月には片瀬町（現・天瀬南町）に岡山港務所が設けられ，荷揚場，係船岸壁の管理に当たることとなった。

ところで周知のように，明治20年代までわが国の内陸輸送において河川舟運が極めて重要な役割を有していた。だが昭和初頭においても，海と連絡する河川舟運は強く期待されていたのである。この当時，河川舟運に対し内務省技術陣も新たに注目していた。わが国の代表的河川である淀川で舟運路整備を目的とした低水工事が新たに始まったのは，1933（昭和8）年度である。続いて

写真 **3-2** ケレップ水制

利根川でも35年度から始めようとし、詳細な計画が作成された。利根川では残念ながら35年9月、大出水に見舞われ、治水事業が優先されて着手には到らなかったが、利根運河で利根川とつながっている江戸川で実施された。36年から38年にかけてであり、江戸川河水統制事業の一環として行われたのである。

利根川舟運路整備に関連して、当時の東京土木出張所長辰馬鎌蔵は、ヨーロッパにおける内陸水運の発達過程から、河川舟運について次のような認識を示している[7]。第1期の鉄道敷設以前の隆盛期、第2期の鉄道発達による衰退期、第3期の鉄道及海運の発達に伴い、国際的に港湾が繁栄を来し、大量貨物の輸送上、必然的に隆盛があり、わが国はこれから第3期の隆盛期に入る。この観点から、帝都東京港、銚子港他と連絡する利根川の現況は、全く不十分と主張したのである。

昭和初期におけるこのような河川舟運の期待に対し、その具体的計画の嚆矢となったのが旭川改修計画であったと評価できる。その具体的計画として、明治初頭に招聘されたオランダ人技術者によってもたらされ、明治期、盛んに築造されたケレップ水制が、再び前面に出たのである。そして戦前に水制工事は完了したのである。

戦前の岡山工業港計画

京橋を中心とした旭川沿いの岡山港での取扱い量は、岡山市が生産都市として急速に発展していくなかで激増していった。1935（昭和10）年、入港する船舶は約4万隻で、その出入貨物は計80万トンに達し、10年前と比べて4.2倍も増加した。しかし河港であるため、物揚場は幅員8〜30mの堤外高水敷であり、その取扱いには限界があった。洪水や大潮時には荷役が不能となり、また船舶の繋留にも困難があったのである。さらに水深が干潮面下2mであって、小型船しか入港できなかった。この状況は、岡山の今後の発展にとって支障となると危惧され、岡山県は37年、新たな港湾修築計画の策定を専門家に依頼したのである[8]。

翌年2月，修築計画として報告されたのが，旭川河口右岸に展開する藤田組経営の児島湾干拓地内191万m^2の地に建設するものだった。191万m^2のうち約70万m^2を浚渫して泊地とし，残りを埋立てて港湾用地とともに工場用地とすることだった。そして干潮面下，水深7mを確保し，3,000トン級の船舶の入港荷役を可能とするものだった。またこの港湾と旭川との間に新たに運河を開削することも構想していた。

　この修築計画は41年6カ年計画で事業化され着工となったが，戦争のため遅れ，戦後の52年物揚場が完成，66年，一応の完成をみた。

【注】

1) 『太田川改修三十年史』建設省太田川工事事務所，1963年。
2) 『新修広島市史　第2巻』広島市役所，1958年，648ページ。
3) 『広島工業港』広島県，1942年。
4) 『岡山百年史　資料編1』岡山市百年史編纂委員会，岡山市，1993年，976～984ページ。『大正15年度直轄工事年報』内務省土木局，1926年。
5) 佐合純造，松浦茂樹「戦前の旭川改修と舟運の整備」『土木史研究』No.19，土木学会，1999年。
6) 『岡山商工会議所80年史』岡山商工会議所，1965年，262ページ。
7) 辰馬鎌蔵「利根川・江戸川・渡良瀬川低水工事」『水利と土木』第7巻12号，1934年。
8) 港湾協会調査部「岡山港修築計画概要」『港湾』第16巻6号，1938年。

【参考文献】

松浦茂樹『国土の開発と河川』鹿島出版会，1989年。

第Ⅳ章　戦前のダム技術の導入と自然との調和

　失業救済土木事業の状況が強く記憶されていることもあってか，戦前の土木施工は，「もっことつるはし」の技術レベルであったとよくいわれる。しかし一方，日本の土木技術は国内で高さ87mの塚原ダム他多くの水力ダム，また大陸では水豊ダム，豊満ダムなどの世界的にも巨大なコンクリートダムを完成させている。これで見る限り，機械施工化はまったく無視されたというのではない。

　では，これらのコンクリートダム建設を支えた土木技術はどのようなものであったのだろうか。少し専門的になりすぎるきらいがあるが，ダム施工技術の確立・変遷について先ず述べていく。これにより，わが国の戦前の施工技術のおかれた状況が明らかとなろう。なお，土木技術にどうしても興味をもてない読者は，結論部分である第1節(5)のみでもみてもらいたい。

　続いて山中におけるコンクリートダム建設と風景（自然景観）との調和について述べる。1931年の国立公園法の制定にみるように，優れた自然景観の保全は，当時，社会から強い関心を呼び，コンクリートダム建設に激しい反対運動が展開されていた。これに対してダム建設側からも積極的に反論があり，かなりの激論が展開されていたのである。

1 ダム施行技術の導入

(1) 大正年代までのダム施工技術

わが国のコンクリートダムの歴史をみると，1897（明治30）年に着工した神戸の布引五本松ダム（高33 m）が最初といわれている。神戸水道創設時の水道専用ダムとして築造されたが，設計はイギリス人技師バルトンの指導のもとで行われた。

水力発電用のコンクリートダムの最初は，鬼怒川にある黒部ダム（堤高34 m，堤体積8.1万m^3）で，イギリス人技術者の協力を得て1912（大正元）年築かれた。布引五本松ダム，黒部ダムとも粗石張玉石コンクリート造（セメントと砂・砂利を混合したコンクリートを割石・玉石の間隔に充填する。また上下流面は型材替りの石材で被覆する）である。この後，水力発電コンクリートダムは，揖保川水系草木ダム，阿賀川水系小荒ダムなどで高20 m台のものが造られた。

高50 mを越すハイダムは，24年完成の高梁川水系帝釈川ダム（堤高56 m，堤体積3万m^3）と木曽川水系大井ダム（堤高53 m，堤体積15.3万m^3）を嚆矢とする（表4-1）。特に大井ダムは，堤体積が10万m^3を超える当時にとって大規模なもので，有効貯水容量も1,886万m^3と大きく，わが国初めての本格的なダム水路式発電所として利用された。またわが国で最初に機械化施工を行ったダムといわれる[2]。ダム上部に設けられた鉄製トラス橋脚のトレッスル式高架橋上をガソリン機関車が走り，打設コンクリートを運んだ。コンクリートに投入する粗石はケーブルクレーンで運搬され，粗骨材は骨材プラントで破砕して製造された。コンクリートの打ち込みはシュートで行われ，また岩盤補強のための基礎処理であるカーテングラウトも初めて行われた。これらミキサー，ガソリン機関車，ケーブルクレーンなどの工事用機械はアメリカから輸入され，設計・施工はアメリカ人技術者の指導によって行われた。

表 4-1 大正時代のコンクリートダム

ダム名	竣功年	堤高 (m)	堤頂長 (m)	堤体積 (×10³ m³)	型式
黒 部	大正 1	34	150	81	重力式
飯 豊 川 第 一	4	38	52	6	〃
大 又 沢	4	21	87	12	〃
高 原	6	20	70	3	〃
千 歳 第 三	7	24	120	11	〃
草 木	7	21	86	8	〃
野 花 南	7	21	264	41	〃
高 橋 谷	8	9	68	12	〃
千 歳 第 四	9	22	102	7	〃
小 荒	2	27	28	6	〃
志 津 川	13	31	91	40	〃
中 岩	13	26	108	12	〃
帝 釈 川	13	56		30	〃
由 良 川	13	21	90	9	〃
大 井	13	53	276	153	〃
吉 野 谷	15	24	60	14	〃
一 ノ 沢	15	24	93	9	〃
白 水 滝	15	23	99	13	〃
細 尾 谷	15	22	59	6	〃
落 合	15	33	215	45	〃
頭 佐 沢	15	21	76	5	〃
浦山発電所取水ダム	9	12	21	不明	アーチ式
笹 流	12	24	169	16	バットレス式
高野山調整池ダム	13	21	24	6	〃

出典：水越達雄「コンクリートダムの施工方法の変遷」『土木学会論文集』第384号，1987年，に付加。

　同じ時期に建設された宇治川水系志津川ダム（堤高31m，堤体積4万m³）をみると，日本人技術者が中心となって建設されたが，使用された施工機械のほとんどは外国から輸入された。たとえばグラウチングマシーンが初めて導入され，粗骨材の製造にクラッシャー，コンクリートの練り混ぜにミキサーが使用された。これら機械類は，着工前に所長が洋行し購入したのである。一方，コンクリートの運搬，打ち込み等は人力であった。

(2) 1935（昭和10）年頃までのダム施工技術

この後，庄川水系の小牧ダム（堤高79m，堤体積28.9万m³，1929年竣功）など70m前後のダムの完成をみる（表4-2）が，小牧ダムを指導した石井頴一郎によってわが国のコンクリートダム技術は集大成されたといわれる[3]。しかしアメリカ技術と密接な関連をもちながら建設は進められた。

小牧ダムは，浅野総一郎によって1919（大正8）年に会社が創設されて実施に移されたが，当初，アメリカのストーン・エンド・ウェブスター社に建設を委託した。アメリカで当時，世界一と称されたアロロック（Arrowrock）ダムを手がけたMacyを中心にアメリカ人技師団が21年に来日し，ボーリング等を行ってダム地点を決定し，設計を行った。だが経済の不況，関東大震災の突発によって着工には至らなかった。その後，25年，この会社は日本電力株式会社の傘下に入り，24年竣功の志津川ダムに従事していた石井が責任者となって，工事は進められたのである。

小牧ダムでは，途中，発電の用途変更が行われたため，ほとんど総ての工事にわたって設計変更が行われた[4]。また関東大震災後の25年，物部長穂が地震力を考慮して断面を決定する「貯水用重力堰堤の特性並びに基の合理的設計方法」を発表したが，これに基づいて小牧ダムの設計は再検討された。またアメリカ人技師によって採取されていたボーリングコアを用いて，耐圧強度試験が行われた。さらにダムに働く揚圧力に対して，これまでのコンクリート内部排水工に加えてカーテングラウトの背後に基礎排水工が実施された。石井は1924年，欧米へ水力発電工事の視察にいっているが，その時の調査・研究に基づいてアメリカ人技師の設計を基本に置きながら，手を加えていったのだろう。なお施工機械のほとんどは，アメリカからの輸入品であった。

その後，太田川水系の王泊ダム（堤高59m，堤体積12.8万m³，35年竣功）等が築造されていくが，ダム技術に大きな進展をみたのが，35年着工，38年に竣工した耳川水系の塚原ダム（堤高87m，堤体積36.3万m³）である。

第Ⅳ章　戦前のダム技術の導入と自然との調和　　265

表 4-2　昭和前期のコンクリートダム

ダム名	竣功年	堤 高 (m)	堤頂長 (m)	堤体積 (×10³ m³)	型 式
小ヶ倉	昭和 1	40	136	60	重力式
小河内	2	42	189	68	〃
鹿瀬	4	33	304	136	〃
小牧	4	79	301	289	〃
祖山	4	73	132	146	〃
豊実	4	34	206	111	〃
祐延	6	45	126	44	〃
梵字川	8	45	59	18	〃
千頭	10	64	178	127	〃
王泊	10	59		128	〃
泰阜	11	50	143	128	〃
小屋平	12	52	120	86	〃
帝釈川	13	62	35	31	〃
塚原	13	87	215	363	〃
大橋	14	74	187	172	〃
立岩	14	67	179	138	〃
岩屋戸	17	58	171	145	〃
小原	17	56	158	93	〃
三浦	18	86	290	507	〃
思原	3	23	94	26	バットレス式
真立	4	22	61	4	〃
豊稔池	5	30	145	21	〃
真川	5	20	104	8	〃
丸沼	5	32	88	14	〃
三滝	12	24	83	9	〃

出典：水越達雄「コンクリートダムの施工方法の変遷」『土木学会論文集』第384号，1987年，に付加。

　塚原ダムでは，わが国で初めて硬練りコンクリートが使用された。それまでは，打ち込まれた軟練りコンクリートの中へ 10～20% の玉石あるいは粗石を投入するというものであった。粗骨材はすべて原石山より採取した岩をクラッシャーで破砕して人工的につくり，細骨材は 40 km 離れた海岸から索道で運搬した。またコンクリート配合は最新の説である水セメント比を用い，各種の

骨材を混合して使用した。このために使用されたのが，重量配合で行うウォーセクリータ（コンクリート材料の配合調整器）である。この機械は日本で考案されたものだが，水とセメントを重量計量してセメントペースト状に練り混ぜ，その後ミキサー内で骨材を混合してコンクリートとするものである。わが国で初めてこれが使用されたダムは，泰阜ダム（36年完成）であった。

塚原ダムのコンクリートの打ち込みは，横継目に縦継目が加えられたブロック工法が採用され，またそれまでのシュート方式ではなく，バケットに入れてケーブルクレーンで運搬打設する工法で行われた。打ち込んだコンクリートの中への玉石の投入は廃止された。この運搬機械は日本製であった。またそれまで大部分のダムで使われていたドラムミキサーから，ここでは可傾式ミキサーが使用されたが，これも国産品であった。また，コンクリートの締固めのために初めてバイブレータが使用された。それまでは突き棒等を用いた人力で行われていた。バイブレータは国産品（フランス通商製品）とアメリカ製であった。さらにセメントも中庸熱セメントが初めて使用されたが，国産品であった。

塚原ダムの施工は，骨材の採取からコンクリートの打ち込みまで一貫として機械化され，戦前の日本のダム施工技術の1つの到達点であった。しかし全く独自に日本で発展したのではなく，アメリカから強い影響を受けていた。アメリカではコンクリートダム技術の1つの頂点をなすフーバーダム（堤高220m，堤体積250万m^3，旧名ボールダーダム）が，1936年に完成した。このダムは新しい設計思想，画期的な施工設備でもって行われ，ダム技術に対し実に大きなインパクトを与えた。ダム建設技術は，フーバーダム完成により新しい次元へと移ったのである。

塚原ダムの発注者（九州送電）側の現地責任者は，空閑徳平であった。彼は庄川水系の租山ダムに従事し竣功させた後，31年から33年にかけて欧米諸国の水力電気事業の調査研究のため留学し，フーバーダムの工事現場も視察した。帰国後，太田川水系王泊ダムの現地所長となって完成させた後，塚原ダムの建設所長となったのである。王泊ダムで空閑は，人工的にコンクリート用の砂を作って利用した。だが強度が十分出ず，結局，川砂と半分ぐらい混ぜた。

また塚原ダムを請負ったのは間組である。間組は塚原ダムの現場責任者となった田中敬親を1935年5月から9月にかけての約半年間，アメリカに出張させ，フーバーダム，TVAなどのダム工事を現地視察させた。

塚原ダムの機械施工化に，空閑の欧米での実地研究，また田中のアメリカでの現地視察が重要な役割を果たしたことは間違いないだろう。

(3) 昭和10年代のダム施工技術

ところでダム技術界では，国際的なダム技術の交流が積極的に行われていた。世界動力会議が母体となって国際ダム会議が設立され，第1回国際ダム会議がスウェーデンのストックホルムで開催されたのは，1933（昭和8）年である。それに先立ち31年，日本では日本国内委員会が組織され，第1回会議に参加するとともに3編の論文を提出した。

第2回会議は36年9月，第3回世界動力会議とともにワシントンで開催された[5]。日本からは5論文の提出，小野基樹（東京市役所），石井頴一郎（日本電力株式会社）他6名が参加した。アメリカの首都ワシントンで開催されたのは，フーバーダムの竣功にあわせてであった（写真4-1）。この会議に大統領F. ルーズベルトが出席して演説し，フーバーダム使用開始のボタンを押したのである。3,000マイル離れたフーバーダムの現地からは，発電機水車の回転する音が会議場に響きわたるとともに，技師長がダムの説明を行った。

それに先立ち会議に出席した各国代表は，大統領レセプションにホワイトハウスに招かれ，大統領からそれぞれ挨拶と握手を受けた。日本の代表者は小野基樹であった。フーバーダムはアメリカの国家威信を示したものであり，並々ならぬ自信と誇りであったことがわかる。なおフーバーダムのコンクリート打設は，33年6月から35年5月であった。

会議終了後，アメリカ政府斡旋のもとに22日間にわたる米国横断ダム視察旅行団が結成され，フーバーダム，TVAダム群，グランドクーリーダム群など，アメリカ著名のダムすべてを対象とした9,000マイルにわたるダム視察行

写真 4-1　アメリカ・フーバーダム

脚が行われた（図4-1）。これには世界27カ国242人，日本からは小野と途中までだが石井が参加した。この視察旅行には，2台の特別列車（軍医，社交室，食堂車，展望車付き，車内冷房客室，トイレ，洗面所，客室はベッド付きの1人ないし2人部屋）が準備され，費用は民間からの寄付金による補助があって割安に設定された。視察団は各地でレセプション等の歓迎を受け，交流を深めながら視察を行った。

　さて日本人として唯1人，全行程に参加した小野基樹は，一般的なダム技術の視察とともに重要な特命を帯びていた。小野は36年7月に開設された水道用の東京市小河内ダムの建設事務所長であったが，小河内ダム建設の工事用機械類の調査と調達という重大な任務をもっていたのである。特にコンクリート配合のための自動骨材計量機とコンクリート打設機械の調達がその中心であった。そして最先端の技術を駆使したフーバーダムにこれらを求めたのである。

　堤高149m，堤体積168万m³の小河内ダムは，それまでの国内ダムに比べて，高さもコンクリートボリュームもはるかに大きい。このため新たな施工技術が求められたのである。特にコンクリート構造物内に亀裂を生じさせず，ダムとして安全に造り上げることは，その巨大さのためにこれまでの工法では到底困難だと認識されていた。この課題への対処として，フーバーダムで行われ

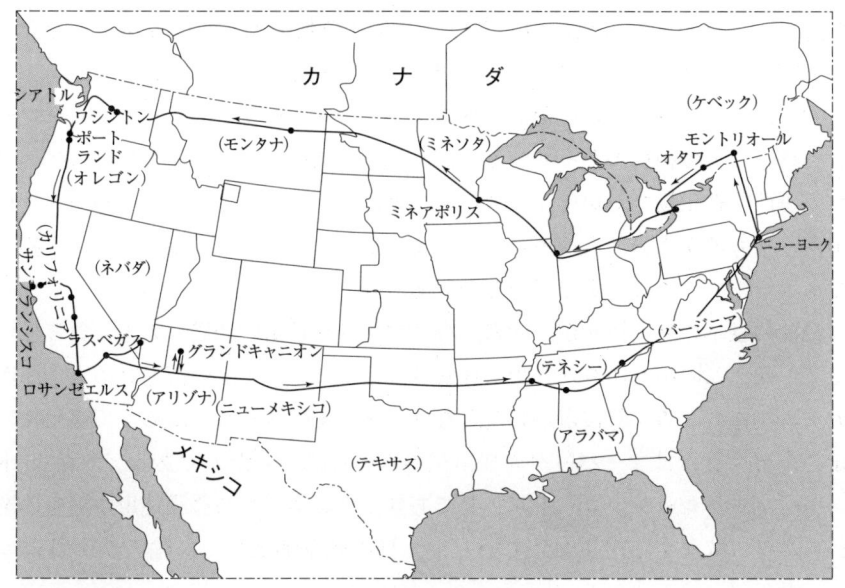

第Ⅳ章　戦前のダム技術の導入と自然との調和　　　　　　　　　　269

図 4-1　第2回国際ダム会議後のアメリカ全国ダム視察旅行ルート

出典：小野基樹『アメリカのダム会議と視察旅行』1937年より。

た新工法は次の4つがあげられている。
① 低熱セメントを使用し，硬化熱が高まるのを防ぐ。
② 縦横10〜15ｍの柱状ブロック工法でコンクリートを打ち上げる。
③ コンクリート内に多くのパイプを配置して冷却水を流し，硬化熱を取り除く（パイプクーリング）。
④ 柱状コンクリートの継目にモルタルを流して一体化させる。

　これ以外として，基本的なことであるが硬練りコンクリートが使用されていた。コンクリートは，自動計量機でセメント，水，骨材が計られ，バッチャープラントで一度に練り混ぜられた。この後バケットに入れられてケーブルクレーンで運搬され，強力なバイブレーターで締固められた。

　これらの新工法について，小河内ダムでは貯水池技術委員会が設置されて検討された。その結果，低熱セメントは製造原料が乏しいため混合セメント（混

合材をセメントに混入)に変えられた以外,採用された[6]。そして工事用機械類として,フーバーダム使用のものを,かなりの数購入したのである。それらは,25トンのケーブルクレーン,自動骨材計量機,バスケット,ジャックハンマー,セメントサイロ,セメントポンプ,コンプレッサー,バイブレーター,クーラーなど多種にわたっている。これら施工機械について,当初は,アメリカの専門製造工場で新規に注文するとの考えであった。しかしフーバーダム使用済みのものが十分,再使用に耐え,また価格が新規注文と比較して1/5程度であったので,この選択を行ったのである。

　戦前の日本のダム技術が,欧米,特にアメリカ技術の発展に大きく負っていたことが,この小河内ダム建設で理解される。これまでとは桁違いに大きい巨大ダム築造のため,新技術が必要となり,それをアメリカに求め,工事用機械類の重要なものはフーバーダム使用後のものを購入したのである。ただ25トンケーブルクレーンがもう1基必要であり,ボンネビルに移設使用中のものを1年以内に購入する内約としていたが,日中戦争開始のため輸入が不可能となった。

　これらの施工設備機械類は小河内ダムサイトに据付けられ,試運転も行われた。据付け・運転には,米国からの技術者派遣がなかったら難しいといわれていたが,日本技術者のみで行われた。しかし戦争激化により,特に主要材料であるセメントの入手が見込めない状況となり,コンクリート打込み直前にして1943(昭和18)年,小河内ダム建設は中止となったのである。この後,これらの工事用機械類の多くは,海軍の要請により台湾の大甲渓開発事業の中核である達見ダム建設に使用するため,台湾総督府へ譲渡された。しかしその輸送途中,門司埠頭で足止めされたままで終戦となった。戦後,これらの機械類は東京都によって買い戻され,48年に再開となった小河内ダム建設に使用されたのである。

　ところで日本の発電ダムは,38年の塚原ダム竣工後,さらに大橋ダム(吉野川水系堤高74m,堤体積17.2万m³),立岩ダム(太田川水系堤高67m,堤体積13.8万m³)などを完成させたが,43年,堤体積で戦前の国内最大である高さ

第Ⅳ章　戦前のダム技術の導入と自然との調和　　　　　　　271

86 m，堤体積 50.7 万 m³ の三浦ダム（木曽川水系）を完成させた。三浦ダムでは，柱状ブロック工法が採用された。縦継目は，通気竪坑によって温度応力に対処するためであるが，フーバーダムで行われたような冷却水によるパイプクーリングは行われていない。

大陸での水豊ダム，豊満ダムの建設

　一方，大規模なダムによる水力開発が大陸で展開していった。その代表的なものが国際河川鴨緑江の水豊ダム（堤高 106 m，堤体積 327 万 m³）と松花江の豊満ダム（堤高 91 m，堤体積 210 万 m³）である。

　水豊ダムは，日中戦争開始直後の 37 年 9 月に電力開発を目的に着工された[7]。ダムの施工方法としては，硬練りコンクリートによる柱状ブロック方式が採られ，使用セメントは気温の高い時期は中庸熱セメント，低温期は普通のセメントが使用され，特別なクーリングは行われなかった。工事用機械としては，日本のダム技術で初めて電気ショベル，ジブクレーンなどが使用された。ジブクレーン採用にあたり，9 名の技術者が 37 年，アメリカに約 5 カ月間滞在し，フーバーダム，コンクリート打設直後のグランドクーリーダム（堤体積 840 万 m³）などを視察した。当時のアメリカの機械施工を十分調査したのである。これに基づく機械化であり，**表 4－3** にみる機械が導入された。

　これらの工事用機械がどこの国でつくられたのか明らかにする資料をもっていないが，小河内ダム，次に述べる豊満ダムの事例から考えて，かなりのものがアメリカ製であると推測している。なお 1933 年に大学を卒業した坂西徳太郎は，グランドクーリーダムで 2 年間，工事に携わった後，水豊ダム工事に参画した。

　水豊ダムの施工状況をさらに詳しくみると，満州側は西松組，朝鮮側は間組の請負となった。骨材採取には電動ショベルを使い，ダムサイトへの搬入はベルトコンベアー，蒸気機関車，ガソリン機関車によって行われた。骨材のふるい分けは篩分機で行われ，ベルトコンベアーによってコンクリート混合工場（プラント）まで運搬された。使用するセメント量は 75 万トンにも達するので，

表 4-3　水豊ダム主要機械一覧表

名　　称	仕　様	数　量
電動ショベル	1.5 m³	3
機関車	150 t	10
〃	5 t	22
貨車	30 t	105
トロ	1.5 m³	100
ベルトコンベア	900 mm	1式
索道	300 t/h	1式
〃	35 t/h	1式
ウォーセクリーター	28切	4
コンクリートミキサー	28切	12
ジブクレーン	8.5 t	6
コンクリート運搬台車		24
コンクリートバケット	3 m³	68

自家用工場が建設された。コンクリートはウォーセクリーターとミキサーによってつくられた。ウォーセクリーターの使用はフーバーダムで行われてはいず，日本で用いられてきた従来の方法である。練上げたコンクリートは，ホッパーから3 m³入りバケットに充たし，台車に載せてガソリン機関車で運搬された。またコンクリート試験室が造られ，供試体も製作されて強度試験が行われた。1年，3年，10年，25年後の試験を行う予定であった。

コンクリートの打ち込みは，補助としてケーブルクレーン，デレッククレーンを用いたが，主に片側3台，あわせて6台のジブクレーンで行い，その成績は非常に良好であった。締固めは計166台の2人持ちのバイブレーターによって行われた。

豊満ダムは，37年着工された。その工事を指導したのが，九州送電で塚原ダムを担当していた空閑徳平である。彼は，塚原ダムの工事途中の37年5月，満州国政府からの招聘により同国勅任技師となった[8]。その彼が先ず行ったのが3カ月にわたるアメリカ訪問であり，工事中のグランドクーリーダム，フーバーダム，TVA関連のダムなど主要なダムの現地視察を行った。あわせて彼は，ショベル，ミキサー，ディーゼルエンジン，クラッシャー，ロックドリルなどをつくっている多くの機械製造工場を見て回った。このことから，空閑の渡米の目的はダム現場の視察とともに，工事用機械類の購入であったと判断している。

豊満ダムは，コンクリート体積でみるとグランドクーリーダム（1942年竣工），フーバーダムに次いでその規模の大なること世界第3位と称せられてい

第Ⅳ章　戦前のダム技術の導入と自然との調和

図 **4-2**　豊満ダム湖周辺計画図

出典：「松花江堰堤発電工事概況」吉林工程処『満州の技術』No. 134，満州技術協会。

た[9]。吉林市から上流約 25 km の松花江の支川第二松花江に築かれたが，その目的は治水，利水として電力開発（60 万 kw），水田開発（72,000 町歩の開拓），舟運整備（吉林までの大型船の就航），漁業の発達，観光客の誘致である（図 4-2）。工事は直営で行われ，空閑徳平は工程事務処長であった。

導入された施工機械についてみると，ダム基礎工事として表土・砂礫層の掘削には電気および重油機関を動力とするショベル，岩盤の掘削には圧縮空気で動かす削岩機が使用された。コンクリートは硬練りコンクリートが使用されたが，セメント，骨材などの運搬また練混ぜ等のコンクリート生成は機械によって行われ，その設備は世界第 1 を誇ると謳われた。

コンクリートは複々線鉄道により重油機関車で現場に運ばれ，世界最大を誇る大型可動クレーン 8 基によって打設された。締固めには圧搾空気バイブレー

ターが使用された。これらの施工機械のほとんどは，先述したように空閑によってアメリカから購入されたと考えている。このダムが最終的に完成したのは戦後のことである。

(4) 空閑徳平の1937年のアメリカダム視察報告

豊満ダム建設のためにアメリカに派遣されたのは，ダム施工技術のベテラン空閑徳平である。彼は，帰国直後の37年9月17日，大同電力，昭和電力両社の要請のもと，多数の日本のダム技術者の前で講演を行っている。その講演は翌10月，「空閑徳平氏米国に於ける高堰堤視察報告書」として印刷された。当時のダム技術界にとって，彼の報告はアメリカ技術に対する重要な資料となったのである。また大きなインパクトを与えたものと思われるので，彼の報告のなかから興味深い点を引用しながら整理しよう。これにより当時のわが国のダム技術の状況が一層，理解できると考える。

アメリカに行った理由として，次のように豊満ダム建設であることを述べている。

> 私がアメリカに参りましたのは，満州の松花江のダムをやるに付て其の地形なり規模なりがアメリカの工事に大体似ており，アメリカの工事に真似てやらなければ巧くいかないのではないかということに依って，主としてダムを見に行ったのであります。

ダム施工法についてみると，一般論として「ホールダーダム（フーバーダムの旧名）の時分から仕事がまるで変った」こと，その後，「アメリカに於けるダムの施工法は，殆ど同じ」で，「ダムの仕事をするためミキサーはどんなふうにやっているか，或はコンクリートの固さをどのようにしているかということは，どこでも同じ様である」と，指摘する。コンクリートは硬練りが使われ，その配合は正確を期し，自動的に記録できるようになっていて非常に均一なものがつくられている。コンクリートの運搬は，トレッスル上のジブク

レーン等またはケーブルクレーンで行われていて，シュートはほとんど使われていない。締固めにはバイブレーターが使用されている。

さて具体的な現場視察について，フーバーダムとグランドクーリーダムでみてみよう。フーバーダムは，2年前に出来上がり，満々と水を湛えていた。彼が4年前に訪問した時は基礎掘削中であり，2年くらいで約240万 m³ （約40万坪）のコンクリートを打上げたスピードに驚きの声をあげている。あまりの速さに施工が乱暴ではないかと彼は予想していたが，次のように述べ，その出来上がりに感嘆の声を挙げている。

　　二年くらいの間に四十万坪という大仕掛の仕事で，或人から聞いた所に依りますと，随分酷いコンクリートの打ち方をやっているということでしたため，竣工後の成績に就ては相当興味を持っていました。そして或程度の漏水は勿論あるだろうと想像して行きましたが，私の予想に反して非常に立派に出来上がっているのであります。勿論，漏水が全然ない訳ではありませぬが。ドレインからの水は又相当出ております。此の立派にできたという訳は，やはりセメントをいろいろ吟味して，特殊のセメントを使ったということ，凝固熱を取る為に冷却法を講じたことなどが，主な理由じゃないかと思います。

このように，素晴らしい出来上がりは，低熱コンクリートの使用と冷却水を用いたパイプ冷却法による熱除去が効果を発揮したと述べる。だが日本では，まだまだ冷却法は経済的に使用できないと指摘する。なおフーバーダムは完成直後から一般国民に広く開放され，堤体内部の監査廊まで見学することができ，観光名所にもなっていた。

グランドクーリーダムに，空閑は4日程滞在した。このダムは当時，工事中であり，ここの視察が彼の旅行にとって最も大きな目的であった。彼はまず，これまでたくさんの日本の専門技術者がこの現場に長期間滞在して調査していることを述べる。このダムは，日本のダム技術者にとって勉強する現場であったのである。その機械施工状況は，次のようであった。

ここの工法はケーブルクレーンは使いませぬで、トレッスルの上にこういうハンマーヘットクレーンと名付けるクレーンを置き、之でバケットを吊り下すのであります。

(其岩の悪いところに)非常に深い穴を掘り、それに大きな発破を掛けて思切って起し立て丶、それをドラッグラインで掻寄せて、直ぐ側に来ているトラックに載せる。大きな邪魔になる石はブルトーザーという、トラクターに鉄板の付いている機械でグウグウと押して、十切以上ほどの大きな石を瞬く間に片付けてしまう。そして掘鑿の仕上は日本人の真似も出来ないような綿密さで、すっかり浮いた石を起しております。殊に石を起したら、勿論あとは水と圧搾空気を一緒にして徹底的に洗っております。

コンクリートの打ち方は、左右両岸にミキシングプラントを置きまして、夫々四キュービックヤードミキサー四つ、それにバッチャープラント一つ、之を二十四時間打通しで三十日間少しも休まないで仕事をやっている。日本のように時々運転を止めて油を注すというようなことはしない。

コンクリートを運びますのは此のクレーンで、之は、スタンダード・ゲーヂ軌道を三つ跨いでおります。ここにバケツを載せた台車をガソリン機関車が引張って来まして、これに吊上げて現場へ持って行く。

相当慣れないと危険を伴いますけれども、ここを見ているとクレーン、機関車の運転手、合図手バケットに乗ってる人間が全く一体となって実にうまくやっています。

また工事のていねいさについて、例えば「コンクリートを打ち継ぐ時は、砂の入ったモルタルを敷いてコンクリートをやる。その養生がまた実に完全に行われております」と驚いている。さらに散水なら散水だけ、ドレイン継ぎならドレイン継ぎだけで「アメリカでは自分の仕事以外は何もしないのであります」と、その徹底した分業化に驚いている。空閑はまた、基礎岩盤のグラウトの状況について事務所でその結果を示す表をすべて見せてもらっている。アメリカ社会のオープンさが非常によく理解できる。

第Ⅳ章　戦前のダム技術の導入と自然との調和　　　　277

　次に，彼が訪問した機械メーカーについての感想をみてみよう。自社の製品について，値段の高い安いは問題外で質の良さを，「俺の方はこんなに立派な物を作っているのだ。これ位研究しているのだということを見せて，金なんかどうだって宜いじゃあないか，勿論，良い物は高いに決まっているじゃないか，俺の所はこれ位，立派な物を作っているのだ」と，製品の質の面から彼らはPRする。またカーボンやニッケルの含有率を違えて，10種類以上のロックドリルのピストンを準備しているのに驚く。製品の検査を科学的な方法で1本1本ていねいに行っているが，ここまでするのだから，製品は高くなるのは当然と納得している。

　またミキサーについて，日本の製品と質が大きく違っていることに感嘆の声をあげている。日本のミキサーだと，二流以下であったらちょっと仕事をすればドラムを取り替えなくてはならない。一流の会社のミキサーでも，ドラムのスペアーがないと心配だ。ところがアメリカ製品は全く異なる，といって次のように述べるのである。

　　　アメリカでは何万坪或はそれ以上のコンクリートを一台のものでやる。而も昼夜二十四時間打通しで三十日間，それ程酷使したにも拘らず，ボールダー・ダム（フーバーダム）を済ました機械が現在ではパーカー・ダムに行っている。其の使った後を私に買わないかというのであります。それは私を侮辱したのでも何でもない，買わないかと言える程まだ立派なものなのです。ミキサーの如きも三度の勤めもおろか，四度も五度も勤めるかもしれませぬ。そんなに立派なものであります。

　機械力の差について，また次のように述べ，その使い方にも日米の間に大きな差があることを憂いている。

　　　機械の使い方の上手なこと，ドラッグラインや機械ショベルなど使う所を見ますと，まるで自分の手を動かすことゝ変りがないような巧い使い方をしている。あゝいうのは先天的に巧いのか，練習で巧いのか，兎に角アメリカ人は機械に親しみがある。自動車の運転の出来ない人間は先ずない。

日本人全体の平均した機械に対する知識と，アメリカ人のそれとは非常な相違があると思う。これは問題が非常に大きいのですけれども，日本でもモウ少し子供の自分から機械に趣味を持たせるように教育をし，大きくなって自動車の運転位直ぐ出来る，或はちょっと其の辺にある機械は直ぐ分かるという様にならないと，将来機械を使っての戦争の時など西洋人に引けを取りはしないかなどととんだことまで考えさせられました。

仕事場の雰囲気等についても，彼は驚きをもって報告している。物価水準も3～5倍くらいの差があるが，賃金が比較にならないほどアメリカは高く，「君はいくら貰っていると聞かれたが，これが一番決まりが悪い」と述べる。さらに，日本が12時間労働であるのにアメリカは8時間労働で土日曜日が休みであること，昼食時に食堂に行ったが労働者の食事が極めて安いうえに，「私共が東京で食べる以上に御馳走があり，幾らでも食べ放題」のこと，人夫だとか主任だとか役所とか会社とかで差が全くなく，「お互い自分の仕事さえやっていけば皆平等だという考え」でいること，主任，技師長というトップ責任者でも事務所に引っ込み書類を見たり報告を聞いたりしているのではなく，「陣頭に立って，殆ど一日の大部分を現場」に行って，「自分の思う通りを言い付ける。監督するといっても大きな声で怒ったりする所は一遍も聞いたことはない」こと，現場が整頓され，到るところに芝生があって美しいことを指摘している。彼らの働きぶりは次の言葉によく表れているだろう。

非常に無邪気で，又仕事をやり出したら一生懸命にやっている。給料もアメリカ人は非常にたくさん貰っていますが，日本人とはまるで比較にならないような熱心さと真面目さで仕事をしているように思います。

(5) わが国の戦前のダム施工水準

大型土木構造物として代表的なものであるコンクリートダムの戦前の建設について，アメリカ技術と密接な関係をもちながら発展してきたことを述べてき

た。アメリカ技術の導入は2つの時期に大きく分けられる。1つが大正末期，日本で初めて大型コンクリートダムが建設された時期であり，アメリカに調査・研究のため視察に出かけるとともに，アメリカ技術者が来日して指導にあたった。その施工機械の多くはアメリカからの輸入であった。やがて日本技術者が経験を積み重ね自立していくとともに，施工機械も国産されることとなった。

しかしダム技術は，1935（昭和10）年にコンクリート打設を終えたフーバーダムを境に一変した。飯田隆一によると，今日のコンクリートダム設計・施工技術の基礎のほとんどはフーバーダム建設に関連して確立されたといわれるほどで，わが国にも大きな衝撃を与えた。特にこの時期，わが国でも小河内ダム，大陸での水豊ダム，豊満ダムという巨大なダム建設に着手しようとしていた。このため，アメリカに出向き，現地視察や現地実習が行われて新技術の取得が熱心に努められたのである。また大規模工事に見合う施工機械が積極的に導入された。小河内ダムでは，フーバーダムで使用した中古品が購入された。水豊ダム，豊満ダムの工事着手は，盧溝橋事件に端を発した日中戦争が開始された37年であり，日米関係が悪化したこともあって記録としては残されていないが，間違いなくアメリカ製の施工機械が主になって建設は進められたと考えている。

豊満ダムを指導した空閑徳平は，アメリカ各地の代表的なダムのほとんどを視察し，日本の技術界に興味ある報告を行ったのであるが，それに先立つ1年前，アメリカで第2会国際ダム会議が開催されたとき，その会議前後に9種類の学術視察旅行が企てられた。小河内ダム建設所長小野基樹はその内の1つに参加し，22日間にわたってアメリカ全土の興味深いダム施設等を回ってきた（前述）。石井穎一郎はこの視察旅行に途中まで参画したが，彼は大ダム会議の前に行われた視察旅行にも参加していた。石井は，12年前にもアメリカ視察を行っていたが，特にコンクリート工事のすさまじい進歩に驚嘆し，「何時までも模倣ではいけない。オリジナリティーを作り出さなければならない」と，日本の技術界の奮起を促している[10]。

また各地の現場を積極的に見せるアメリカ社会の懐の深さをつくづくと感じさせる。施工技術力には当時，日米間に大きな格差があり，施工機械の主だったものはアメリカから購入しダム建設が進められたのである。このような国に日本は戦争を仕掛けたのである。

【注】
1) 横田周平『国土計画と技術』商工行政社，1944年，53〜56ページ。
2) 『水力技術百年史』水力技術百年史編集委員会，(社) 電力土木技術協会，1992年，241ページ。
3) 同上，182ページ。
4) 石井頴一郎「小牧発電工事報告」『土木学会誌』第18巻第4号，1932年。
5) 小野基樹『アメリカのダム会議と視察旅行』1937年。
6) 東京都水道局『東京都第二水道拡張事業誌』前編，後編，1960年。
7) 久保田豊「鴨緑江水豊堰堤工事概要」『土木学会誌』第25巻第12号，1939年。
  佐藤時彦「鴨緑江水豊堰堤工事概要」『土木学会誌』第30巻第1号，1944年。
8) 空閑徳平『米国に於ける高堰堤視察報告書』電気新報社，1937年。
9) 吉林工程処「松花江堰堤発電工事概況」『満州の技術』No.134，満州技術協会，1940年。
  国務院水力電気建設局「松花江堰堤発電工事概要」『満州技術協会誌』No.97，1937年。
10) 石井頴一郎「第3回世界動力会議並に第2回国際大堰堤会議及視察旅行報告」『土木学会誌』第3号，1937年。

【参考文献】
『水力技術百年史』水力技術百年史編集委員会，(社) 電力土木技術協会，1992年。

第Ⅳ章　戦前のダム技術の導入と自然との調和　　　　281

2　ダム建設と自然景観との調和

(1)　コンクリートダムと風景（自然景観）

　コンクリートダムが堤防・道路等と異なるのは，コンクリートで築くその規模の大きさもさることながら，ほとんど手つかずの自然状態にあった奥深い山中に建設されることである。このため一部からは世界的な景勝地，名勝地の破壊者として強く避難されていた。たとえば登山家として，また山岳詩人として著名であった冠松次郎は，『東京朝日新聞』紙上で，黒部渓谷や尾瀬ヶ原のような世界的な景勝地が水力発電のためにその風景を破壊されることを惜しんだ[1]。

　彼は，優れた自然を保存することは国民として必要なことであって，自然の保存に努めないでは子孫に対して申し訳ないと述べた。さらに彼は，水力発電事業と風景の保存とは全く両立し得ないもので，このできないことをあたかもできるかのごとくに見せようとする手品のような希望意見が国立公園委員会に提出されたが，抗議すると主張した。

　また国立公園の関係者は，水力開発のため国立公園内の大きな滝を眺め，水量は何個で，落差が何尺あるから何千kwの電力が得られるなどという水力事業の輩は，国立公園内に住む猛獣よりもなお恐ろしい猛獣であると評した[2]。1931（昭和6）年，国立公園法が制定されたように，優れた自然景観の保存は，この当時，社会から強い関心を呼んでいたのである。

　これに対してダム建設側からも積極的な反論があり，かなりの激論が戦わされた。事業者側でも風景問題はけっして無視されていなかったのである。ここでは，内務省をはじめとする事業者側が具体的にどのように反論し，対応していったのかを振り返り，実際に行われた興味深いダム事業について述べていく。

(2) 内務省土木局の認識と対応

1939年，内務省にあって河水統制事業を中心になって推進した高橋嘉一郎は，土木協会で行われた河川講習会で講演し，河水統制事業と深くかかわっている灌漑用水，飲用水，発電用水，工業用水，都市河川浄化，流筏，漁業とともに風景を取り上げ，次のような認識を示した[3]。

至るところ山紫水明である日本では，風致景観の課題は大問題である。特に風光明媚のなかでも特別の地域が指定されている国立公園の区域では厳しい規制が敷かれ，一木一草といえどもゆるがせにできない。橋をかけるにも殺風景のものでは認めてもらえない。実際に日本電力は苦心惨憺していて，その対応を考慮して建設した黒部川の猫又発電所は，遠くから見るとまるでホテルのようだ。実際，ダムなどを造らず，そのまま保存しておきたいと思われる風景がある。しかし産業開発もまた重要で，「天然資源のプーアな恵まれない日本」にとって「産業の発展のためにはある程度の犠牲はやむを得」ないと思う。ダム建設と風景の間には調和点があると思う。今後，「最も問題となるのは中部山岳，吉野熊野，十和田，阿寒などであろう。是等は充分風致上の調和において計画されねばならぬ」。

内務省から要求されていた河水統制調査が，逓信省，農林省との間で妥協がなり，調査費が認められたのは37年である。この時，開発可能性のために調査された項目は次の7点である。
① 雨量，水位ならびに流量に関する事項
② 流域内の地形・地質・水源山地の現況に関する事項
③ 水害ならびに治水に関する事項
④ 上下水道・農業用排水・発電・工業用水・浄化用水・水運等，河水利用の現況に関する事項
⑤ 風致景観に関する事項

第Ⅳ章　戦前のダム技術の導入と自然との調和　　　　　283

⑥　その他河川湖沼等の現況に関する事項
⑦　将来の河水利用見込みに関する事項

　このように，河川の流量に関する事項，ダム地点の地形・地質に関する事項，河川の利用状況等に関する事項とともに，風景についてもしっかりと調査することになっていたのである[4]。

（3）　知識人・技術者たちの認識と反論

　1928（昭和3）年から41年まで内務省当局の後援のもとで発行され，実質上，内務省土木局河川課によって編集ないし監修されていた「水利と土木」に，ダムを中心とした土木事業と風景の問題が何回か取り上げられた。雑誌の性格上，すべて事業を推進する側からの発言であるが，5人の知識人・技術者たちの認識及び主張をみていこう。

青柳有美の認識および主張[5]

　青柳は文芸・社会評論家であって，明治30年代初めには『恋愛文学』を出版して発禁処分となり，1902（明治35）年には，『美魔哲学』，『有美臭』を書き，明治の終わりには『中学罵倒論』を刊行している。権威にとらわれない自由人であって，世論に強く影響を与えた人物とは思われないが，彼の見識を内務省土木局が『水利と土木』に掲載したこと，あるいは執筆を依頼したところに，この課題についての内務省土木局の考えをみることができる。
　さて青柳は，近代技術による風景の創造を積極的に高く評価し，「今日の時代に於ては，大自然の美は決して土木工事によって傷われず，寧ろ却って之により発揮せらるるのである」と，土木事業による自然美の一層の発展を主張している。彼の自然美についての基本認識をみると，自然美はもともと自然力による破壊の産物であり，その破壊当時は醜であったのだが，「時間」の祝福で美になったのだととらえる。たとえば「奇巌怪石」も，「時間」の祝福を受けて年功を経てこそ漸く美しくなって見えもすれ，「チョッピリと石や岩が凹ん

写真 4-2　恵那峡

だぐらいでは，面白くも可笑しくも無い。勿論何の風趣も認め得られぬ」と述べる。

　自然美はこのように破壊と時間によって形成され，森羅万象は永遠の時間において無限の破壊を免れざるを得ないものだと認識する。このため，人工による破壊を特別のことだとは考えない。大地震や地殻変動等の自然力による破壊は，人工に比べてはるかに規模が大きく，また，それが美しくなるまでには多大の歳月を要す。これに比べ，人工の破壊は規模はきわめて小さいが，それ故，短歳月の間に人工的に美しくすることができ，さらにその上に「時間」の祝福を受けたら一層美しくできると考える。つまり人工による積極的な美の創造を主張するのである。

　ところが機械文化に馴れなかった当初は，自然を征服することのみ熱心となり，美については何の注意を払わず，自然美が機械文化により破壊されて醜くなったままに放置されてきた。そして，「ラスキンやウヰリアム・モーリスの如き耽美論者が現れてきて，その審美的見地より，近代文化を詛うに至ったのは，全く其の反動である」と考える。だが近来は機械文化に馴れてきて，「若し自然美を破壊するやうなことを敢てすれば，直ちに他の一方に於て之を修復し，自然をしてその自然美破壊以前にも優った美を発揮せしむるような法を講

じている」と，技術による美の代償，あるいは建設以前にも増して一段と美が発揮されることを主張する。その具体的事例として，次のようにいろいろとあげている。

　宇治川電気株式会社による宇治橋付近の発電所は，建設前には宇治の自然美を傷つけると随分反対論があったが，「設計その宜しきを得たる上に『時間』の祝福も加って今日では宇治の風向に一段の興趣を添」えている。大同電力株式会社による大井ダムは，その湛水によって恵那峡と称せられる一大新景勝地を木曽川に出現させ，寝覚の床をも凌ぐ木曽の名称となった（**前掲写真4-2**）。煙を吐いて走る汽車についても，東海道線の興津付近で見れば一方に富士山，反対側に白い水沫を飛ばしている海洋があって，何ともいい得ない美しさをもっている。特高圧の送電線にしても，その初期は無茶苦茶な形態・地点に鉄塔が立てられ，非難を受けたが，今では「綺麗に列を作って建設せられ，それに網の手の如く送電線が架設されているのを観ると，如何に美しく，自然美を傷くるどころか，殺風景の畑地までが，鉄塔や送電線の御蔭で，之まで，隠れて顕れなかった自然美を発揚するに至って」いる。

　このように，近代技術による美の創造を積極的に謳いあげるのである。さらに「美が其の具体的の姿を顕そうとするや，今日の機械文化をその現顕の道具に使っているのだ」と，近代技術を積極的に評価し，大西洋航路における6万トンのアキタニア，施盤が幾つともなく整然と並んでいる工場を機械文化の時代の美だと評価する。この2つの美は，技術者が積極的に美を造り出そうとしたのではないが，技術者が自然と調和するよう努力していることについて，再度「現に，米国ペンシルヴェーニア州巨電力調査委員会の如きは，発電所並に送電線の設計をなすに当り，米国建築技師協会から，風致との関係に就ての意見を求めたほどだ」と述べ，技術者の努力を高く評価するのである。

　なお，青柳は，中央線が飯田橋から神田に延びるとき，茗渓の自然美を破壊するものだとして，姉崎文学博士たちによって反対論が展開されたことを指摘している。

霞酔樓の認識と主張[6]

　著者名は筆名と思われるが,「最近,自然美を破壊するものとして非難の的になっている」水力電気開発について,2つの理由で積極的に擁護している。
　1つは,自然美を損なっている他の行為との比較である。中禅寺湖が古河によって開発の計画が進められていたが,それに反対する人々について,同時代の我々及び子孫の「共同に所有するところのものを保存するだけの義務を持っているのだから」反対しても何の不思議もないと述べる。しかしこれらの人々が古河の計画に強く反対しながら,他の行為に無関心なことにいらだっている。古河の影響は未知数であるが,現実に日光の自然美を破壊しているのは湖畔,森林中に建築された俗悪な旅館や土産物店などの建物,男体山の崩壊ではないのかと述べ,憤るのである。
　他の1つの理由は,水力発電事業によって,一般の人々が容易に立ち入れない奥地に道路が開削され,軌道が整備されたことの積極的評価である。具体的事例として黒部の渓谷が一躍にして天下の絶景となり,世界的雄谷と銘打たれたのは,これらの道路,軌道を使って一般の人が行けるようになり,それによって広く知られるようになったからでないかと主張する。そして黒部がだんだん有名になり,それに伴って電力会社の発電計画が非難されるに至ったと指摘する。それはおかしいではないか,自然のままの姿を保存したいことはわかるが,それだったら少数のものしか接近できないのではないかと,次のように述べる。

　　　今や黒部に於ける電力会社は非難の的になっている。しかし,この避難に鑑みて,電力会社が工事を中止したら,黒部の奥は果たして何人が開発しよう。原始の姿は保存さるるかも知れないが,これに接して絶勝を賞し得る黒部となすか,または万人の黒部となすか。冒険家でない私はむろん後者をとる。

　なお筆者霞酔樓について,文体およびその内容からして,後で検討する内務省事務官安田正鷹ではないかと推測している。

太刀川平治の認識と主張[7]

　太刀川は，水力発電を推進する電力会社の立場から主張する。動力は国家の最重要資源の1つであり，わが国では豊富な水力資源の開発が世界列強の間に伍していく重要な課題であることについて具体的な開発地点をあげ，そこでの開発電力量を算出して力説する。開発地点のなかでは，只見川の上流にある尾瀬ヶ原が優れていることを指摘し，中禅寺湖におおよそ等しい大貯水池を建設して発電に利用する尾瀬ヶ原貯水計画があることを紹介する。さらに石炭がもっている熱量と比較し，水力発電の有利さを示して，貯水池による発電は洪水として無益に放流されていたものを利用するので，廃物利用，資源保存の立場から推進すべきだと主張する。

　さて風景との関係であるが，「素より風景は国宝であって一朝一夕に獲べからず，また金銭に換へ難きものである。従って人工的施設によりて天然美を破壊するは許すべからずものである」と，一般論として風景の重要さを指摘する。しかしこの考えを世間は余りにも極端に適用あるいは濫用して，発電所，貯水池の建設に反対するのははなはだ遺憾であると述べる。そして土木構造物と風景との調和について，工事の設計，施工によって十分調和することを主張するのである。

　また人工的施設による風景の変化に対して，「風景に変化があったとしても，それが単に風景破壊に終わらざる限りはその変化は一概にこれを排斥すべきものでない事は当然である」と述べ，渓流が山湖に変わっても風景の改善になるべきものもあろうと主張する。風景の変化の具体的事例として，上高地にある大正池を取り上げ，大正池は焼ヶ岳の爆発による崩壊土砂によって堰き止められて出現し，新味の風景を添えて，今ではこの池を呪う人はなくなるとともに，発電のための貯水池として利用されていることを指摘する。つまり，以前，梓川流域での発電事業に対して風景破壊だとの反対があったが，自然によって生まれた貯水池が同様に発電，風景面から調和しているのではないかというのである。なお，自然にできた湖沼に関しては，磐梯山の崩壊によってできた檜原湖等も取り上げ，これらの湖は実に天下の絶景であると賞賛するとともに，発

電貯水池として有効に利用されていることを紹介するのである。
　太刀川はこれに引き続いて，計画されている尾瀬ヶ原貯水池も中禅寺湖と同様の美をつくり出し，山緑水明の風向を全うすることができるのではないかと次のように述べる。

　　　　尾瀬原貯水計画は現状維持には反するけれども，人工的施設に依りて尾瀬原前身の大湖を復興し，同時にはその溢水を無益に或は前記の如く風景自殺的有害行為の下に放流せしむる事なく，国利風景二つながら維持して行くべき良法に該当するのである。

　また発電に利用するための貯水池水位の変動について，極めて緩慢であるとともに低下の時期は厳冬渇水の時期で，積雪もあって風景には何ら影響せず，遊覧者の来る頃は水位は回復していることを指摘している。なお風景ではないが天然記念物保存についても述べ，たとえ高山植物生育地を失っても他に同様の場所があれば国家の大損害ではないと指摘する。
　さらに尾瀬ヶ原特産の種については他を探索したら見つかるかも知れず，たとえ発見できなくても培養して保護するという手段があることを述べ，「何れにしても高山植物に関する懸念は格別重大視するに足らざるものと信ずるのである」と結んでいる。

安田正鷹の認識と主張[8]
　内務省土木局河川課の事務官であり，河水統制事業を熱心に推進していた立場から，水力発電事業を擁護している。風景については，人工の少しも加わらないものもいいし，皆それぞれ得失なり趣があって異なる美しさがあると認識している。そして両者の調和について見事に成功した事例として，以下のものをあげている。
　厳島の翠巒と厳島神社の丹塗の大鳥居。京都の東山と五重塔。木曽川を望む小山とその上の犬山城の天守閣。松島と五大堂。野尻湖の湖面と山腹の外人の別荘。ライン河とその岸にそびえ立つ古城砦の建物。

これらは，建物があることによって風景を一層印象ならしめ，美を添えていると評価する。つまり自然に何ものかを付加することによって，自然の美を一層発揮することもあり得ると指摘するのである。さてそこで水力発電事業はどうか。

水力発電事業が自然の河川にダムを建設し，水路，道路を設けたり，また河川を枯渇せしめるので自然美の破壊者であることを否定しない。しかし近代科学の粋を集めた大井，小牧の2つの高コンクリートダムは，構成美を遺憾なく発揮して美しいと，建造物自体を高く評価する。また近代になって建設された瀬田川洗堰，瀬田川橋，信濃川の大河津分水の自在堰を取り上げ，周囲の自然と調和していると評価するのである。さらに黒部川の水力発電施設に対し，周囲の緑と調和して恍惚たる美しさがあり，「発電所の赤い煉瓦や白いコンクリートの建物は，吾が国の渓谷美を構成し特徴づける一つの存在になってしまった」と述べて，高く評価するのである。

さらに日本に2つとない尾瀬ヶ原や，日本一の名勝と評価されている黒部の中廊下については次のように考えた。日本のような天然資源の乏しい国において，天与の資源を利用しないで景勝地として眺めていた方がよいのか，それとも少しは景勝を損するかもしれないが，これを我慢して国民経済に利した方がよいだろうか。尾瀬ヶ原の場合，一部を貯水池として利用し，一部を保存することが不可能でないだろう。

つまり両者の両立を主張したのである。ただし両者が全く両立しがたい場合があったらそのいずれをとるかについては，「国家としても余程考へて見なければならない問題で，簡単に解決の出来ない問題であらうと思われる」と結論した。

さて彼は，一般の人々が容易に立ち入れない奥地の水力発電による開発について，積極的な意味を見出している。それは，水力事業に伴う道路の開削，軌道の整備によって，人跡未踏といってもよい奥地に登山家以外の一般の人々が行け，「天下の逸品」，「自然の傑作」などを探勝できることになったのを高く評価するのである。この評価は，先述した霞醉樓と同様であるが，「ある程度

まで自然美の損傷は免れないにしてもその侵入を認むべき」立場で，奥地の水力発電事業を評価するのである。なおその前提には，水力開発事業以外での奥地での道路の設置は財政的に困難だとの認識がある。

最後に，俗悪な建物，山林の濫伐，観光客のゴミのまき散らし等を述べ，「水力発電事業のみが自然美の破壊者でないことだけはあくまでも記憶して貰はねばならぬ」と結んでいる。

大畑英治の認識と主張[9]

大畑は，大同電力に属する自らの立場から，水力発電と風景等を楽しむ観光との両立について，相互扶助の協調精神の下に可能であることを主張した。なお日本の風景について，水の介在，水の作用が「観光力」を増大し，価値づけていると述べ，水が重要な役割を担っていることを指摘している。

この当時，水力開発が日本の動力資源として著しく進められているが，風景保存の面からの反対もあって，長期の年月と人件費等の冗費を消費していると大畑は認識する。これは国家経済上，由々しきことであるが，しかし両者が相互扶助の協調精神で行えば，案外円滑に進むのではないかと指摘するのである。その具体的事例として，大同電力の木曽川大井川発電所を取り上げ，次のように述べる。昔は早瀬の渓谷美であったが，ダムの築造によって恵那峡の湛水美を醸し出している。昔と今とどちらがよいのかは主観の問題であるが，一般探勝者の不平をまだ聞いたことがない。

このように両者の調和について自負するのであるが，しかし「水力発電事業は経済事情を基調とせねばならぬものではあるが，其の事業遂行に当り余りにも事務的頭脳の尖鋭化した事であろう」と，水力発電側にも協調精神の欠如があったことを反省している。このため水力発電と風景との調和に極力努力することは当然だとし，次のような具体的対応を述べている。

植林またはトンネルにより，構造物を表面に出させない。発電所の露出が不可というなら，半分くらいは掘削して露出部分を少なくする。建物の色彩も風景と調和させる。送電線は目につかぬようにする。貯水池の水位は観光時期に

は満水するよう努める。ダムのゲートから幾分でも放水し風光を添える。

自然と調和した積極的な風景創造について具体的に指摘するのであるが、さらにこのことについて風景その他の専門家の指導を受けることを表明している。なお日本の観光について、この当時、日本をあげて全世界に呼びかけているが、水力資源開発によって景勝地域が発見されたり、探勝する際に便益を与えたことを主張した。彼もまた、観光に対して水力事業が役立ってきたことを主張するのである。

(4) 具体的水利開発にみる自然との調和

事業者側から、奥地でのダム建設は風景を破壊するものではけっしてないことがかなり熱心に主張されている。それはまた、ダムによる自然破壊反対の主張が当時の社会のなかで一定の力をもっていたことを示すものであろう。事実、大正末期、神奈川県で芦ノ湖から引水し、発電とあわせて湘南地方の飲料水に利用する計画がたてられたが、水利権の問題とともに風景上適当でないとの理由で見送られた[10]。

土木構造物と風景とのかかわりについて、このようにかなり高い水準の議論がなされ、周辺と調和した風景を積極的に創造していくという姿勢が強くうかがわれる。さらに1939（昭和14）年から神奈川県で事業に着手された相模川河水統制事業では、貯水池建設による観光資源の開発が期待された。本事業は、発電と京浜工業地帯への都市用水の確保が目的であったが、横山神奈川県土木部長は次のように述べ、昭和恐慌により疲弊を極めた相模川上流地域の、人造湖をもととした観光客誘致による更正を主張したのである[11]。

　　本事業の実施によりて生ずる新湖水により、県北の三都の近郊新遊覧地として付近多摩御陵、高尾山或は丹沢山塊と共に、四時遊覧客激増し今日の疲弊から更生するであろう。

新たにできるダム湖の魅力が資源となることが強調されているが、さらにダ

ム建設と風景との調和についての事例として2つ取り上げ，その具体的状況を述べていく。1つが識者によって度々取り上げられた黒部川の開発であり，もう1つが十和田湖開発である。

黒部川水系の開発と自然保護（図4-3）

北アルプスと称せられる飛騨山脈の立山連峰と後立山連峰に挟まれた深い峡谷の底を黒部川は流れている。源流の標高は3,000m近く，流路全長86kmの黒部川の河道の平均勾配は1/40ときつく，そのかなりが特に急峻な山岳地帯を貫流している。またその流域内の降水量は年平均3,800mmに達し，冬期の積雪量が非常に大なこともあって渇水期の流量も大きい。このため水力発電にとっては極めて魅力のある河川である。

しかしこの黒部峡谷は日本一深いと称せられ，両岸には断崖絶壁が続く山また山で，規模の大きい滝が連続し，半年間にもわたる長くしかも深い積雪もあって，人々を容易に近づけさせなかった。また近世の藩政時代は入山が厳しく制限され，「奥山廻り役」という山林監視の役目をもった藩役人しか入山できず，まさに人跡未踏の秘境であった。明治になって開放されたが，入山する者はわずかに樵と猟師，魚とり，湯治客にすぎなかった。

だが大正年間に入ると，人を容易に寄せつけなかったこの険しい峡谷部も水力発電から注目され，調査が開始された。1919 (大正8) 年には，開発された水力をもとにしてアルミニウム製造を行おうとする東洋アルミニウム株式会社が設立され，翌年，5地点の水利権が許可された。この会社は，第1次世界大戦後の不況で行き詰まったため，22年，水力開発は日本電力株式会社に委ねられた。これ以降，日本電力によって黒部峡谷の開発は進められていくのである。

黒部峡谷における水力発電の第1号は柳河原発電所（最大出力54,000kw）で，27年11月，運転を開始した。しかしここに到るまでの労苦は並大抵のものではなかった。人跡未踏の地での資材運搬路の整備から始めねばならなかったのである。このため先ず，東洋アルミニウム株式会社の時代，省線三日市（現・

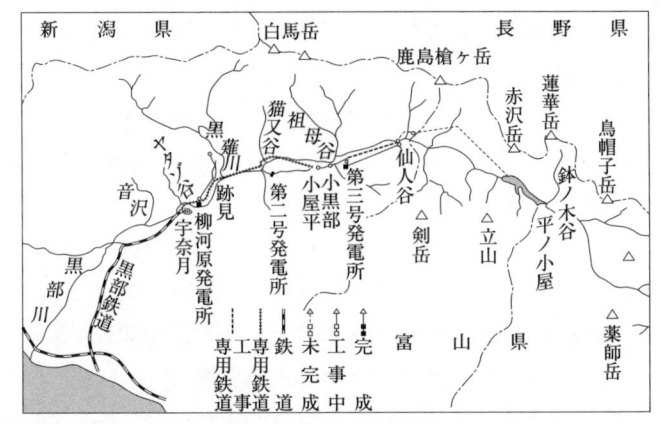

第Ⅳ章　戦前のダム技術の導入と自然との調和　　　　　　　293

図 4-3　戦前の黒部川発電開発概況図

出典：斎藤孝二郎「黒部川第三号発電工事余録」『水力』第2巻第1号，1939年。

JR 黒部駅）から宇奈月に到る約 41 km の黒部鉄道敷設から始まった。

　この工事は，別会社として設立された黒部鉄道によって進められ，23 年 12 月に開通して水力開発のための前進基地が設立された。宇奈月の街であるが，それまで宇奈月という地名はなく，鉄道の開通によって初めて設立をみた街並みである。さらにその周辺の古い温泉を買収して傍系の黒部温泉株式会社が設立され，宇奈月に温泉湯を引っ張ってきて宇奈月温泉の誕生をみたのである。またこの黒部鉄道は，建設費が低廉で施工も容易な専用鉄道ではなく，一般客が利用する地方鉄道として建設された。このため収支が赤字となることはわかりきったことであったが，「発電工事の遂行と共に，千古の秘を蔵した黒部峡谷の景勝を世上に紹介することの有意義なるを考慮した先覚の英断に外ならなかった」と，後の 39 年，日本電力の土木部長は述べている[12]。

　さて宇奈月から，上流のダムによる取水地点猫又までの 12 km に，屹立した岸壁沿いに専用鉄道が築造された。だがこの工事は言語を絶する辛苦のもとに行われた。大雪崩によって宿泊所が襲われ，30 数名の犠牲者が出たのもこの工事中であった。25 年末にやっとのことで完成をみたが，この専用鉄道は一般の観光客にも開放され，黒部の秘境は世上に広く紹介されていったのであ

る。

　柳河原発電所の完成後，第2発電所に着手したのは昭和恐慌が本格的な立ち直りを見せた33年である。小屋平にダムを築造し，ここから取水して猫又に発電所を設置するものであり，資材運搬のための専用鉄道は2年前に開通していた。しかしこの発電計画に対して，冠松次郎を中心に景勝の保存を主張する人たちから強い反対運動が展開されたのである。

　1931（昭和6）年，国立公園法が制定されたが，黒部峡谷を含む北アルプス一円を区域とする中部山岳が国立公園に指定されたのは34年12月である。だが黒部峡谷では国立公園法が制定される前から，国立公園協会等に属する人たちにより，黒部峡谷の自然を残せ，そのままの景勝を保存しろと水力開発に異議が唱えられたのである。これに対し，開発推進側からも積極的な反論が展開され，次のような主張がなされた[13]。

　人を寄せつけなかった黒部峡谷を天下の絶景，世界的幽谷として世間に紹介したのは少数の登山家，探検家たちの力も否定しないが，水力開発による鉄道・軌道整備によって，一般の人たちが容易に近づけるようになったからではないか。軌道が敷設されるまで国有林の林道を徒歩で入山する探勝者は年2,000～3,000人であったが，軌道の整備によって2万人を超えた。これによってここの景勝価値が世に出，一般に認められるようになったのではないか。少数の冒険家たちが満足するよりも多くの一般の人たちが「天下の逸品」，「自然の傑作」を探勝するのが本来的ではないか。民衆的探勝地として整備し，普通の人たちの接近を図るべきである。そのためには軌道，道路の整備を行わなければならないが，その建設，維持に驚くほどの費用を要す。貧乏国の日本であるので，水力開発の付帯工事として整備するのが最も賢明な方法である。また風景美にとっても，ダムの設置による人工的湖水の出現は激しい水流の連続している地域に強いアクセントを与え，また奇抜な山容の影を浸して，さらに新しい魅力を付け加えてくれるのではないか。

　この認識のもと，日本電力は工作物と自然風景との調和を積極的に推進していったのである。建築家・山口文象がダム，橋梁，電柱等の施設の外観面の設

第Ⅳ章　戦前のダム技術の導入と自然との調和　　　　　295

写真 **4-3**　黒部川第二号堰塚（小屋平ダム）

提供：関西電力株式会社．

計の指導にあたった（**写真 4 - 3**）が，そのデザイン設計には，機能，強度，安全度，経済性等との調整という難題があった。山口の苦労について，事業者である日本電力株式会社土木部長は「美観の為に夫々の機能，強度，安定度，経済性等を犠牲にする訳にもゆかず，どうしても先ず機能，強度，安定度が第一で，これを 100％ 満足したものに対して手入れをして美観・風致との調和を計らなければならないので，設計者として山口文象君もまだ意に満たぬ点は恐らく多々ある事であろうと思う。（略）設計者の案が吾々工事者の止むを得ざる我儘で多分に変更取捨せられている点を御了察願いたい」と述べている[14]。

風景との調和をできる限り考慮して，第 2 号発電工事は 36 年 9 月完成したのである。この完成に先立ち，第 3 号発電工事に着手していたが，その取水ダム地点は，奇勝地「十字峡」保存のため当初の計画を変更して定められた。

奥入瀬川河水統制事業（図 4 - 4）

名勝地として著名な十和田湖と，そこからのただ 1 つの流出河川・奥入瀬川で，水力発電と国営開墾事業を目的にして 1937（昭和 12）年から奥入瀬川河水統制事業が着手された。その事業概要は奥入瀬川流出口の子ノ口に調節水門

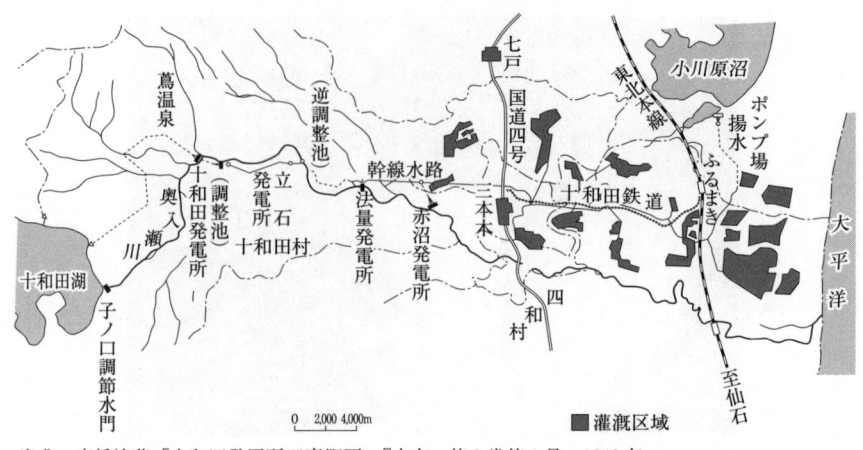

図 4-4　戦前の屋入瀬川河水統制計画

出典：高橋清蔵「十和田発電所工事概要」『水力』第3巻第1号，1940年。

を設け，十和田湖の水面を貯水池として利用し，別に導水トンネルを設置して発電[15]，灌漑に利用するものである。十和田湖の流域面積は 126 km^2，十和田湖面積は 59 km^2，利用水深は 3 尺 5 寸 5 分（1.076 m）で貯水容量は 6,400 万 m^3 である。新たに計画された開墾地は深持団地，三本木原，木ノ下平の原野 2,500 町歩である。これに加え，既開発されている水田 2,214 町歩の灌漑補給をするものである。

しかし十和田湖は，36 年 2 月に指定された十和田国立公園の中核に位置し，開発と風景との調和が大きな課題となったのである。この点で特に興味深いことは，十和田湖・奥入瀬川で地域住民が風景を守ってきたという歴史をもっていたことである。先ずそれからみていこう[16]。

1896（明治 29）年に小坂鉱業を経営していた藤田組が，また 1909 年には久原房之助，さらに 16 年には他の企業が子ノ口から導水する発電計画をたてた。しかし風景を破壊するものとして地元から激しい反対運動が行われ，経済の不況も相俟って事業は中止となった。

大正末年には，今度は三本木原の開墾を十和田湖の水を利用して進めようとの計画が起こり，三本木原国営開墾の調査が農林省によって行われ，27 年，

三本木原は国営開墾の予定地となったのである。奥入瀬川の水を利用した三本木原の開墾は，既に近世の安政年間，新渡戸伝，十次郎父子によって行われていた。1,412間（約2,800m），900間（約1,600m）の2つのトンネルを含む導水路が，4年9カ月の辛苦の末完成し，三本木原に奥入瀬川の水が導かれたのは1859（安政6）年のことであった。これをさらに規模を大きくして行おうとしたのである。

これに対し強い反対運動が展開された。その一環として県下の市町村長から内務大臣，農林大臣，知事，史蹟名勝天然記念物保存会長，国立公園協会長に反対の陳情書が送付されたが，これに基づいて十和田湖の風景保存と開発について考えていく[17]。なお十和田湖および奥入瀬川の最上流部奥入瀬渓流は，28年4月，名勝および天然記念物として指定されていた。

先ず「開墾事業及び其他ノ経済的利用のために，景勝地を破壊せしめ噛臍の悔を後世に遺したる実例，各国共に頗る多し」と一般論を述べ，「（十和田）湖に不自然なる貯水工事を施工して之を使用するか，或は必要期間湖面を現状より低下せしめ，之に依って得たる流水を以て（三本木）平原に水田を開拓せんとするものなるに於ては，これ十和田湖の風景に致命的危害を加ふるものにして，国宝的景勝地の死活浮沈に関する重大問題なる」と，十和田湖の水位変動が国宝的景勝地に重大な影響を及ぼすと指摘する。4,000町歩内外の開墾適地は他にあるのに対し，一方，十和田湖の景勝は世界的価値を有するものである。「十和田湖一帯の地域中の天然記念物は学会の至宝にして，其風景は世界的価値を有するものあり。一度之を破壊せんか，永久に今日の景観を再現し得さるに至らん」と，十和田湖の保全の重要性を主張するのである。つまり次のような認識であった。

　　十和田国有林及一帯の山岳中には世界的稀有の火山湖あり。比類なき濶葉樹の大原始林あり，高山植物の大群落あり。何れも天然記念物として世界的価値を有するものなり。是等貴重なる天然物を厳正に保存して学術社会の研究資料に供し，併せて此大原始郷を国家民衆の保健休養の地として，或は又社会教化民衆清遊の機関として利用するは，幾億の物質的収益にも

換ひ難き無限の価値あるものなり。

また「単に経済的利用の方向よりのみ観察に依るも，景勝地を保存し之を資源とする観光客の誘致に依って得るの収益は，其他の如何なる経済的利用も決して劣るものにあらず」と，観光客による経済的利益をも主張する。この観光客の誘致のため，31年度に行われた失業救済事業によって青森から八甲田を越して十和田湖に達する青森・休屋線と三本木・休屋線，津軽方面から十和田湖に達する黒石・三本木線で県道工事が行われ，自動車交通が可能となっていた。

なお，当時の食糧問題の重要性は十分認識し，三本木平原の水田開発をどうでも行おうとするならば，地下水の利用か，「自然に十和田湖より流下する河水を奥入瀬渓流の風致に影響なき適当の地に冬期間貯水し置きて，春夏期間に利用する等の方法なきにあらず」と十和田湖，奥入瀬渓流に全く影響を及ぼさない方法を提案する。そして最後に，「希くは，十和田湖及湖面の山麓及奥入瀬渓谷中子の口より惣部に至る約二里半の間をば，将来永久神仙の境として，俗手を加ふるを厳避し，開墾及発電水力等の如き俗事業に利用する事は，設計及施工の如何を問はず絶対に禁止し」と，十和田湖面と奥入瀬川最上流部奥入瀬渓流には絶対に手をつけるなと要望したのである。この奥入瀬渓流は，大町桂月が次のように絶賛した地域である[18]。

> 十和田湖の水一決して奥入瀬川となり，焼山に至るまで三里半の渓流の勝景は，天を蓋ふ老樹と十余条の瀑布を背景として実に天下無双なり。十和田湖が山湖として天下に冠絶すると共に，奥入瀬川は渓流として天下に秀絶す。奥入瀬川を観て始めて渓流の美を賞すべきなり。

このような十和田湖，奥入瀬渓流の風景の保存を熱望する地元と調整を図りながら，奥入瀬川河水統制計画は樹立された。その計画骨子は次のようであった[19]。十和田湖の利用水深は，その風景に影響を与えない標高400.575mと399.499mの間の水位幅1.067m（3尺5寸5分）とする。奥入瀬川の景勝を考

慮して，風景上必要なる以下のような流量を常に流す。

自	至	昼間放水量(毎秒)	夜間放水量(毎秒)
1月 1日	4月20日	10 立方尺 (0.278 m³)	10 立方尺 (0.278 m³)
4 21	5 10	50 〃 (1.391 m³)	〃　　　〃
5 11	11 15	200 〃 (5.565 m³)	〃　　　〃
11 16	11 30	50 〃 (1.391 m³)	〃　　　〃
12 1	12 31	10 〃 (0.278 m³)	〃　　　〃

　また1934年の大出水の時，奥入瀬渓流では河岸が崩壊し，樹木は流出し，その趣が失われてしまった。このため毎秒380立方尺（10.6 m³/s）以上の水は奥入瀬川に流さない。十和田湖からトンネルで引水し発電するが，その発電所の位置は約12 kmの奥入瀬渓流の下流にもっていき，奥入瀬渓流は保存する。名勝「三乱ノ流」に洪水時の背水が影響を与えないよう，取水ダムの高さを定める。

　以上のような方針で，景勝地の保存と河川開発の調和を図ったのである。さらに国立公園内での事業なので「工事に因りて生ずる土砂の捨場を定め，相当設備を為し，切取盛土面の保護に関しては土砂流出の虞なき様，法覆工及法留工を施し，尚国立公園区域内に設くる土砂の捨場は人目に触れしめざるは勿論，渓流を汚濁することなき厳重なる工法とし，之に要する費用を実施設計書に計上すべし」と，工事中の環境保全に注意が払おうとした。事実，十和田湖観光道路沿いに建設された合宿所等は，観光客に不快を感じさせないよう充分考慮されたという[20]。

　さて発電事業は，国策会社東北振興電力によって37年に着手された。先ず立石発電所が39年完成して運転を開始したが，その建物は瀟洒な建築物である（**写真4-4**）。十和田湖からのトンネルによる取水地点は，周辺から見えない所に設置され，その導水を動力源とした十和田発電所が完成したのは，43年12月である。戦後になっても電力事業は継続され，52年，立石発電所増設，55年には法量発電所が運転開始した。なお戦前，計画されていた赤沼発電所は建設されなかった。

　一方，灌漑事業についてみると，新田開発2,500町歩のうち，木の下平地区

写真 4-4　立石発電所

1,100 町歩は小川原湖，柿沼湖からポンプ取水する計画であった。しかしこの計画は 41 年 11 月に変更され，小川原湖等からのポンプ取水は中止されて十和田湖を利用することとなった。その代償として蔦川他，間接流域 10 河川からの水を十和田湖へ逆圧送して利用水深を 5 尺 5 寸（1.677 m）とする計画がたてられた。元の計画に比べて 0.591 m ほど，利用水深が増大する計画となったのであるが，この水深までの利用の指示が電力会社に行われたのは，戦争後半の 44 年 4 月である。なお十和田湖への逆圧送は，蔦発電所の築造と合わせ 61 年に完成している。

　三本木国営事業として行われた三本木原の開墾事業についてみると，43 年，農地開発営団に引き継がれた後，戦後の 46 年，国営三本木開拓建設事務所により緊急開拓事業として進められていった。

　このように，風景と開発の調和を求めて河水統制計画が戦前に樹立され，事業は進められたのであるが，現在はどのようになっているのだろうか。十和田湖の利用水深は当初，3 尺 5 寸 5 分と定められたが，その後，電力不足を補うため 5 尺 5 寸への変更となった。しかし，その後，改訂は行われていない。昭和 20 年代には，地域開発の重要なエネルギー源として利用水深をさらに大きくしようとする構想が何度か打ち出された。1954（昭和 29）年，青森県はさ

らに 70 cm 緩和する「十和田電源開発計画」を策定した。しかし実現には到らなかった。

　子ノ口調整水門から奥入瀬川への放流量についても，現在，戦前の基本的な方針は踏襲されている。途中，夜間放流の中止などであったが，4月21日から11月10日の観光の季節，時期と放流量の若干の変更はあるが，戦前の計画を原則とし放流されている。また湖面の利用水位高が各時期，綿密に定められ，きめの細かい放流計画となっている。戦前の計画は基本的に踏襲され，現在も生きているのである。

【注】
1) 安田正鷹「自然美と水力発電事業」『水利と土木』第7巻第11号，1934年。
2) 前掲書1)。
3) 高橋嘉一郎「河水統制」『第二・三回河川講習会後援会』土木協会，1939年，23～38ページ。
4) 安田正鷹『河水統制事業』常磐書房，1938年，289～300ページ。
5) 青柳有美「土木工事と風致問題」『水利と土木』第1巻第4号，1928年。
6) 霞酔樓「自然美と電気事業」『水利と土木』第3巻第2号，1930年。
7) 太刀川平治「貯水池の効用並に風景其の他の影響について（一）（二）」『水利と土木』第4巻第12号，第5巻第1号，1931年，1932年。
8) 前掲書1)。
9) 大畑英治「観光と水力発電事業」『水利と土木』第8巻第11号，1935年。
10) 『神奈川県企業庁史』神奈川県企業庁，1963年，32ページ。
11) 横山喬「相模川の河水統制について」『水利と土木』第10巻第1号，1937年。
12) 斎藤孝二郎「黒部川第三号発電工事余録」『水力』第2巻第1号，1939年。
13) 木夏八十一「黒部渓谷を繞る国立公園と水力電気」『水利と土木』第3巻第12号，1930年。「黒部峡谷の勝景と水力工事問題」『水利と土木』第3巻第1号，1930年。
14) 斎藤孝二郎「黒部川水力発電所」『国際雑誌』第14巻第9号，1938年。
15) 当初の発電計画の馬門，燒山，立石，法量，赤沼の5発電所であったが，1940年2月改訂され，馬門，燒山の発電所は統合されて十和田発電所となった。

16) 主要参考文献として,『十和田村史 下巻』青森県上北郡十和田村役場, 1955 年, 525~528 ページ。
17) 同上, 525~530 ページ。
18) 同上, 502 ページ。
19) 前掲書 4) 167~203 ページ。
20) 高橋清蔵「十和田発電所工事概要」『水力』第 3 巻第 1 号, 1940 年。

第Ⅴ章　戦後の社会基盤政策の展開

　本章では，戦後の社会基盤整備について，はじめに戦前との関連で述べていく。戦前の蓄積が戦後とどのようにかかわっていたのか，戦後の社会基盤整備の展開状況を簡単にみながら，その連続性の観点からみていく。その後，昭和20年代から30年代初めにかけて地域計画の中核となった河川総合開発について，国土総合開発法の成立とも関連させながらみていく。さらにその具体的事例として，利根川総合開発事業について述べていく。この利根川総合開発は，国土総合開発法にも少なからぬ影響を与えている。

1 戦後の社会基盤政策と戦前との連続性

(1) 戦後昭和30年代までの展開

1945（昭和20）年8月，日本は終戦を迎える。国土の広さは，それまでの55％に減少し，そこに軍隊からの復員者760万人，海外から150万人が引き揚げ，約8,000万人が居住することとなった。復興が国土計画，地域計画の旗印となったことは当然であるが，国富に対する戦災の状況をみると，空襲により都市を中心に被害を受け，建築物で25％，工業機械機具で34％の被害率となっている（表5-1）。海外との物資輸送を担当した船舶の被害率は82％と大きいが，一方，社会基盤では電気ガス供給設備の11％を除いて意外に小さい。発電のうち火力が大きな被害を受けているが，それ以外の国鉄，水力，電信，電話がそれほど大きな被害を受けていないことがわかる（表5-2）。鉄道は線路延長，機関車輛とも戦争直前を保持していて，混乱する社会の大事な足となっていた。また鉄鋼，機械，化学工業等の生産設備は1/3程度の被害であった。これらを基盤にして戦後の経済復興が図られたのである。

表 5-1　国富の被害　　　　　　　　　　　　　　　　（単位：億円）

	被害計	無被害想定額	終戦時残存国富	被害率(％)	1935年国富の終戦時現在換算額
資産的国富総額	643	2,531	1,889	25	1,867
建築物	222	904	682	25	763
工業用機械器具	80	233	154	34	85
船舶	74	91	18	82	31
電気ガス供給設備	16	149	133	11	90
家具家財	96	464	369	21	393
生産品	79	330	251	24	235

出典：経済安定本部「太平洋戦争による我国の被害総合報告書」1949年。中村隆英『日本経済―その成長と構造―第2版』東京大学出版会，1980年。

第Ⅴ章　戦後の社会基盤政策の展開

表 5-2　終戦直後の社会基盤状況　　　　（1940 年を 100 とする）

	1940 年	1946 年
国鉄輸送		
線路延長（km）	18,288	19,536(107)
機関車（両）	5,095	6,287(123)
客車（両）	12,738	13,200(104)
貨車（両）	96,972	116,553(120)
旅客輸送量（100万人）	1,878	3,176(169)
（100万人 km）	49,339	87,447(177)
貨物輸送量（1,000 t）	145,746	91,296(63)
（1,000 tkm）	27,948	18,969(68)
発電		
総発電電力（100万 kwh）	34,683	29,061(84)
うち水力（100万 kwh）	24,439	28,029(115)
うち火力（100万 kwh）	10,243	1,032(10)
電信		
電信線路（km）	376,953	354,882(94)
電報局（カ所）	8,214	12,368(151)
電話		
市外電話線路（km）	1,532,547	1,842,280(120)
市内電話線路（km）	6,772,806	7,342,322(108)

出典：『第3回日本統計年鑑』1951 年をもとに作成。

　さて戦後の社会基盤整備は，洪水防禦（治水），電力開発，食糧増産を課題として始まった。昭和20年代は毎年のように大規模な風水害が発生し，戦争で疲弊していた国民経済に大きな痛手を与えた。また電力需要の増大により電力飢饉といわれるような深刻な電力危機が生じるとともに，食糧不足も重大な問題であり食糧増産が急務の課題となっていたのである。

　そこで採られた方針が，ダムを中心とした河川総合開発である。1950（昭和25）年，国土総合開発法が制定され，全国総合開発計画など各種の開発計画を策定することとなったが，当面，専ら力が注がれたのが特定地域総合開発計画であった。そして特定地域として重要水系を中心とする河域の開発に重点が置かれ，多目的ダム，水力ダムの建設が大々的に進められていったのである。

　この後，昭和20年代終わりには道路整備が課題となった。1952年には新道

路法，有料道路制度である道路整備特別措置法が制定された。翌53年には，「道路整備の財源等に関する臨時措置法」が制定されて揮発油税をもととした道路特定財源が確立されるとともに，54年度を初年度とする道路整備5カ年計画が策定された。なお戦前の37年に創設された揮発油税は，43年廃止されたが，49年に復活していた。これを道路整備の特定財源としたのである。

戦争で混乱した日本の社会経済であるが，戦後復興は朝鮮動乱の特需もあって急激に進められ，56年度の『経済白書』では「もはや戦後ではない」と謳われた。そして60年に所得倍増計画が打ち出され，その社会基盤整備政策として62年，全国総合開発計画が策定された。この後，高度成長の時代へと突入し，大規模な社会基盤の整備が図られていったのである。その主要なものとして，重化学工業の立地を目的とし工業港，工業用水を伴った臨海部の造成，全国にわたる交通施設の近代化，都市基盤の整備があげられる。

この大規模な社会基盤整備を目的として，制度が整えられていった。都市用水確保を重要な課題として57年に特定多目的ダム法が成立し，さらに61年，水資源開発促進法と水資源開発公団法の水資源2法が制定された。また戦後最大の水害となった59年の伊勢湾台風の翌年，治山・治水緊急措置法が制定され，河川事業についての長期10カ年計画が樹立されたのである。

道路についてみると，56年には日本道路公団が設立されていたが，翌57年，高速自動車国道法，国土開発縦貫自動車道建設法が制定されて高速自動車道建設の制度が整った。わが国最初の高速道路である名神高速道路が着工されたのは58年であり，1965年開通をみたのである。それに先立ち，59年に着工した東海道新幹線が64年，営業を開始した。

港湾については，50年，関係者にとって長年の課題であった港湾法が制定され，港湾管理者の規定，国庫補助の対象を公共性の高いものに限定するなど，港湾の管理が法律として定められた。続く53年，港湾整備促進法が策定されて港湾管理者が行う荷さばき施設，そして埋立地の造成などに政府が財政資金から融資する途が開かれた。これ以降，全国的な臨海地域造成事業が，港湾管理者および地方公共団体によって進められ，65年までに約14,000 haの工業用

第Ⅴ章　戦後の社会基盤政策の展開　　307

地が造成されて臨海コンビナートが建設されていったのである。

港湾の事業・計画に関しては，59年に特定港湾施設整備特別措置法が制定されたが，61年には港湾整備緊急措置法が成立し，61年度を初年度とする港湾整備5カ年計画が策定された。

電力開発は，戦前の国家電力管理法のもとで創設され全国の発送電設備を一手に掌握していた日本発送電株式会社が，51年5月に解体された。それは日発と九配電会社が過度経済力集中排除法の指定会社に指定されたためであるが，これらに代わり全国の地域の発送配電を一貫して運営する地域独占体である東京電力などの9電力会社が誕生した。また翌年には電源開発促進法が公布され，政府の特殊会社で開発主体の電源開発株式会社が設立された。

(2) 戦前との関連

社会基盤整備の戦後の動向について戦前との関連で考察していこう。

河川事業についてみると，1959（昭和34）年の伊勢湾台風まで戦後毎年のように大水害に見舞われ，治水対策は重要な課題であった。昭和20年代の公共事業の予算配分は，先ず災害復旧費，治水事業費を決めて，その後，他の事業費を定めるほどであった。

しかし既に戦前の34年，35年と全国的な大水害を受け，治水が重要な課題となっていた。政府は，水害防備の方策に対して土木会議に諮問する一方，その実行方向に関して関係各省の技術官よりなる水害防止協議会を設置して，ダム，橋梁の基本構造など技術的な課題を多方面から検討し整理していった。河川管理の技術基準として，58年に河川砂防技術基準案，76年に河川管理構造令が策定されたが，その源流をこの水害防止協議会の決定事項に求めることができる。またここで，洪水予報の重要性が課題として指摘されているが，その研究が本格的に始まったのは戦後である。

このようにみると，昭和20年代から30年代中頃にかけてのわが国未曾有の大水害，それへの対応の出発点を1935（昭和10）年と評価することができる。

新しい秩序を求めてこの時，動き出したのである。その技術手段として，ダムが重要な役割を担っていた。このダムは，また発電，都市用水の確保の面からも注目され，多目的ダムを中心とした河水統制事業として推進された。それが花開いたのが戦後である。

　1950年，河水統制事業は河川総合開発事業と名称を変更し，特定地域総合開発事業の中核として推進されていった。国土総合開発法に基づき特定地域総合開発計画が定められたが，その特定地域は重要水系が中心であった。その開発調査は戦前，熱心に検討されていて，43年には，全国110河川で総合的な計画を樹立するよう定められていた。この下敷きに基づいて，戦後の河川総合開発は進められていくのである。

　道路事業についてみよう。戦前，既に産業基盤として道路整備は大いに期待され，重要道路整備調査が行われた。そして全国自動車国道計画が作成され，一部では実施調査が行われていた。この自動車道路が実を結ぶのは，戦後の高度成長の時代である。また戦後の道路整備財源の中心となったのは揮発油税であるが，戦前の37年に創設され，その相当額は道路改良に利用されていた。この税を道路整備の目的税とするよう道路関係者等から強く要望されていたが，53年制定の「道路整備の財源等に関する臨時措置法」で実現するのである。

　港湾事業については，戦前，工業港と一体となった臨海工業地帯の造成が政策課題であり，国庫補助のもと地方公共団体によって推進することが決められた。この方針は戦後も引き継がれ，政府財政資金の融資のもと，地方公共団体を中心に推進されていくのである。

　国土計画は，50年，国土総合開発法が制定された。一方，国土計画，地域計画を策定しようとの方策は，戦前の41年，「国土計画設置要綱」として閣議決定されていた。そして各地域，個別の社会基盤整備の方針は，43年公表されていた。その目標は国土防衛等，戦時中の特殊なものを除き，「重化学工業の拡充」，「食糧の充実確保」，「輸送力の強化」であった。

　戦後，国土総合開発法の成立とともに進められた特定地域総合開発計画では，

第Ⅴ章 戦後の社会基盤政策の展開　　　309

エネルギー確保，食糧増産が重要な目的とされた。その後，戦後復興を果たすとともに臨海部での重化学工業開発が政策課題となり，62年に策定された全国総合開発計画で拠点開発方式として公式に打ち出されたのである。

しかし前述したように，43年，「中央計画素案・計画案」で臨海工業開発が打ち出されていた。さらに今日のわが国を代表する京浜運河を基軸とする京浜工業地帯の造成が既に戦前，始まっていた。この開発について第Ⅲ章で詳述してきたところであるが，簡単に整理すると次のようであった。

37年，京浜運河の開削と埋立造成が神奈川県営で着手された。重化学工業地帯を目指してであるが，その工業用水の確保を目的として行われたのが相模川河水統制事業であった。この事業は，水力発電，川崎・横浜さらに軍事都市として昭和10年代整備が始まった相模原の上水道確保も目的として神奈川県営で行われた。つまり京浜運河開削，埋立造成と同じく神奈川県による事業となった。先述したように，運河開削・埋立造成が，突然の変更で民営から神奈川県営となったが，この変更には，工業用水確保という重要な課題が背後にあったと考えている。

なお横浜と東京を結ぶ第2京浜国道は，既に1936（昭和11）年，着工されていた。これらが竣功するのが戦後である。

このように，工業港，埋立造成，ダムによる工業用水確保を基軸とし，拠点開発として進めた戦後の臨海工業地帯の開発の原型は，戦前にみることができる。事業として既に着工していたのである。ただ堀込め港としての工業港は，着手されていなかった。戦後，鹿島港，苫小牧港，新潟東港などが堀込め港湾として竣功したが，それは戦後の重土木施工機械の導入をもってはじめて出現したのである。

なお臨海工業地帯の戦前の埋立として注目すべきものとして，国直轄事業として行われた小倉と千葉の工事がある。小倉の埋立工事は，関門海峡工事に付帯した事業である。千葉の埋立工事とは，零戦をつくる60万坪の工場用地として海軍の要請で行われた戦前の千葉臨海地帯造成であるが，利根川放水路事業と一体的に行われた。すなわち38年の利根川増補計画で，検見川で東京湾

に抜く放水路計画が樹立されたが、その掘削残土を埋め立てに利用して臨海工業地を造成しようとするものである。40年、内務省土木会議により決定された東京湾臨海工業地帯造成計画の一環であった。この事業は、41年着工した後、45年度中止となったが、戦後、竣功した。ただし放水路工事は未着手である。

このようにみると、戦後の復興から少なくとも高度成長までの社会基盤整備に関する構想・計画は、戦前、既に確立していたと評価されるのである。もちろんその実現には、膨大な財源と施工力を必要とする。戦後建設された大型ダムが、欧米から大型の重土木施工機械と科学的施工管理を導入して効率的に進められていったのは周知の事実である。58年に着工した名神高速道路は、世界銀行からの借款で行われた。だが、戦前、大陸では、水豊ダム、豊満ダムなどの大ダム築造が日本人技術者の主導のもとに行われていた。戦争に突入さえしなかったら、戦前に樹立された構想・計画を自ら推進し得たと想定するのは、全く的外れのことではないと考察する。

さて、これまで述べたこと以外で、戦前と戦後について考えていくうえで興味深い課題について少しみよう。

民族精神の高揚との観点からであるが、1943年の企画院による「中央計画素案・同要綱案」にみるように、自然景観の保全と整備が戦前、強く推進されていた。自然景観に大きな影響を与えるものとしてダムがあるが、ダム事業を推進した内務省でも、景観との調和は山紫水明である日本にとって重要な課題と認識されていた。だが天然資源に恵まれない日本にとって産業開発も重要で、全く手つかずのままにしておくこともできず、その調和点があると主張していた。つまり一方的に改変するのでなく、技術的対応によって調和を図ることが課題ととらえられていたのである。この具体的事例として、富山県黒部川の電力開発と、十和田国立公園の中核である十和田湖から流出している奥入瀬川河水統制計画について第Ⅳ章でみてきたが、自然景観との調和が考慮されて事業が行われたのである。

一方、昭和20年代の特定地域総合開発事業で、中部山岳・吉野熊野等の自

然景観の豊かな地域でダム事業は進められたが,戦後復興が課題であったこの当時,自然景観への配慮はほとんどなかったと推察される。このことを考えるうえで,戦前の43年の「中央計画素案・同要綱案」のなかで,国防と並んで「電力開発上,已むを得ざる必要に基く場合」は自然景観の破壊は仕方ないと主張しているのは興味深い。

　次に「中央計画素案・同要綱案」で,その開発を期待していた河川沿いでの「臨海工業地帯」についてみよう。ここでの物資輸送は河川舟運で行うのであるが,戦前,河川舟運は極めて重要な役割を担っていた。その具体的状況については第Ⅲ章で述べてきたが,終戦直後も内陸舟運への期待は続く。たとえば東京港とつながる江戸川,利根川を主運搬路として整備し,小山,古河に至る一帯の工業開発が構想されていた。河川舟運への関心がほとんどなくなったのは,自動車交通が発達した昭和30年代であったと判断される[1]。

【注】
1)　詳細は松浦茂樹「わが国における近代の河川舟運(Ⅱ)」『水利科学』第39巻第6号,1996年を参照のこと。

2 河川総合開発と国土総合開発法の成立

(1) TVA 思想の普及

　1945（昭和20）年8月の終戦とともに日本はアメリカ軍を中心とした連合軍の占領下におかれたが，TVA方式による開発が，経済安定本部によって熱心に推進された。その中心メンバーとなったのが，都留重人，大来佐武郎，安芸皎一らである。なお経済安定本部は，経済復興推進の中枢部門として46年に設立された政府機関である。

　それに先立ち，彼らが中心となって民間の任意団体であるTVA研究懇談会が設立され，アメリカTVAの研究とともに熱心にその普及が図られていた。その研究会に官民の有識者が参画し，TVAを学習していったのである。

　若くして中心メンバーになった川島芳郎は，アメリカ研究会での都留のTVAの話に感動し，都留の紹介で外務省の大来を尋ね，大来の人脈の下にTVA研究懇談会が設置されたと述べている。懇談会の活動の一環として，TVAを理事長として指導したリリエンソールの『TVA民主主義の前進』の翻訳が刊行された。

　その後，47年3月の経済安定本部改組のとき，新設された総合調整委員会の副委員長に都留重人，調査課長に大来佐武郎が就任するなど，研究懇談会の主要メンバーが経済安定本部の要職についた。また科学技術庁資源調査会の前身である資源委員会が，同年12月，設置され，内務省土木試験所所長であった安芸皎一が事務局長に就任した。彼らは，安定本部内に設置された河川総合開発調査協議会に拠って，日本版TVAを推進していくのである。

　それを占領軍側から支えていたのが，GHQの天然資源局技術顧問アーカーマンであった。彼は，本国のTVAに強い希望を抱いており，彼の指導で国土資源の開発を目指した資源委員会が発足したのである。資源委員会では水，土

地,エネルギー,地下資源,地域計画などの8部会が設置され,河川総合開発も重要なテーマとして調査・研究が進められていった。経済安定本部では,当初,只見川と北上川を主な対象として,アメリカと同様にAuthorityを設立することを構想していた。

ところでTVA思想の普及について全く別途に活動していたのが,田中義一であった。田中は,大正年代に6カ年ほどアメリカに滞在し,遊学して帰国した後,貴族院の嘱託,その後,1939年から日本発送電株式会社の嘱託となったアメリカ通であった。彼は戦後の47年6月,東洋経済新報社から『米国TVA計画（米国テネシー開発計画の全貌）』を刊行し,TVA思想の普及に努めていた。この刊行の目的について彼は,「生きた血の出るような実例を通じて,米国の憲法が米国の政治機構が,米国の議会制度が,いな,渾然たる形に於いて米国の民主主義が発動し,其の作用をあらゆる面,あらゆる機会に自ら展開し,其の意味が自ら解明せられ,読者自身をして真の民主主義の雰囲気に生活せしめ,其の空気に浸たらしむるにあった」と述べている。また米国雑誌『タイム』の報ずるところに拠るとして,原子爆弾の製造工場がテネシー州オークリッジにあり,その製造にTVAの発電が使用されたことを指摘している。田中は,この後,衆議院建設委員会専門員となり,議会内でTVA思想の普及に努め,その立法化に向けて活動した。

さて第Ⅱ章で述べたように,戦前,河水統制事業を始めるにあたり,内務省土木局を中心にしてアメリカTVAが研究され,積極的に紹介されていた。しかしそれは一部にとどまり,一般の間に広く周知されたのではない。だが戦後になって,アメリカによる占領とともに,内務省とは異なる脈略からTVAが喧伝されたのである。つまり,アメリカ留学経験のある都留重人,田中義一らによるものである。これによってTVAは,一般社会に広く影響を与えることとなった。

ところで,この戦後の活動は,戦前とは全く切り離されたものだろうか。人脈的にも全くつながらないものだろうか。大来佐武郎が中心となって組織したTVA研究懇談会には,技術者として内務省土木試験所所長であった安芸皎一

が参画している。彼は内務省入省当時の若き日，鬼怒川の五十里ダム建設で測量などの調査を行っていた。ダム技術とのかかわりをもっていたのであるが，大来と面識をもったのは，1937（昭和12）年に設立された企画庁，その後身の企画院を通じてだと思われる。37年，河水調査協議会が政府部内に設置されたとき，その事務局を努めたのが企画庁，企画院であった。また彼は，43年に出版した自らの著『治水』（常磐書房）のなかで，水利建設計画の1つとして「Tennessee河流域開発計画」にふれ，TVA成立の経緯について述べている。TVAについては，戦前からよく承知していたのである。

さらに経済安定本部には内務省，その後身である建設省から，建設局計画課長として技術陣が出向していた。初代が戦前，神奈川県相模川河水統制事業の中核である相模ダムの建設に活躍していた伊藤剛であり，2代目が戦前，内務省土木局にいて，1948年から建設省利水課（現・開発課）長となっていた矢野勝正である。また資源調査会の専門員として，建設省の技術陣が参加していた。技術的には戦前と一定のつながりがあったのであり，後に大々的に展開される多目的ダムの建設は，河水統制調査で検討されていたダム地点が中心となって進められたのである。

一方，内務省土木局の事務官のつながりとしては，田中義一との関係が考えられる。田中は39年，日本発送電株式会社の嘱託となったが，同年安田正鷹が内務省を退官して日本発送電の社員となっている。安田は38年『河水統制事業』（常磐書房）を刊行し，その第2章に「亜米利加に於る河水統制事業」を記するなど，内務省にあって以前から熱心にTVAを紹介していた。彼らの間で，情報交換，交流が行われたのは自然な成り行きであったと思われる。あるいはTVAの情報を安田に与えたのは，アメリカ帰りの田中であったのかもしれない。

また，民間にあっては，工藤宏規が経済復興の中核として貯水池式による電源開発を主張していた[1]。彼は戦前，野口遵ひきいる日本窒素肥料株式会社に在職し，肥料，苛性ソーダ，アルミニウムなどの化学工場の開発に従事していた。戦後，GHQによる財界追放の後，野口研究所理事長に就任し，水力発電

を中心にした国内資源の開発の研究を行っていた。敗戦後の日本の生きる道は，水力資源の開発と一連の化学工業建設により輸出産業を振興するのが唯一の方途であるとの信念のもと，全国の河川にわたって発電計画を練り，当時としてはホラ話と受け取められた全国2,000万kwの発電構想をたてていた。彼は追放されていたため資源委員会の正式なメンバーではなかったが，安芸皎一などと密接に連絡をとって調査・研究を進めていた。

なお，その当時，経済復興が重要な課題であり，復興の中心には水力発電の開発がおかれていた。国土の広さがそれまでの55%に減少し，海外からの物資移入に大きな制約が加えられていたため，残された国土の資源として水力が注目されたのは当然だろう。1946年11月，幣原首相は内閣記者団に，ダム建設は失業者を救済し，産業，生活向上のためのエネルギー源として低廉な電力が得られ，さらに水害防禦にも役立つと述べて，ダムによる河川総合開発に強い期待を示した[2]。

また46年3月に報告された外務省特別調査委員会報告「日本経済再建の基本問題」[3]でも，河川総合開発への強い期待が述べられている。この特別調査委員会は，外務省調査局が45年8月の終戦直後，「日本経済の基本的把握に資する目的を以て」設立したもので，安芸皎一が委員，大来佐武郎が幹事として参画し，また都留重人も討議に加わっていた。

この報告では，「日本は先ず真に民主的な政治の再建と国土の徹底的開発に営々たる努力を傾倒し，其れに依って自己の信用を世界に恢復せねばならない」と，国土の開発の重要性を指摘する。「国土の開発」は，「日本経済再建の方策」の「経済再建の具体的諸問題」の1つとして取り上げられ，8つの主要課題が掲示されている。それらは，「一、国内開発の前提として地方行政機構の改革」，「二、新たなる国土計画の樹立」，「三、河水の総合利用」，「四、山地の利用」，「五、運輸通信施設の整備」，「六、地下資源の開発」，「七、産金の奨励」，「八、食糧自給の向上」である。

河川総合開発は3番目に取り上げられ，当時におけるその重要性がよく理解される。「生産力の基本培養の見地からは洪水の防止，河川の総合利用，道路

の改善，通信施設及び電力の普及，植林の奨励等の諸施策に重点を置く必要がある」との基本認識のもとに，河川総合開発の重要性を認識しているのである。

さて「河水の総合利用」についてみてみると，「国土の開発に於て最も基本的な課題の一つは河水の総合利用である。洪水の防止により国土の荒廃と年々の巨額な洪水被害を防止し得る。積極的には灌漑，発電，舟運，工業用水等各種の利用に供することが出来る。従来の我国河川行政は，国土保全が建前であり利水方面に就ては受動的，消極的であった。治水利水の計画と実施を一般化し，特に利水に関して積極的に努力を払はねばならない」と，治水・利水の一体化を主張する。そしてわが国の水田灌漑を機軸とした歴史的な水利用と水害について述べ，「「ダム」の建設が提唱されているけれども（中略）「ダム」の建設を発電部門のみで負担することは，経済的に許されない場合が多いのであって，水の総合利用の立場から，各利用方面で「ダム」の建設費を分担することが必要となる」と，発電を含めた多目的ダムの建設を主張する。当然のことながら発電は，「資源貧弱な日本人にとって，電力は殆んど唯一の豊富な資源であるから，今後最大限の活用を図るべきであろう」と，重視されていた。

この河川総合開発について，戦前の状況にもふれている。「諸官庁間の「セクショナリズム」が最も代表的に発揮される場面となっている」と指摘し，具体的事例に基づき「国家経済全体としては極めて有利な計画であっても部分的利害の対立のために実現を阻まれることが多いのである」と述べる。そしてアメリカTVAについて次のようにとらえ，参考とすべきことも主張するのである。

> 米国政府が「ニューディール」の一環として「テネッシー」河総合開発計画案を建て，「ルーズベルト」大統領の強力な指導の下に総ゆる政治的反対と障害を押し切り，連邦政府直営の「テネッシー」河開発局を設置し，二百数十万「キロワット」の水力発電と，洪水防禦と，土地荒廃の防止と，灌漑と，舟運と，国防的肥料爆発工場の建設等より成る総合的開発計画を実施し，今次大戦前に概ね之を完成したのであって，斯くの如き事蹟を政治的経済的角度から十分検討してみることは，極めて有用であろう。

(2) 国土総合開発法の成立と河川総合開発事業

　経済安定本部では，河川総合開発調査協議会を中心に河川総合開発の調査を進めていた。当初は只見川と北上川が主に対象となり，アメリカと同様に公的機関を設立することを構想し，「総合開発法」の制定によって制度化することを考えていた。なお，只見川では，新潟県の小千谷付近に流域変更し肥料工場等の化学工業を発展させようとする新潟県（新潟方式）と，現河道に従って階段式に発電所を築造しようとする福島県（日発方式）とが激しく衝突していた。

　一方，内務省国土局では，戦前からの河水統制事業を引き継ぎ，1946（昭和21）年度から北上川石渕ダムを直轄事業として着工，また2ダムへの補助が実施された。調査も継続して行われていて，47年度から河水統制調査費が新設された。さらに同年度から経済安定本部による調査について，その実務を行っていた。

　また，内務省国土局が行っていた国土計画，地域計画についてみると，内務省は終戦直後の45年9月，「ポツダム宣言受諾に伴う国土及び産業の構成に関する重大なる変更に対応して産業，文化および人口の配分並びに国土の経営に関する計画を樹立し，これが実現の企図を促進し以て国民生活の確保向上と世界文化への寄与貢献を庶幾する」ことを目的とする「国土計画基本方針」の指示を行った。翌46年9月，その具体的方針として，次の5つを主目標に掲げる「復興国土計画要綱」が策定された[4]。

① 国土の開発利用の増進による生活領域の拡充。
② 食料生産の増強，地方都市，産業振興による経済力増強。
③ 戦災都市，旧軍都軍港並びに振興工業都市等の振興に関する基本方針の樹立。
④ 鉄道，道路，港湾，用水等に関する基本的立地条件の整備。
⑤ 失業問題解決に関する基本方策の樹立。

　終戦により，約8,000万人が4島を中心に居住することとなったが，食糧の

増産，工業の再建，地方中心都市計画の振興等によって人口を収容し，またその配分を行おうとする国土計画である。この5つの目標のもとに農業配分計画，工業配分計画，人口配分計画が定められた。さらに増大した人口を養うための国土の能率的利用について「未利用山林原野開拓地の開拓のみならず，山林原野自体の施業案を確立し，所要の治山，治水，利水に関する砂防，植林，河水統制等に付き考慮を払うものとする。又工業立地，都市配置，都市の性格並びに規模の策定，交通路線設定等の計画に於ても，国土利用の増進を促進するに付き遺憾無きよう計画するものとする」と述べられている。

ここでは，河川開発は「河水統制」として他と併立して述べられているだけであり，それほど，重視されてはいない。同年，3月に報告されていた外務省特別調査委員会報告「日本経済再建の基本問題」とよい対比となっている。この後，47年に設立された「国土計画審議会」の事務が経済安定本部に移管されたこともあって，国土計画は経済安定本部が中心となって検討を進めていったのである。その具体的プロジェクトが只見川，北上川の2河川のTVA方式の開発であった。一方，内務省国土局，その後身である建設院，建設省[5]は「地方計画策定基本要綱」を策定し，地方計画，府県計画を指導していった。やがて全国15ヵ所について，重点的な開発計画の策定を進めていった。

このように経済安定本部で推進されていた地域開発，内務省・建設省によって確立が図られていた地方計画，県計画はやがて一本化され，1950（昭和25）年，国土総合開発法の成立となったのである[6]。

さて国土開発法の実施項目は（第2条1項）に述べられているが次のようである。

① 土地，水その他の天延資源の利用に関する事項
② 水害，風害その他の災害の防除に関する事項
③ 都市及び農村の規模及び配置の調整に関する事項
④ 産業の適正な立地に関する事項
⑤ 電力，運輸，通信その他の重要な公共的施設の規模及び配置並びに文化，厚生及び観光　に関する資源の保護，施設の規模及び配置に関する事項

このように土地・水などの国内天然資源の利用，水害等の災害の防除を①，②におき，③〜⑤にかけて都市，農村の配置，産業の立地などの広範なものを対象としている。しかし45年の枕崎台風を皮切りに，毎年のように大規模な風水害が発生し，戦争で疲弊していた国民経済に大きな痛手を与えていた。また電力需要の増大により，電力飢饉といわれるような深刻な電力危機が生じるとともに，食糧不足も重大な問題であり，食糧増産が急務の課題となっていった。

以上のことから，当時の「国土総合開発の運営方針」として，次の2大重点目標の達成が重視されることとなったのである。
① 国内資源の高度開発と合理的利用による経済自立の育成
② 治山，治水の恒久対策樹立による経済安定の基礎確立

特に，①の要請からは水資源の活用による電力の確保と耕地の整備，②の要請からは直接的に河川が課題となる。このことから河川の総合開発が重視されることになった。

また，国土総合開発法には具体的計画として，次の4種の計画の策定が掲げられていた。①全国総合開発計画，②地方総合開発計画，③都府県総合開発計画，④特定地域総合開発計画。しかし当時の財政事情等により，投資効率を高めるためには重点的な開発を指向せざるをえず，戦後のTVA思想の普及等もあり，特定地域総合開発計画が先行することになったのである。

国土総合開発法第10条により，内閣総理大臣が指定する特定地域とは次のような地域である。①資源の開発が十分に行われていない地域，②特に災害の防除を必要とする地域，③都市およびこれに隣接する地域で，特別の建設もしくは整備を必要とする地域。

①の資源とは，当時においては端的にいって水資源であり，②の要件にも合致する。さらに「国土総合開発法の運営方針」のなかの2大重点目標が重視されたことから，特定地域総合開発において河川総合開発が重要な位置を占めることになったのは当然だろう。

地域の選定は1951年に行われ，同年12月に19地域が指定（後に削除1地域，

追加指定3地域21地域)された。当初指定の19地域の内訳をみると次のように重要水系を中心としている。

開発目標の中に電力開発を含むものに最上,北上,只見,利根,飛越,天龍東三河,木曽,吉野熊野,芸北,錦川,那珂川,北九州,阿蘇,南九州。国土保全を含むものに阿仁田沢,最上,北上,利根,飛越,木曽,吉野熊野,大山出雲,芸北,錦川,四国西南,南九州。都市用水開発を含むものに,木曽,錦川,那珂川,北九州。一方,工業立地条件整備を主目的とするものは,北九州だけであった。

以上のように,国土総合開発は河川総合開発を主体として開始されることとなったが,なかでも利根川の河川総合開発への期待は大きく利根川総合開発法制定の動きも出ていた[7]。この動きに木曽川,北上川を加えよとの声も高まり,国土総合開発法制定の1つの推進力となったのである。

さらに国土総合開発法制定後の51年,利根川の総合開発を内容とする「利根川開発法案」が議員立法により提出された。この法案の目的は,「利根川流域における資源を総合的に開発し,利用し,及び保全しもって災害の防除と産業の振興に資すること」であり,利根川開発庁と開発公社を設立し,開発審議会を設置して利根川の開発を行おうとするものである。50年に成立した北海道開発法の弟分的なものであった。開発の基本計画は利根川開発庁によって立案され,開発審議会の議を経て閣議で決定し,事業は開発公社によって進められる。開発庁の長は国務大臣をもって充てることになっている。開発公社は,計画実施の一部を自ら担当し,また別に実施するものに対して投資,その他助成をするものである。

アメリカTVAは,大統領と議会から全権をまかされた政府機関の一部であり,大統領と議会に対してのみ責任を有する理事会によって運営され,その業務範囲は社会計画まで含むものである。このような基本的な相違はあるが,利根川開発法は日本版TVAによって開発を進めていこうとするものと評価できる。

では国土総合開発法が制定されたばかりなのに,なぜ,「利根川開発法」と

第Ⅴ章　戦後の社会基盤政策の展開

図 5-1　利根川治水同盟によるダム計画案

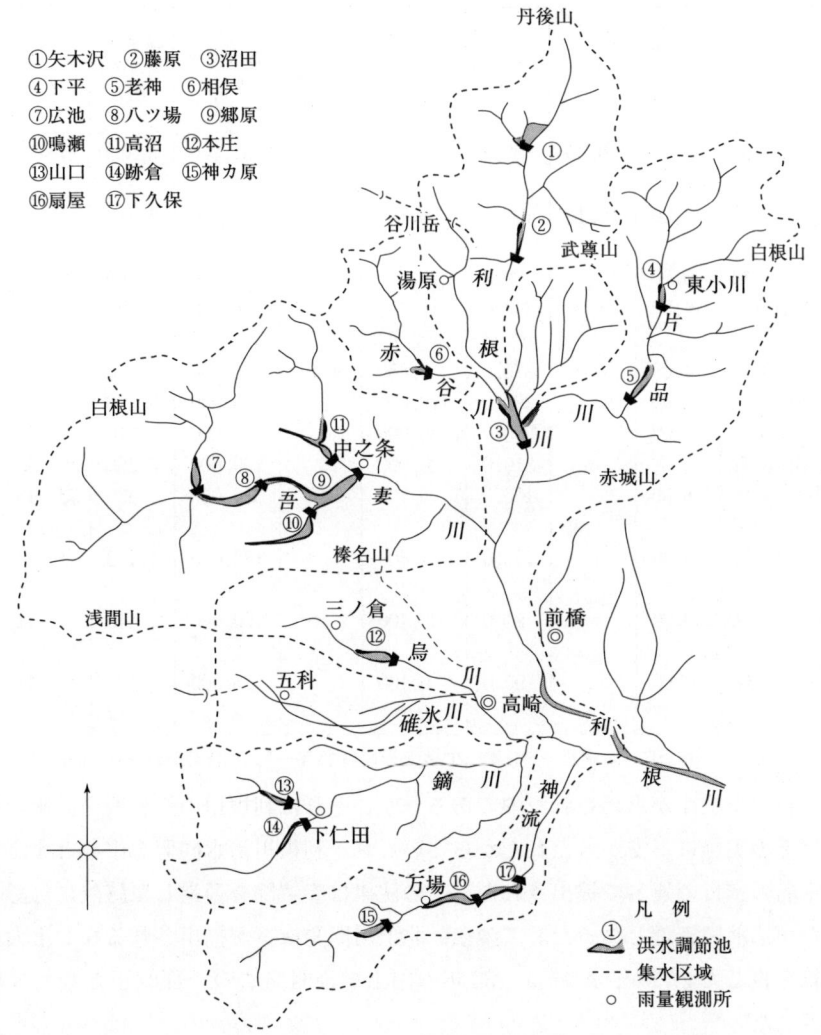

①矢木沢　②藤原　③沼田
④下平　⑤老神　⑥相俣
⑦広池　⑧八ツ場　⑨郷原
⑩鳴瀬　⑪高沼　⑫本庄
⑬山口　⑭跡倉　⑮神ヵ原
⑯扇屋　⑰下久保

凡　例
　①　洪水調節池
　----　集水区域
　○　雨量観測所

出典：田中義一『国土開発の構想──日本のTVAと米国のTVA──』東洋経済新報社，1952年，より作成。

表 5-3 利根川治水同盟による

地点名	使用水量 (m³/s)		有効落差 (m)	発電力 (kw)		発電力量 (kwh)	事業費 (100万円)	工期 (月)
	最大	常時		最大	常時			
矢 木 沢	45.00	9.30	87.3	32,000	6,230	131,200	5,353	27〜30
須 田 貝	46.00	19.40	109.7	36,700	17,700	145,680	3,470	28〜30
幸 知	40.00	19.50	89.2	29,600	14,500	128,190	2,000	29〜31
┌白浜川第一	4.00	2.00	348.5	11,400	5,300	16,900	960	27〜29
〃 第二	4.00	2.00	270.0	8,880	4,400	13,100	320	27〜29
尾瀬第一	74.00		290.0	179,000		133,000	3,250	31〜35
〃 第二	74.00		300.0	185,000		143,000	3,710	31〜35
└下流増設			310.0	36,900		200,000	2,250	30〜35
相 俣	8.00		100.0	6,400		36,000	220	33〜35
八 ッ 場	30.00		132.0	31,800		180,000	1,113	31〜33
薗 原	29.00		94.0	20,400		100,000	410	32〜34
坂 原	8.00		95.0	6,100		35,000	120	33〜35

出典:田中義一『国土開発の構想——日本のTVAと米国のTVA——』東洋経済新報社,1952年。

いう新たな法律が求められたのであろうか。それは利根川の総合開発計画の策定とその実施に不安がもたれたからといわれ，利根川治水同盟を中心とする百数十名の議員の連名で提出された。この法律は参議院を通過し衆議院に付託されたが，継続審議となった。この後，北上川開発法案が提出されるなど重大な波紋を投じた。だが，結局は，52年の国土総合開発法の一部改正となって収拾された[8]。

なお利根川開発法案は，衆議院建設委員会専門員となっていた田中義一が中枢的な役割をもって推進していったものと思われる。利根川治水同盟の試案で，田中が推奨する利根川総合開発計画のダム計画をみたのが図5-1（前ページ）

発電所計画案　　　　　（　）は総貯水容量，単位 m³

摘		要
堰堤高 (m)	水路長 (m)	其の他
97.0 (103,000,000)	—	
31.5 (720,000)	6,700	堰堤工事費は含まず
—	5,220	
52.0 (54,000,000)	3,000	
—	3,000	
100		
—		3 カ地点 堰堤工事費は含まず
65.0 (11,000,000)		
63.0 (29,200,000)		〃
85.0 (36,200,000)		〃
100.0 (22,000,000)		〃

である。治水計画としては，49年建設省の治水調査会で決定された改修改訂計画をベースとし，烏川合流後における基本高水流量 17,000 m³/s，その内 3,000 m³/s を上流ダム群で洪水調節をしようとするものである。計画されたダムの地点は矢木沢，藤原，相俣，八ツ場，沼田，坂原，薗原である。また利根川水源における発電計画をみると，矢木沢他10発電所が計画されていた（**表 5-3**）。尾瀬からの分水も含まれていた。

利根川におけるこの計画は，他の機関で検討されていたものを集めたものであろう。内務省，さらに内務省を引き継いだ建設省によって検討された治水計画については後述するが，経済安定本部によって**図 5-2**に示すダム，発電が計画されていた。戦前の奥利根河水統制計画をもとに，建設省の治水計画に基づいて藤原ダム，相俣ダム，八ツ場ダム，坂原ダム，沼田ダムが加わり，このダムに関連して発電が加味されたものであることがわかる。経済安定本部には建設省，商工省からも出向しており，国の計画としてこのようにまとまっていったのである。

調査の実務は建設省，商工省，農林省によって行われていた。また**図 5-2**に示されていないが，矢木沢貯水池を利用して尾瀬原貯水池へ揚水し，渇水期に利根川へ落下しての発電も計画されていた。この利根川総合開発については

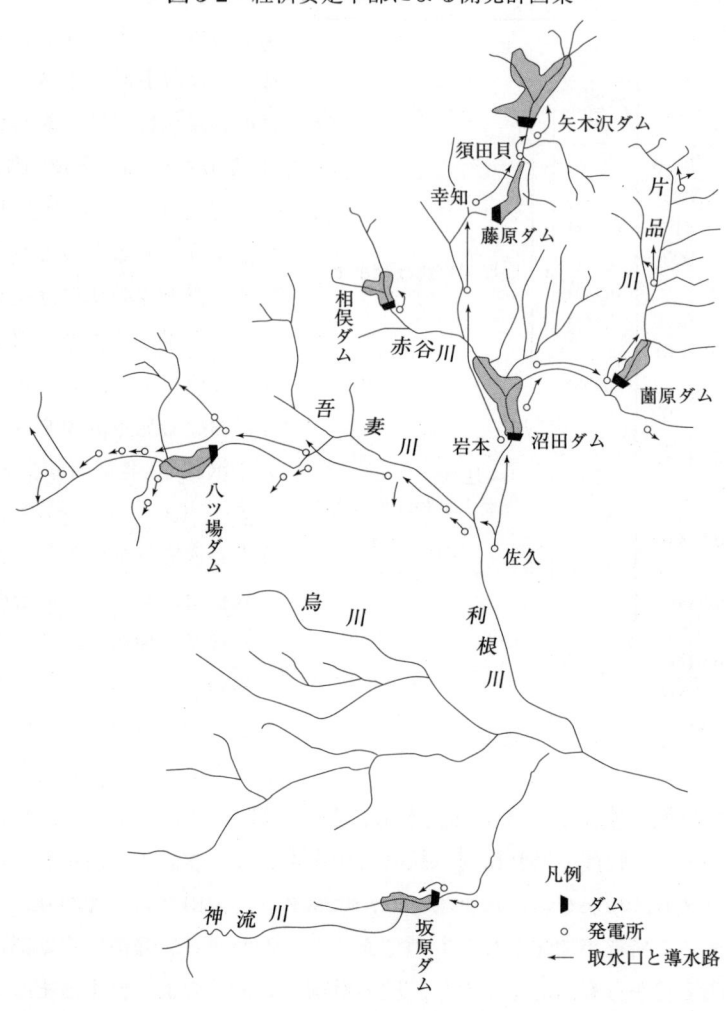

図 5-2 経済安定本部による開発計画案

戦前の歴史的経緯を踏まえ，節を改めて述べていく。

　一方，戦前から行われていた河水統制事業は，1951年度から河川総合開発事業に名称変更した。これにより河水統制事業は，従来，予算科目上，河川改修費の一部にすぎなかったが，河川総合開発事業として独立し，事業としての

第Ⅴ章　戦後の社会基盤政策の展開　　　325

位置づけが明確になった。それにともない，「直轄河水統制事業費」が「直轄河川総合開発事業費」に，「府県河水統制事業費補助」が「河川総合開発事業費補助」に変更された。

　直轄多目的ダムの着工状況をみると，46年度に石淵ダムが着手されたが，49年度に永瀬ダム（物部川），柳瀬ダム（銅山川）が続き，河川総合開発事業となった51年，田瀬ダム（北上川），五十里ダム（鬼怒川），猿谷ダム（十津川）が着手された。また，この年，1年限りであったが，「米国対日援助見返金資金特別会計」から11億円の資金が融資され，田瀬ダム，五十里ダム，石淵ダム，永瀬ダムで利用された。

　この後，52年度，藤原ダム，桂沢ダム（石狩川），丸山ダム（木曽川）が着手された。丸山ダムは戦時中，日本発送電株式会社により着手されながら中止されていたものを建設省によって治水目的が付加され，直轄ながら治水担当分を関西電力に委託するという特殊な方式がとられた。さらに53年度に鳴子ダム，美和ダム（天竜川），鎧畑ダム（雄物川），54年度には二瀬ダム（荒川），鹿野川ダム（月広川），目尾ダム（岩木川），潟田ダム（北上川），大野ダム（由良川），一房ダム（球磨川）に着手された。

【注】
1) 「工藤宏規―業績とその人―」『野研時報』第7号別冊，財団法人野口研究所，1958年。
2) 幣原首相は内閣記者団に次のように述べている。
　「ドイツが前大戦に敗れた後，全国的にあの有名な自動車道路の構築を行い，膨大な失業者の救済に成功した。日本は失業者救済という点からも，又，もっと大きな日本経済の再建という見地から日本に豊富に恵まれた水力発電の開発，これに伴うダムの築造を行うため，政府の調査を命じている。ダムの築造でどれだけの失業者を救済出来るか分からぬが，調査完了次第早速これが建設に着手するつもりである。自分は，水力電気の開発こそ，日本経済再建の唯一の光明と考え，これにより将来の国民の民政安定を得られると確信している。
　現在，わが国の水力電気の余力はいま正確な数字は記憶していないが，約二

百万キロ位，これに工事中のものが二十五万キロ，未開発のものが五百万キロということだ。また降雨を少しも逃がさず悉くダムに収め，発電に利用すれば，少く見積もっても，夕張炭鉱一億万トンに相当する電力を得られると，計算している専門家もある。

　　また，ダムの築造には，発電用水車のための鋼材を除き，鉄材は殆ど不用であり，セメントだけで出来る。この点が妙味だ。即ち，ダムがセメントを生み，セメントがダムを生む。これを繰り返してゆけば，外国の援助を借りることなく，自力で一大動力を獲得出来るわけだ。また，ダムが治水に役立ち，同時に，この水源調節が農業上大きな役割を果たすことは源を俟たぬ。これを国家の継続事業として行って，逐次増築して行けば，非常に低廉な電力が豊富にわが国民経済に供給される日が来るのだ。都市も農村も交通も通信もすべて電化する。家庭は電化せられ，料理も洗濯も電気である。農村は安価な肥料を多量に供給せられ，電力利用の多収穫農法も生まれて来よう」田中義一『米国TVA計画（米国テネシー開発計画の全貌）』東洋経済新報社，1947年，4ページ。

3) 外務省特別調査委員会『日本経済再建の基本問題』外務省調査局，1946年。
4) 酉水孜郎編『資料・国土計画』大明堂，1975年，260～292ページ。
5) 1947（昭和22）年12月末に内務省が解体された後，48年1月，戦災復興院と旧内務省国土局が統合されて建設院が設置された。この後，同年7月，建設省設置法の制定により建設省に昇格した。
6) 「国土総合開発法」の成立についての分析は，以下の文献で行われている。
佐藤笠『日本の地域開発』未来社，1965年。御厨貴「戦時・戦後の社会」『日本経済史7』（中村隆英編，岩波書店）1989年。御厨貴「水資源開発と戦後政策決定過程」『年報・近代日本研究八』山川出版社，1986年。
7) 佐藤笠『日本の地域開発』前出，57ページ。
8) 同上，71～74ページ，注釈・引用文献。

第Ⅴ章　戦後の社会基盤政策の展開

3　利根川総合開発事業

(1)　戦前の奥利根河水統制計画（図5-3）

　利根川本川水源地での発電の調査が，県営発電構想のもとに群馬県によって1932（昭和7）年に開始された。その当時，県営発電が大いに注目されていたが，その重要な端緒となったのが20（大正9）年からの富山県営水力電気事業である。富山県では，常願寺川などの県下の急流河川のため洪水防禦に巨額の資金を費やしていたが，この地形を有効に利用し水力発電事業を営んでその収益を治水事業の財源にしようとした。あわせて低廉豊富なる電力でもって，県下産業の振興を図ろうとしたのである[1]。

　その当初の計画は，常願寺川水系において計8カ所，出力37,000 kwの発電

図5-3　奥利根川河水統制計画略図

出典：内務省土木局『河水統制計画概要』1939年。

所の建設であった。21年，3発電所を着工，24年に竣功して送電を開始した。その後，経済の不況のため遅延し，事業経営も赤字が続いたため計画は見直され，黒部川水系の開発も取り入れた計画となったが，常願寺川水系の6発電所最大出力66,335kwの竣功をもって33年度，第1期事業は完成した。なお群馬県でも20年に県営発電が計画され調査が行われたが，経営的に確信がもてず，推進していた知事が他県に移動したので実施には到らなかった。その時の計画は，県内4ヵ所に発電所を設置し，総事業費約2,300万円で24,000kwの電力を得て，これを電力供給業者に売渡そうとするものだった。

さて1932年からの群馬県の発電計画の目的は，県会の意見書をみるように，低廉なる電気を供給し群馬県下の農山村，都市の振興を促し，また県財政を豊かにしようとするものだった[2]。群馬県下への安い電気の供給とは，利根川の水源地でありながら満足な電気を得ていないという不満が背後にあった。県内には，既に20万kwの発電能力を抱えながらもその主要な供給地は東京であって，群馬県下の消費はそのうち約27,000kw，その料金も東京に比べて3割も高いという状況であった。このため県議会では，電力会社から既存移設を買収し，県営事業とするようにとの強い主張があった。

県による発電調査は，やがてダムを中心とするものになっていった。その経緯について知事は，34年の県議会で「内務省は利根川の水の調節，利水と同時に発電関係を調査したらどうか，それにはある程度補助してもよいと言われた」と述べている[3]。先述したように，内務省は大正末年から河水統制に熱心であり，群馬県にも働きかけていたことがわかる。一方，群馬県下では，水量が豊富で水路式の発電が有利な吾妻川，片品川などは電力会社によって既に開発されていた。利根川本川でも，小松，佐久の流れ込み発電所が完成していた。この開発状況および時代の流れのなかで，ダムによる貯水池方式が必然のこととして前面に出てきたのである。

さらに35年の利根川大水害が，ダム計画を一層推進させた。群馬県下の利根川水源地帯では，豪雨出水により山腹崩壊なども伴う大惨状となり，治水が重要な課題となったのである。35年度からの調査では，水力発電のみに限定

第Ⅴ章　戦後の社会基盤政策の展開

せず，洪水調査，灌漑用水確保も含めた調査を行うこととなった。37年の県会で知事は「県営電気の計画は利根川の上流に高堰堤を築き数万キロワットの発電をしようとするもので，1は電気料を安くし，1は水害の予防をしようとするものである。一面下流の発電所の水力の増加にもなる。近頃言われる河水統制の典型的なものである」と述べている[4]。

ところでこの37年は，国により河水統制調査が開始された年である。内務省は利根川について出先の土木出張所に任せず，本省土木局によって調査が行われることとなった。この結果，群馬県では内務省と一体となって調査が進められることとなったのである。

この河水統制事業に，群馬県は多年，懸案となっていた大正用水・中部用水事業の水源の確保も目指すこととなった。大正用水は赤城山南麓，中部用水は榛名山東麓を灌漑しようとするものである。両用水事業は25年，県議会産業調査会で推進することが決議され，それ以降，県によって調査が進められていた。38年3月，群馬県は県営発電水利使用認可申請を行ったが，「大正用水，中部用水其他各種の利水事業と共に発電事業をも総合し県営を以て実施する硬き決意の下に為したる」申請であった。そのダム計画は矢木沢，楢俣，幸知に3ダムを設置するものである。調査費は当初2,000円であったが，6月には80,000円余を追加計上して進めた。

一方，この時期，奥利根の河水統制計画に対し東京市が水道水源として注目していた[5]。東京市は将来の増大する水需要に対処すべく，1937年，水道水源調査委員会を設置し，第3水道拡張事業計画を検討していた。対象となった水源候補は三島湧水・相模川・荒川・見沼貯水地・渡良瀬遊水地・飯沼貯水地・手賀沼・霞ヶ浦・奥利根川らであり，水質と水量，建設費と経営費，地震と空襲その他に対する安全度の面について詳細な検討が加えられた。検討の結果，最後に霞ヶ浦案と奥利根川案の2案が残り両案の是非について長期にわたり議論が尽くされ，取水量および工費の点で奥利根案が勝るとして奥利根案が採用されることとなったのである。それに先立ち，36年，東京市の担当課長によって利根川水源視察が行われ，ダム計画が検討されていた。奥利根案の利点

として，降雪が多量で自然の貯水池をなし，融雪期の流量が大きいという日本海型の流況であるのに対し，既存の水源である多摩川は太平洋型であるため，両河川からの取水は安全度がより一層高まることが指摘されている。

ここに，東京の水道水源として利根川上流が初めて登場することとなったのである。当時，群馬県によって河水統制計画が進められていたが，東京市はこの統制計画が水源確保のための絶好の機会と考え，39年3月，内務省に対し，受益者として事業費の一部負担を条件に，その計画のなかに自らの水道の用水量を含むよう申請した。

さて，内務省は利根川水系に37年度，21カ所の流量観測所を設定し，また同年，利根川水源で地形地質調査を行った。38年には先述したように，矢木沢他2ダムの建設による群馬県計画が樹立され，水利使用権の許可申請がなされた。しかし内務省，逓信省から係員が実施調査を行ったところ，矢木沢地点は地質が良好でないと判断された。この後，群馬県は楢俣，幸知の2ダムによる計画を樹て，39年3月，計画変更の申請を行ったのである。

内務省土木局により，1939年6月，「河水統制計画概要」がつくられた。このなかに，事業者群馬県なる「奥利根河水統制計画概要」が記載されている。その計画は，楢俣川合流点下流にダム高135m，総貯水容量182,000千m^3（有効貯水容量120,000千m^3）の楢俣ダムを築造し，東京市への水道用水12m^3/s，赤城山南麓，榛名山東麓あわせて3,500町歩（うち開田1,000町歩）の灌漑農業用水5m^3/sを開発する。さらに楢俣ダム直下に須田貝発電所，その下流にダム高55mの幸知ダムによる逆調整池を設置し，そこから導水する幸知発電所によって最大114,400kwの発電をするものだった。

1939年3月の群馬県の計画変更の具体的内容が，これであったと考えられる。内務省から技官が群馬県に出向し，彼を中心にして検討がなされたというから，群馬県，内務省が一体となって策定した計画であろう。この計画では，当初，群馬県が主張していた治水は前面に出ていないが，洪水を貯溜し，それを利水に使用する，その結果として治水に役立つと考えていたと思われる。後の計画書に「洪水及豊水を貯留し一面下流一帯の水害を軽減すると共に必要に

応じ貯溜を放流して本川流量を調整」すると述べられている[6]。また，39年3月申請されていた東京市水道も，この計画のなかに位置づけられた。

　群馬県への水利権は，40年2月に認可された。これに基づき群馬県は，同年12月，3カ年にわたる特別会計河水統制事業費の追加予算を組んだ。40年度は約37万円からなるが，その歳入は県債によるものだった。この県債の償還について，「日本発送電株式会社よりの補償金及一般歳入を以て償還するものとす」と，日本発送電からの補償金が重視されている。これについて「準備事業終り次第，覚書により水利使用権を日本発送電会社に譲渡し，準備の費用は同会社より補償されることになっている」と，水利使用権を譲渡する代わりに補償金が得られることを，知事は県会で述べている[7]。

　当時，発電事業は国策により39年に設立された日本発送電に一元化され，県営は基本的に認められていなかった。補償金による水利権譲渡はこの国策の結果だと考えられる。なお東京電燈株式会社の既許可水利権放棄に対する補償も，河水統制事業の中で行われた。

　許可された河水統制事業計画をみると[8]，39年6月の内務省土木局「河水統制計画概要」と基本的には同じであるが，灌漑面積の中で開田をそれまでの1,000町歩から1,100町歩としている。さらに本計画が，新たに尾瀬ヶ原発電計画と密接な関連をもっていることを述べている。つまり尾瀬ヶ原発電計画は国によって既に樹立されていたが，豊水期に余剰電力を利用して楢俣貯水池から水を吸上げて有効貯水容量3億3,300万m^3（中禅寺湖とほぼ同じ）の尾瀬ヶ原貯水池に貯留し，渇水時に発電放流するならば，水量が増加して灌漑・工業用水に利用することができるとするものである（図5-4）。

　電力を用いて流域外の貯水池を利用しようとするもので，このような尾瀬ヶ原貯水池の利用について，東京市も期待していた。尾瀬ヶ原貯水池については36年，東京市によって行われた利根川水源視察でも報告され[9]，この当時，既に計画が立てられていたことがわかる。

　この後，各種の調査が進められ新たな資料を得て，1943年には本ダムの位置は矢木沢地点に変更され，ダム高125m，総貯水容量2億780万m^3（有効貯

図 5-4　群馬県河水統制並発電計画一覧図（1940 年）

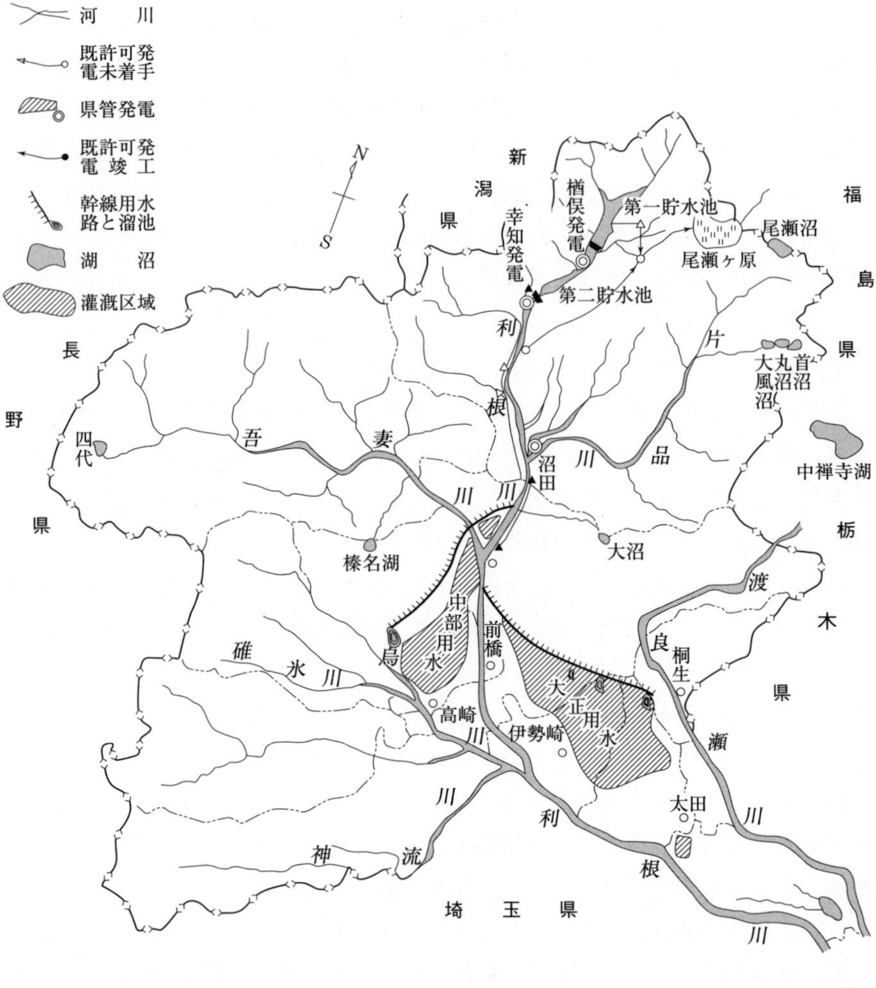

水容量1億2,000万m³）の矢木沢ダムとなった。これに伴い発電計画も変更された。矢木沢ダムの下に矢木沢発電所を設置し，この逆調整池として高さ50mの芦沢ダムを設け，ここから須田貝と幸知の2か所で発電し，合わせて最大92,368kwの発電をしようとするものとなった（図5-5)[10]。その他の計画

第Ⅴ章　戦後の社会基盤政策の展開　　　　　　　　　　　　333

図 5-5　奥利根河水統制計画の変遷

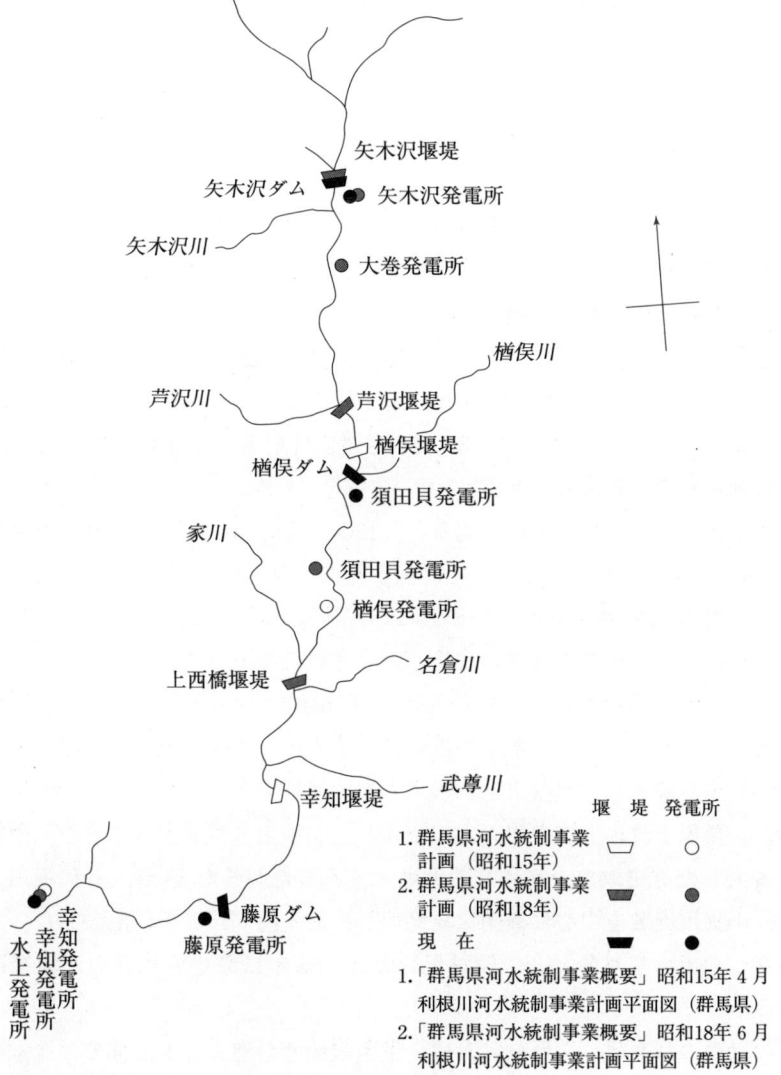

矢木沢堰堤
矢木沢ダム　矢木沢発電所
矢木沢川
大巻発電所
楢俣川
芦沢川　芦沢堰堤
楢俣堰堤
楢俣ダム
須田貝発電所
家川
須田貝発電所
楢俣発電所
上西橋堰堤　名倉川
武尊川
幸知堰堤

　　　　　　　堰　堤　発電所
1. 群馬県河水統制事業
　計画（昭和15年）
2. 群馬県河水統制事業
　計画（昭和18年）
　現　在

幸知発電所
幸知発電所
水上発電所
藤原ダム
藤原発電所

1.「群馬県河水統制事業概要」昭和15年4月
　利根河水統制事業計画平面図（群馬県）
2.「群馬県河水統制事業概要」昭和18年6月
　利根河水統制事業計画平面図（群馬県）

出典：『利根川百年史』建設省関東地方建設局，1987年。

は以前と同様であった。

しかしこの奥利根河水統制事業は，戦況の悪化により工事に着手することなく終戦となったのである。

(2) 1949年の利根川改修改訂計画

国土開発におけるアメリカ民主主義の象徴としてTVAの研究・普及が進められていた昭和20年代初め，わが国は毎年のように水害に襲われ，戦争により疲弊していた国土に追い討ちがかけられていた。特に1947(昭和22)年9月，利根川がカスリーン台風に襲われて栗橋地点の右岸が決壊し，埼玉県から東京下町にかけて450 km^2が濁流に洗われた。ここに利根川治水計画は全面的な見直しが行われ，49年になって，47年9月洪水を対象とした新たな計画，改修改訂計画が樹立されたのである。

利根川の近代治水計画を振り返ると，1900(明治33)年から直轄治水事業が開始され，10年大出水に基づいて計画が見直された後，30(昭和5)年に竣功をみた。31年の歳月を費やしたが，この工事によって堤内・堤外地が明確に区分され，現在の利根川河道の骨格が形成されたのである。

しかし，この竣功から間もない35年，利根川は大出水となった。本川で破堤することはなかったが，本川の洪水位の上昇のため中利根川に合流している支川小貝川が破堤し，氾濫水は利根川左岸の耕地を流れて霞ヶ浦まで大洪水となった。栗橋上流の上利根川の大出水が，上利根川で破壊することなく中利根川に流入した有史以来，初めての大洪水であった。また38年，下利根川，霞ヶ浦，小貝川流域を中心に豪雨に見舞われ，霞ヶ浦周辺は再び氾濫した。主にこの2つの出水を対象にして検討が行われ，38年に策定されたのが増補計画である。

この計画の特徴は，平野部における洪水調節池の導入と下流部での放水路計画である。洪水調節池は，「明治改修」により確保されていた大堤外地が対象となり，上利根川における渡良瀬遊水池，中利根川における田中・菅生遊水池

が計画された。だが、この洪水調節池のみでは限界があり、さらに取手付近から東京湾に抜ける放水路が計画されたのである。平地部の河道計画として、明治の計画と比較し、一層、綿密な計画が策定されたのである。

増補工事は、第1期と第2期に分かれて施工することとなり、39年度から15カ年事業として第1期工事に着手した。しかし戦争の激化により43年度以降、予算が減少し、その後は工事休止状態となった。戦後になって工事は再開されたが、まもなくカスリーン台風に襲われたのである。

さて、1949年の計画は、烏川が本川に合流した直後の八斗島地点で、基本高水流量 17,000 m³/s、そのうち 3,000 m³/s を上流ダム郡で洪水調節しようとするものである。ここにはじめて、利根川本川にダムによる洪水調節が導入されたのである。ここでは具体的なダムの配置計画について検討していく[11]。

なお、利根川水系では、戦前の41年、鬼怒川で五十里ダムの建設が復活していた。このダムは、地質の不良のため、33年に一度、中止となったが、38年9月の渡良瀬川大出水後、治水計画の見直しが行われ、ロックフィルダムとして再度、登場したのである。しかし工事着手となったものの、戦争の激化で中止となっていた。

利根川改修改訂計画は、47年11月、内務省に設置された「治水調査会」によって策定された。治水調査会は、利根川・淀川等全国の主要10河川を対象として、各河川ごとに委員会が設置された。利根川では関係都道府県知事を臨時委員とし、さらに現職・先輩技術陣を委員とした委員会と、その委員会の下に技術的課題を中心に検討する小委員会が設置された。小委員会は、学識経験者及び本省・関東地方建設局の技術陣からなる委員と、関係都県の土木部長を臨時委員として構成された。

委員会、小委員会とも、このように関係都県の代表者が、臨時委員といいながら参画している。このことは明治の改修計画、また戦前の増補計画策定のときと異なっている。戦後の社会全体の民主主義の風潮が背景にあると考えられるが、また利根川改修計画の策定にとって上下流、左右岸の厳しい地域対立の調整が非常に重要であったことを物語るものである。

さて上流ダムによる洪水調節について，最初は沼田ダムのみによる案が提出された。佐久発電所取水口上流付近に100mのダムを建設するものだが，多数の家屋と鉄道・道路が水没し，その補償が重大であった。この沼田ダムについて，各都県からこれだけで3,000 m³/sの調節ができるかとの難色が示された。特に水源県群馬県から次のような意見があった。
① 地質および水没地域の民生上の調査研究を行う。
② 尾瀬ヶ原および奥利根綜合開発計画に治水対策を加味する案とする。
③ 沼田以外の所として，矢木沢・片品川・赤谷川のダムを要望する。

群馬県は，戦前の奥利根河水統制計画を土台にして検討を進めていくことを期待していることがわかる。これらの意見に対して，小委員会では，沼田ダム以外のダム地点での洪水調節効果をめぐって議論が交わされた。さらに，沼田のほか，本川・烏川・片品川などの数箇所を調査していることが説明された。

この後の打ち合わせ会で，群馬県は沼田ダムのみで3,000 m³/s調節できるかどうか疑問であり，「沼田と限定して貰っては困る」と沼田に限定することに反発した。この群馬県の意向，またその他のダムについて調査不足もあり，結局はダム地点を固定せず，上流部にダムを建設して洪水調節を行い，烏川合流点における流量を3,000 m³/sだけ減少するとの委員会報告となり，それが改修改訂計画となった。なお，ダム建設候補地点，調節効果の算定などについては次のような検討状況であった。
① 沼田で3,000 m³/s調節できるかどうかについては，調査中。
② 沼田が芳しくないとすれば，本川藤原・片品川薗原・赤谷川相俣・吾妻川八ツ場・神流　川坂原の5ダムで3,000 m³/s調節する。
③ 藤原・薗原・相俣の調節効果は見当がついている。
④ 八ツ場・坂原は未調査であるが，1947年9月洪水のデータに基づいて，雨の降り方，時差等を考慮して合成すると八斗島で3,800 m³/sとなる。これに河道での扁平化等を考えると3,000 m³/sは可能である。

このように，上流ダムの候補地点として沼田と並んで藤原・薗原・相俣・八ツ場・坂原の5ダムが対象とされ，この後，地形・地質調査が進められていっ

た。また群馬県から，既往洪水をみると雨の降り方がそれぞれ異なるため，各種の雨の降り方に対応できるように上流部の各支川にダムを造ってほしい，群馬県内に適地がない場合も考慮して今後調査が必要である，との意見が出された。つまり当時の水理・水文の観測状況，及び降雨・流出解析の状況から，この面の調査の必要性が指摘されたのである。

この後，建設省では，沼田に利根川上流調査事務所を設置し，八斗島上流の利根川水系全域を対象として，水理・水文調査およびダム候補地調査を行うようになった。

やがて，沼田ダム問題は社会的に大きな反響を呼び，政治問題化しはじめ，計画の調整の過程で沼田を除くダム群による調節計画が必要となった。1951年11月には，沼田を含むA案と含まないB案について検討し，A案では沼田・藤原を含む5ダム，B案では矢木沢・藤原・老神・八ツ神・下久保等16地点の検討を実施している。なお神流川に位置する下久保地点は，坂原地点が振り替えられたものである。

(3) 利根川水源におけるダム建設事業

利根川水源におけるダム建設をみると，先述したように利根川流域は，1951年に国土総合開発法による特定地域に指定され，開発目標として国土保全（治山・治水），資源開発（農産，電力，林産）があげられた。翌52年度から，河川総合開発事業として堤高95m，総貯水容量5,249万m^{3}の藤原ダムが，治水と下流既得農業用水の補給目的で建設省によって着工された。続いて53年，群馬県より赤谷川総合開発事業の一環として相俣ダムが着工された[12]。先述したように，戦前の40年，群馬県による奥利根河水統制事業が認可されたが，戦争の激化のため中断されて群馬県利水局も廃止された。しかし戦前からの県当局の熱意が赤谷川総合開発事業となったのである。

相俣ダムはダム高67m，総貯水容量2,500万m^{3}の重力式コンクリートダムであって，洪水調節，須川平の436haの灌漑及び下流既得農業用水の補給，

さらにダム直下の相俣発電所と下流の桃野発電所で合わせて最大出力13,500kwの発電を行うものである。56年に一応の完成を見せ，直ちに試験湛水を開始したが，その途中で漏水が生じたので湛水は打ち切られた。この後，建設省直轄に移管され，第2期工事として漏水対策工事が施工されて59年完了となったのである。

ところで河水統制事業認可のとき，発電の水利権は群馬県がもっていた。しかし補償金によって日本発送電に譲渡されることとなっていた。これに基づき，43年，幸知・須田貝発電所の水利権が日本発送電に108万円で譲渡されたのである。しかし矢木沢ダムの水利権は，灌漑，上水等の河川総合開発と関係が深く，引き続き群馬県が保持していた。だが戦後になると，群馬県は47年，48年度の災害による県財政の逼迫から矢木沢の発電水利権を手放すこととし，50年にこれを三千数百万円で日本発送電に譲渡した。さらに翌51年には，日本発送電の解体に伴って東京電力に引き継がれたのである。

一方，昭和20年代の発電事業についてみると，終戦当時，岩本発電所（27,500 kw）が工事中であったが，1949年に完成させた。この後1952年，奥利根河水統制事業の一環であった幸知（水上）発電所に着手し，出力18,600 kw（使用水量16.7 m³/s）で，53年竣功した。続いてダム高73mの須田貝ダムと地下式の発電所工事に着手し，55年竣功した。戦前の計画は使用水量30 m³/s，出力2万kwであったが，65 m³/s，出力4万kwに増強された。さらに57年，藤原ダムに付随する藤原発電所（出力21,600 kw）を竣功させた。片品川筋についてみると，白根発電所（出力1万kw），鎌田発電所（出力11,200 kw）の工事に着手，54年に完成させた。

次に昭和30年代の多目的ダム建設についてみよう。1952年に着工した藤原ダムは，58年竣功した。これと入れ替わりに堤高76.5mの薗原ダムが59年着工された。総貯水量2,031千m³，洪水調節，発電および下流既得農業用水の補給を目的とするものである。なお57年，国土総合開発法に基づき利根特定地域総合開発計画が閣議決定されたが，多目的ダムとして藤原ダム，相俣ダム，五十里ダム，川俣ダム，薗原ダム，中禅寺湖，矢木沢ダムの7地点があげ

第V章　戦後の社会基盤政策の展開

られた。このうち中禅寺湖は，その出口付近に調節ゲートを設置して湖面を利用し，発電，治水，下流既得農業用水の補給に利用するもので，栃木県により57年に着工，60年に完成した。また鬼怒川に位置する川俣ダムは，41年に鬼怒川河水統制計画として取り上げられながら中止となっていたもので，治水，発電，下流既得農業用水の補給を目的とし，57年に着工された。

このように利根特定地域総合開発計画が閣議決定される以前に，藤原ダム，相俣ダム，五十里ダムは既に着工されていたのである。しかし戦前の奥利根河水統制事業の中心であった矢木沢ダムは，なかなか着手とならなかった。利水にかかわりをもつ群馬県（農水），東京都（水道），東京電力（発電）の間で調整がつかなかったのである。

矢木沢ダム建設の経緯についてみると，1955年1月，3機関により「矢木沢ダム建設共同調査委員会」が設置され，ここで協議された。また開発水量についての利害が直接ぶつかる群馬県と東京都の間で，「矢木沢ダム水利用調整打ち合わせ委員会」が設けられ，検討が進められた。だが，県の利水事業（開発水量13.25 m^3/s）と都の水道事業（16.6 m^3/s）との間で調整がつかなかった。基本的には，両者の希望している水量が，矢木沢ダムによる開発水量を上回ったのである。協議は暗礁に乗り上げた。このため58年になると，建設省が「矢木沢ダム建設共同調査委員会」に加わり，調整に乗り出したのである。

建設省は別途，神流川でダム建設のための基本的な調査を行っていた。当初の計画は坂原地点であったが，昭和20年代後半には約5km下流の下久保ダムサイトに注目していた。ここで，58年度に河川総合開発事業調査による具体的調査が始まった。建設省は，この下久保ダムと合わせて矢木沢ダムの解決を図ったのである。つまり下久保ダムと一体となって必要容量の確保を図り，東京都の不足分を下久保ダムから補給し，矢木沢ダムを洪水調節を含んだ多目的ダムとして建設することで関係者を調整し，同意を得たのである。ここに59年から矢木沢ダム，下久保ダムに着工した。

両ダムとも，57年に制定された特定多目的ダム法によって着工された[13]。この法律により，多目的ダムは河川法に基づく河川工事であり，河川付属物であ

るとの法制上の根拠を与えた。多目的ダムに関する基本計画は建設大臣によって定められ、工事及び維持管理は河川付属物として行われることとなり、関係行政機関などに対する手続きを定めるとともに、利水事業者にはダム使用権を設定し、その財産権を明確にすることにした。また費用負担の算出方式が定められ、特定多目的ダム工事特別会計が設置されてダム使用権設定予定者は、この会計に負担金を収めることとなったのである。水利権処分については、基本計画が定められた後は建設大臣によって行われることとなり、都道府県知事の許可が原則であった体制から一歩踏み出すことになった。

　1962年、矢木沢・下久保の両ダムは、長期計画に基づき先行的な水資源開発を目的とする水資源開発公団が設立された後、同公団に移管されて工事が進められた。竣功したのは、矢木沢ダムが67年、下久保ダムが68年である。両ダムの完成により、戦前の奥利根河水統制計画のほとんどは完了をみた。群馬県赤城・榛名山麓の開田等の約1,000 haへの灌漑用水の水源も、確保された。なお灌漑施設は、群馬用水事業として63年に水資源開発公団によって着工をみた。

　一方、手がつけられていない事業がある。只見川の水源の尾瀬ヶ原の一部を容量3億3,000万m^3の貯水池とし、尾瀬の水とともに豊水期利根川から水量を汲み上げ、約50万kwを発電する構想である。一般的に「尾瀬分水」とよばれるこの尾瀬ヶ原水利権は、最大使用分水量6,122m^3/sで、1922（大正11）年、関東水電（現・東京電力）に群馬・新潟・福島3知事の連名で許可されていた。しかし事業に着手できないまま戦後となり、2回更改した後、66年3月の更新期に関係県の調整がつかないまま、建設大臣の許可を受けずに群馬県知事が許可処分した。一方、新潟・福島両知事が不許可処分したため、長い間有効な処分がなされないままの状態となっていた[14]。

　戦前から戦後にかけて着工できなかったのは、高位湿原で天然記念物として指定されている尾瀬ヶ原の一部でも水没させることに強い反対が生じたからである。なお49年に、出力増強のため支川片品川に尾瀬沼の水の一部が導入されている。

このように奥利根総合開発は，1935（昭和10）年頃から昭和40年代初めにかけての約30年にわたるプロジェクトであった。振り返れば，わが国ではこの30年が，ダム開発にとって華々しい上昇期の時代であったかもしれない。戦後復興のエネルギー源として水力発電への期待は極めて強く，食糧増産のためには灌漑用水の確保が重要であり，また昭和30年代中頃まで毎年のように大水害に見舞われていた。国土における大事な資源開発として，ダム建設にわが国の未来が大きく託されていたのである。

周知のように，ダム開発は莫大な投資であるとともに，水没者の移転も含めて地域社会に多大な影響を与える。1つのプロジェクトが一部局で構想され，それが具体化していく過程には，解決しなければならない諸々の問題がある。その過程のなかでプロジェクトがどのように育まれていくのか，豊かに太っていくのか，痩せ衰えていくのか，プロジェクトの評価にとって重要であろう。奥利根のダム開発は，主に電力開発の点から始められ，戦前，既に灌漑用水そして都市用水の確保が加わり，戦後には洪水防禦が取り込まれていった。そこに，社会の進展と深く関連しているプロジェクトの成長の姿を見ることができる。

（4） 戦後のダム施工技術

戦後のダム開発は，1950（昭和25）年頃から本格的に開始されるが，奥利根の多目的ダムの第1号である藤原ダムは，戦前，大陸の水豊ダムで活躍した坂西徳太郎が所長となって指導した。戦前との連続性がうかがえるが，戦後のダム技術はさらにアメリカとの関係を深めていった。五十里ダムでは，アメリカ内務省開拓局の資料を取り寄せ熱心に勉強を行い，設計・施工に反映させていったという。

戦後初の大ダムとして51年，関西電力が木曽川水系の丸山ダム（堤高98m，堤体積約49.7万m^3）に，九州電力がわが国最初の本格的なアーチダムである上椎葉ダム（ダム高110m，堤体積39万m^3）に着手した。そして53年には電源

開発(株)が,佐久間ダム(堤高156 m,堤体積112万 m³)を着工した。

これらのダムの施工は,ブルドーザー,ダンプトラック,パワーショベルなどの大型の重土木機械でもって行われ,施工能力は戦前と一新した。第2次世界大戦中,アメリカでさらに発展した機械を導入したもので,佐久間ダムの主用機械をみたのが表5-4である。戦前の機関車主体が,戦後は自走式大型機械に変わっていったことがわかる。またバッチャープラントなどのプラント類も大型化し,大規模な施工が可能となったのである。

これらの施工はアメリカ人技術者の指導によって行われたが,彼らは同時に科学的施工管理を導入した。つまり客観的な基礎データをとり,それに基づき施工を進めていく。この方法は,主に経験と勘に頼っていたそれまでの日本の

表 5-4 佐久間ダム主要機械一覧表

名　　称	仕　様	数量	備　考
パワーショベル	2.0 m³	7	54 B, 93 M
〃	1.5 m³	2	
ロッカーショベル	0.8 m³	2	Eimaco 104
ローダー		24	Eimco 40 H
ブルドーザ	2	14	Eucrid 36 FD
ダンプトラック	15 t	45	
トラッククレーン	20～25 t	5	
トレーラ	25 t	1	
トランシットミキサー	3 m³	4	
セメント運搬用トレーラ	20 t	2	
ポンプクリート	2 stage 8 in	3	
コンクリートプレッサー	0.76 m³	6	
エヤースライダー	120 t/h	1	
バーチカルポンプ	20 in	6	
ワゴンドリル		16	
ドリルジャンボブーム	115 in, 136 in	64	
ドリフター		35	
ケーブルクレーン	25 t	2	
バッチャープラント	3 m³×4	1	
クーリングプラント	650 ht	1	
骨材プラント	700 t/h	1	

施工技術と根本的に異なったものであった。上椎葉ダムには，フーバーダム建設に携わった技術者が指導のため来日していた。大学を出てすぐに工事に参加した島谷昌宏は，大型機械による大規模施工と科学的施工管理に先輩技術者達は非常に戸惑い，なかなかついていけなかったと述懐している。また日本技術者達のみで進められていたダム現場に行ったとき，大型機械力で進められていた上椎葉ダムと比べ，工事現場の音が全く違っていたと述べている。戦後，アメリカの技術の導入によって施工技術は大きく進展していったのである。

　この後，昭和30年頃からヨーロッパ，なかでもイタリアのダム技術が導入される。それに基づく代表的なダムが1956年着工の薄肉アーチダムの黒部川水系黒部ダム（堤高186m，堤体積160万m³）である。また57年に着工したロックフィルダムである御母衣ダム（堤高131m）の堤体積は800万m³で，海外の大型重土木施工機械でもって初めて建設できたのである。この後，施工機械の国産化とともにダム技術は自立していったのである。

【注】
1) 『常願寺川沿革誌』建設省富山工事事務所，1962年，368〜369ページ。
2) 県会の意見書は具体的に次のように述べている。
「県営電気事業ハ，公益上極メテ必要ニシテ且ツ県財政困難ヲ告グル今日，最モ適宜ニ適シタルモノト認メラルルヲ以テ，之ガ実現ヲ期スルト共ニ有料電源池ヲトシ，速ニ発電所ノ建設ヲナシ，低廉ナル電燈電力ヲ県一円ニ供給シ，農山村ハ勿論商工都市ノ振興ヲ期セラレ度」群馬県議会事務局『群馬県議会史 第四巻』群馬県，1956年，731ページ。
3) 群馬県議会事務局『群馬県議会史　第四巻』前出，673ページ。
4) 同上，956ページ。
5) 東京都水道局『東京都水道史』1952年，281〜296ページ。
6) 群馬県「群馬県河水統制事業計画概要」1940年。
7) 前掲書3)，1274ページ。
8) 前掲書6)。
9) 東京市利根川水源報告は次のように述べている。

「尾瀬原ノ利用ニ就テハ東京電燈尾瀬第一，第二，第三，第四ノ発電計画ヲ有スル外，電力国営案ノ実現ノ暁ニハ尾瀬原ニ高堰堤ヲ設ケ貯水池トナシ利根川ニ放水シ，又本調査ニ係ル須田貝貯水池地点附近利根本流ニモ貯水池ヲ設置シ，利根川ノ洪水ヲ貯溜シ汲ミ上ゲニ供スルト共ニ，尾瀬ノ放水ヲ受ケテ夫レモ逆調節ヲナシ五十万『キロワット』ニ及ブ大発電計画ヲスルモノノ如クナレバ，今後，本地方ニ於ケル水源貯水池計画ニ就テハ，特ニ充分ナル調査研究ヲ要スベキモノナリ」。東京都水道局「利根川水源視察報告書」1936年。

10) 群馬県「群馬県河水統制事業計画概要」1943年。
11) 参考文献として，『利根川百年史』建設省関東地方建設局，1987年。小坂忠『近代利根川治水に関する計画論的研究』1994年。
12) 『群馬県企業局　二十年史』群馬県企業局，1978年，9〜16ページ。
13) 矢木沢ダム建設をめぐり群馬県，東京都，東京電力の間で協議が難航し容易に進展をみないなかで，河川管理者たる建設省が参画することによってまとまった。この調整のなかから，多目的ダムの一元的管理を目的とする特定多目的ダム法が成立した。
14) 96年の更新時に，東京電力は水利権更新の申請をせず，現在，この水利権は存在しない。

あとがき

　戦前の昭和期を中心に，1960（昭和35）年頃までのわが国の社会基盤整備についてみてきた。戦後は，終戦後の復興期と本格的な高度経済成長期に入る前までだが，社会基盤整備における戦前の到達点，それを踏まえた戦後の展開について述べてきた。

　戦後の復興期，ダムを基軸とした地域開発は人々に大きな希望を与え，光り輝いていたといってよいだろう。占領軍の中核であったアメリカから，草の根民主主義に基づく地域開発の成功例としてTVAが広く喧伝された。長い間TVAの理事長であったリリエンソールの著作『TVA――民主主義は進展する』は翻訳され，新たな地域開発手法として大きな影響を与えていたのである。また戦後，主要4島の領有に戻った日本にとって残された国内資源の最有力のものが河川水であり，必然的に河川を中心に地域整備は進められていったのである。しかし戦前からも河川開発は注目され，河水統制事業として着手されていた。この戦前とのかかわりをどのように評価していったらよいのかが，本書の課題の1つであった。

　結論としては，河川開発を基軸においた復興期はいうに及ばず，高度経済成長を支えた臨海部の埋立地を中心とする工業地帯の整備も，戦前，既に計画され，実行されていた。これについて京浜工業地帯の整備を具体的事例として述べてきた。また輸送面における高速鉄道（新幹線），高速道路も構想の段階にとどまらず詳細な計画が練られ，部分的だが高速鉄道は着工され，高速道路は実施調査が行われていた。高度経済成長期を支えた社会基盤整備の構想・計画は，既に戦前，準備されていたのである。それらが花開くのが戦後であり，社会基盤整備にとって戦前と戦後の切れることのない強い連続性をうかがわさせるのである。

　つまり構想・計画という脳細胞を絞っていく作業は，既に戦前に終わってい

た。その作業を下敷きに，アメリカから導入された重土木施工機械でもって現場で汗を流し現実化していったのが戦後ではなかったか，と評価されるのである。悪くいえば戦後は体力勝負であり，戦前の知恵をおいしく頂いたのである。

それに異議を唱えるのには，戦前に基礎づけられた構想・計画に，戦後，どのような新たな知見・新しい息吹を与え，成長させていったのかを明らかにせねばならない。アメリカから導入した重土木施工機械によりコスト的に安くできるようになった，大規模にできるようになったというだけでは，戦後は戦前の財産をたんに食い潰していっただけといわれても仕方がない。

戦後の具体的プロジェクトとして利根川総合開発をみてきたが，電力開発から始まったこの計画が，戦前，灌漑用水と都市用水の確保，さらに戦後，洪水防禦が加わっていった。またこのプロジェクトを推進していくなかで，特定多目的法を制定させた。プロジェクトの成長の姿をそこにみることができる。さらにこの計画には尾瀬ヶ原貯水池建設が含まれていたが，その反対を主張する自然保護の動きもあって実現することはなかった。そしてこの反対運動のなかから，自然保護協会が生まれていったのである。

さて高度経済成長以降がどうなったのかが，今日の問題にも関連する重要な問いである。社会基盤整備に対し新しい理念として何を付け加えたのか。はたまた思考停止に陥り，ふんだんに提供された資金量のもと，惰性で体力仕事に邁進していっただけなのか。戦後建設省にあって，昭和30年代後半まで河川局の中枢にいた山本三郎は，1953（昭和28）年，利水課が開発課に衣替したことを嘆いていた。利水行政の一環としてのダム建設のはずだが，ダム建設が目的化していくのではないかと非常に危惧していたのである。

ところで戦後との比較でみていくならば，その水準の後退が指摘されるものもある。たとえば本書でも述べたように，戦前，奥深い山中でのダム建設に対し，優れた自然景観の保全を図るようにと自然保護派から強い反対が表明された。それに対して建設側からも積極的な反論がなされ，事業に対して技術的対応によって調和を図っていった。また古都京都では1935年の鴨川大水害の後，治水と環境の調和を前面に押し立て「山紫水明の美」の観点から鴨川改修を

行ったのである。

　自然景観と構造物との調和，残念ながらこの重要な課題は長い間，省みられなかった。再度，話題となり始めたのは戦後30年以上たった昭和50年代後半であって，原爆ドーム周辺の広島・太田川の基町護岸整備が重要な第一歩であったと位置づけている。

　なぜこのようになったのか，もちろんいろいろのことがかかわっており一口で言える課題ではないが，土木技術の面から考えると自然と技術との関係に根元的な大きな変化があったことを否定することはできない。戦後，重土木機械による施工によって自然からの制約条件から大きく解放されたのである。国土のもっている自然の重みが，施工面からみて異なってきたのである。極端に言えば，コストをかければ何でも造ることができる。こうなったら，自然とは調和を図るものではなく，まさに克服するものとなる。

　自然と技術とのかかわりが，戦後，新しいステージに立ったことは間違いない。そのとき，1円でも安くという経済合理性以外にどのような思想をもったのだろうか。自然からの制約が少なくなればなるほど，技術の哲学が重要となってくる。「何のために，どのように造るのか」その理念が重要である。現在，土木技術に対する不信の声をしばしば聞くが，自然とのかかわりにおける土木技術の哲学が問われているのである。

　現在に対し，このような認識を持ち，本書は昭和前半の社会基盤整備について構想・計画面を中心に述べている。本書は，戦前を美化しすぎている，あるいは前向きに評価されることのみを取り上げているとの指摘を否定することはできない。たとえば，時局匡救事業に対し，整備された社会基盤が地域社会に与えたプラス面のみを強調しすぎているだろう。一方，水の通らない水路など，単なる労賃払いに終わった事例がかなりあることは間違いない。また土木現場に「強制連行朝鮮人」，「中国人俘虜」が送り込まれ，悲惨な労働を強いられたことも知っている。このことを断ったうえで，社会基盤整備の今後のあり方を考える際の基本資料となるべく，本書をまとめていったのである。いささか土木技術の細部に立ち入りすぎ，専門家でなかったらわかりにくく，また興味を

もてない箇所が少なからずあると思うが，その点はご容赦願いたい。

筆者にとって今後の課題は，昭和30年代中頃から本格的に始まった高度経済成長以降の社会基盤整備の分析である。ここで，5次にわたる全国総合開発計画に基づいて少しばかり述べてみたい。

1962（昭和37）年，国土総合開発法施行の22年後，初めて全国総合開発計画が閣議決定された。この計画では，高度経済成長を推進する60年策定の所得倍増計画が太平洋ベルト地帯の工業開発を中心においていたのに対し，地域間格差是正の旗印のもと，拠点開発方式として全国15の新産業都市，東京等の過密地域以外の太平洋ベルト地帯6カ所の工業整備特別地域で工業開発を図ろうというものである。臨海部におけるコンビナート建設による重化学工業化がその基本であった。

高度経済成長が進展していくなかで，［豊かな環境の創造］を基本目標におく新全国総合開発が69年，閣議決定された。この間64年に東海道新幹線が営業を開始し，また65年には名神高速道路がわが国最初の高速道路として開通していた。新全総は新幹線，高速道路等のネットワークの整備，これを基礎条件として大規模プロジェクトを実施しようというものであった。これにより開発可能性を全国土に拡大・均衡しようとした。たとえば大規模工業開発は苫小牧東部，むつ小川原などで展開された。臨海部開発がさらに大規模化されたのである。

まさに国土改造を目指したのであったが，臨海部の工業開発を中心において国土の整備を図っていこうとする戦前の構想・計画は，この時まで生きていたのである。あるいは戦前の構想・計画の延長線上に，規模を大きくして全総，新全総は策定されたと評価してよいだろう。

日本の経済に深刻な打撃を与えた1973年の石油ショックを契機として，社会の基調に重要な変化が生じた。経済効率を最優先として進めてきた高度経済成長政策の転換であり，人々の求める価値は心の潤い，精神的な豊かさへと次第に移動していくようになった。それより以前，70年の公害国会に象徴されるように大気汚染，水質汚濁，騒音などの公害が社会問題化し，住民運動が台

頭して高度経済成長に反省が強く求められていた。

　社会のこのような変化のなか，全国総合開発計画は77年，新全総から三全総へと移行した。三全総では「国土の資源を人間と自然との調和をとりつつ利用し，健康で文化的な居住の安全性を確保しその総合的環境の形成を目指す」と，人間居住の総合的環境の整備が基本目標とされた。社会基盤整備の基調が基本的に変化したのであり，新たな社会基盤政策の確立が求められたのである。それは市民1人1人が日常的に接し，人々の真の豊かさ，潤いが実感できる空間が期待されたのである。

　では実際に社会基盤整備はどのように展開していったのだろうか。経済は73年の石油ショックを契機に高度成長から安定成長へと移り，産業構造は鉄鋼，石油化学，造船等の重化学工業から自動車，工作機械，エレクトニクス等の技術集約型の機械・電気産業へと重心を移していった。

　この時期，新全総で計画された高速交通ネットワークが着々と整備された。高速自動車道路についてみると82年，中央自動車道，翌83年には中国自動車道が全線開通した。さらに85年には関越自動車道が開通し，首都圏と日本海側が高速道路で結ばれ，88年には北陸自動車道が開通，ここに本州中央部の大環状高速道路が完成するに到った。この間，86年には東北自動車道が全通するなど，日本全土にわたり高速道路網が充実した。

　新幹線についてみると，1975年に博多までの山陽新幹線，82年には東北，上越新幹線が開通し，国土を縦貫する新幹線網が充実した。また88年には青函トンネル，瀬戸大橋が竣功し，四島の鉄道による連結一体化が実現した。

　さて，経済は80年代後半のバブル景気，90年代の平成大不況へと移り，グローバリゼーション，規制緩和のかけ声のなか，IT産業の躍進など大変革期にある。全国総合開発計画は1987年，多極分散型国土の構築を基本目標とする四全総，98年には多軸型国土構造の形成を基本目標とする五全総へと移行した。

　筆者には，今のところ四全総，五全総を評価する能力はないが，社会の成熟化，高度化そして知識産業化が一層進む現在，市民1人1人にとって真に豊か

で潤いのある国土づくり、地域づくりが今後の課題である。つまり生物としての生身の人間が快適に生活できる空間の整備が課題であり、三全総で主張された居住環境整備が質を変えながらも基本的課題と考えてよい。

では三全総が策定された77年以降23年を経て、居住環境の整備はどのように展開されてきたのだろうか。この面からの評価が必要だろう。新全総で計画された高速ネットワークは、今日、着実に竣功しつつある。あるいはまた現在でも推進されている。一方、居住環境整備はどうなのか。

筆者は、新全総のなかに、あるいは新全総が策定された1969年から石油ショックに到る73年の4年間に仕込まれた計画、またその考え方が、現在、厳しい批判に曝されていると考えている。その象徴として、新全総でナショナルプロジェクトとして大規模工業開発を目的に推進されたむつ小川原、苫小牧東部開発がある。今日、造成された工業団地に進出する企業は少なく、土地売却は進まず、債権放棄が行われている。

治水計画に関していえば、この時期、思想的に大きな変更が行われた。計画対象流量の既往最大洪水主義から超過確率洪水主義への転換であり、大河川では150年確率洪水（150年に1回、その洪水以上の洪水が発生する可能性がある）とか200年確率洪水が対象となった。これらは近代以降に実際に観測された最大洪水（既往実績最大洪水）より、かなり大きくなるのがほとんどであった。たとえば淀川では、基準地点枚方でそれまで53年出水をもとに計画対象となる洪水規模（基本高水流量）が8,650 m³/sであったものが、71年改定により200年確率洪水として17,000 m³/sとなった。このうち5,000 m³/sを琵琶湖、ダム群で調節し、12,000 m³/sを河道内で流下させようとするものである。

今日、人々の平均寿命が延びたといっても約80年である。この人生期間と150年確率、200年確率が人々の感覚のなかでどのように結びつくのか。実感としてなかなか理解しがたいというのが実情であろう。一方、1997年には河川法が改正され、河川管理の目的のなかに河川環境の整備と保全が追加された。つまり治水・利水と同等に河川環境は位置づけられたのであり、新しい理念が法律のなかに明記されたのである。

あとがき

　環境整備とは，日常空間の整備である。一方，治水とは非日常性の課題である。その非日常性のスケールが150年確率とか200年確率であり，そのギャップは大きい。その調和が図られるかどうか，吉野川第十堰問題の本質的な課題は，ここにあると考えている。

　さて戦前から昭和30年頃までの社会基盤整備にチャレンジしてみたいと思うようになったのは，10数年前の鈴木忠義東京工大名誉教授の「日本の近代社会基盤整備史を誰かやるやつはいないか」の一言であった。筆者の能力にとっていささか重すぎる課題ではあったが，考えていきたいと思った。筆者は，その時既に，近代の出発点である明治時代の国土整備について研究を進めていた。それらは『明治の国土開発史――近代土木技術の礎』として1992年，鹿島出版会から上梓の運びとなった。

　これ以降，大正から戦前そして戦後へと関心を移し，時間の許す限り資料を探索し現地を踏査しながら論文としてまとめていった。本書はそれらをもとに，修正を加えながら再構成していったものである。元の論文は以下のとおりである。

「社会基盤の整備」土木学会海外活動委員会『社会基盤の整備システム――日本の経験』（財）経済調査会，1995年。

「昭和前期の公共土木行政――時局匡救事業と土木会議を中心に――」『土木史研究』No.16，土木学会，1996年。

「奥利根におけるダム開発の歴史」『水利科学』No.228, 229，（財）水利科学研究所，1996年。

「アメリカTVAのダム事業における歴史と現状」『水利科学』No.232，（財）水利科学研究所，1996年。

「京浜工業地帯の形成と相模川河水統制事業の成立」『水利科学』No.236, 237, 238，（財）水利科学研究所，1997年。

「土木技術者の歴史」（共著）『国づくりと研修』第75, 76, 77号，（財）全国建設研修センター，1997年。

「戦前の道路事業——その政策面を中心に——」『土木史研究』No.18, 土木学会, 1998年。

「コンクリートダムにみる戦前のダム施工技術」『ダム技術』No.141,（財）ダム技術センター, 1998年。

「わが国最初の工業用水実態調査」『水利科学』No.242,（財）水利科学研究所, 1998年。

「戦前のダム建設と自然との調和」『ダム技術』No.147,（財）ダム技術センター, 1998年。

「戦前の社会基盤政策の到達点」社会資本整備研究会『社会資本の未来』日本経済新聞社, 1999年。

「戦前の旭川改修と舟運の整備」（共著）『土木史研究』No.19, 土木学会, 1999年。

また本書の第Ⅳ章4（1）「広島市の発展と基盤整備」は，筆者の既著『国土の開発と河川』（鹿島出版会, 1989年）の第5章第2節「広島の発展と太田川」を修正・加筆したものである。

ところで筆者は，1999年度から勤務先を建設省から東洋大学国際地域学部に変え，新たに出発したところである。一昔前と比べ，平均年齢が大幅に伸びたことにより「人生二期作」との言葉を耳にするが，現在一期作目が終わり二期作目に入ったところと自らをみなしている。この点から，本書は一期作目の卒業論文と考えている。大学に勤務を変えてから，講義を中心に新たな業務に忙殺され，残念ながら自らの研究を進める時間がほとんどなかった。しかし組織にがんじがらめに縛られる立場から解放され，自らの新たな展開が図られることとなった。インハウスエンジニアとしてのこれまでの経験の相対化などをはじめ，やりたい仕事が山積みしている。実りある二期作目にするため，初心に帰り地道に一歩一歩進んでいきたいと考えている。

最後に，出版事情がまことに厳しい折柄，本書の出版に同意して頂いた日本経済評論社社長・栗原哲也氏，また栗原氏に引き合わせて頂いた旗手勲先生に

感謝致します。さらに，編集の宮野芳一氏には，技術面でいささか専門的すぎる内容を含んでいる本書に丁寧に目を通して頂き，適切なご助言を得た。深く感謝致します。また佐合純造氏，今尚之氏から重要な資料を得たこと，原稿の整理に沢辺洋子さんのご協力があったことを明記し，感謝致します。

2000年11月　　　　　　　　　　　　　　　　　　　　松浦　茂樹

著者略歴

松浦　茂樹（まつうら　しげき）

1948年生まれ．埼玉県出身
1973年　東京大学工系大学院修士課程修了
　　　　建設省，国土庁，奈良県等の勤務を経て
1999年　東洋大学国際地域学部国際地域学科教授

主要著書

『水辺空間の魅力と創造』鹿島出版会，1987年（共著）
『国土の開発と河川―条里制からダム開発まで』鹿島出版会，1989年
『湖辺の風土と人間―霞ヶ浦』そしえて，1992年（共著）
『明治の国土開発史―近代土木技術の礎』鹿島出版会，1992年
『国土づくりの礎―川が語る日本の歴史』鹿島出版会，1997年

戦前の国土整備政策

2000年12月25日　第1刷発行

定価（本体4200円＋税）

著　者　　松　浦　茂　樹
発行者　　栗　原　哲　也
　　　　　〒101-0051　東京都千代田区神田神保町3-2
発行所　　㈱日本経済評論社
　　　　　電話 03-3230-1661　FAX 03-3265-2993
　　　　　振替 00130-3-157198

装丁・OPA企画

印刷・新栄堂　製本・協栄製本

©MATSUURA Shigeki 2000　　落丁本・乱丁本はお取替えいたします。

ISBN 4-8188-1327-3　　　　　　　　　　　　Printed in Japan

Ⓡ〈日本複写権センター委託出版物〉
本書の全部または一部を無断で複写複製（コピー）することは，著作権法上での例外を除き，禁じられています．本書からの複写を希望される場合は，日本複写権センター（03-3401-2382）にご連絡ください．

都市叢書　本間義人著	
官の都市　民の都市 ―日本的都市・住宅事情の展開と状況― 　　　　　　　四六判　308頁　2200円	1960年以降，都市のあり方が問われ模索しはじめられた。民衆のための都市はどうあらねばならないか。官制の都市政策を批判しつつ，新しい都市を展望する。 （1986年）
本間義人著	
都　市　の　復　権 　　　　　　　B6判　310頁　1600円	都市は住みにくく暮らしにくい。なぜそうなったか。土地・住宅・交通・都市災害・自然など死に瀕した都市の構造を明らかにし，住みよい都市づくりを提言する。 （1982年）
都市叢書　西日本新聞地域報道部編	
都　心　崩　壊 ―人間都市への挑戦― 　　　　　　　四六判　229頁　2200円	ヒト，モノ，カネ，情報が集中する都心。一見華やかにみえるその裏側で何がおこっているか。全てミニ東京化する現象に歯どめがかけられるとすれば，何をすべきか。 （1995年）
都市叢書　本間義人・五十嵐敬喜・原田純孝編	
土　地　基　本　法　を　読　む ―都市・土地・住宅問題のゆくえ― 　　　　　　　四六判　337頁　2500円	土地の暴騰を背景に成立した土地基本法は，はたして救世主になりうるか。詳細な検討を通じて都市の将来，土地問題の究極にある住宅問題のゆくえを，市民の側から見据える。（1990年）
都市叢書　五十嵐敬喜著	
都　市　再　生　の　戦　略 ―規制法から創造法へ― 　　　　　　　四六判　324頁　2400円	限りなく上りつづける都市の地価。再開発の美名の下に暴利をむさぼる者がいる。人々が豊かに住める都市の条件はどのようにして満たされて行くか。気鋭の弁護士の会心論文。（1986年）
都市叢書　越沢　明著	
東　京　都　市　計　画　物　語 　　　　　　　四六判　292頁　2800円	関東大震災によって東京は一面の焦土と化し，東京の都市計画はこれを契機に本格化する。大空襲，オリンピックと東京はいかなる理念にもとづいて設計されてきたのか。 （1991年）
都市叢書　越沢　明著	
満　州　国　の　首　都　計　画 ―東京の現在と未来を問う― 　　　　　　　四六判　286頁　2200円	日本の植民地であった旧満州で実施された都市計画は，近代日本の都市計画の理念と技術を全面的に適用した一大実験場であった。壮大なスケールの全容を解明する。 （1988年）
都市叢書　西山夘三著	
安　治　川　物　語 ―鉄工職人夘之助と明治の大阪― 　　　　　　　四六判　499頁　3800円	近代工業の黎明期大阪で，一鉄工職人としてスタートした父とその家族，職工仲間，地域社会を資本主義化と軍国主義化の時代を背景に描く。近代化は何をもたらし，失ったか。（1997年）
都市叢書　山田良治著	
土地・持家コンプレックス ―日本とイギリスの住宅問題― 　　　　　　　四六判　234頁　2300円	土地神話の崩壊後も強固な土地コンプレックス＝執着心。土地の商品化というフィルターを通すと，新たな歴史が見えてくる。日英の住宅問題比較に基づく現代持家論。 （1996年）
下河辺淳著	
戦後国土計画への証言 　　　　　　　四六判　390頁　2600円	四次にわたる全国総合開発計画のすべてにかかわり，その中心的プランナーであった著者が，その時々の思想や策定経緯，宰相論などを織りまぜて語る文字どおりの証言である。（1994年）
都市叢書　鳴海正泰著	
転　換　期　の　市　民　自　治 ―人間サイズの都市づくり― 　　　　　　　四六判　260頁　2000円	政府の行革とその地方版の推進は国による新たな中央集権化の現れとして地方の自治，経済の発展にとって憂慮すべき事態である。転換期の都市について市民の立場から抉る。（1987年）

表示価格に消費税は含まれておりません